지리 교사 이우평의 **한국지형산책** ❷

지리 교사 이우평의

한국 지형 산책

▶ 백령도에서 이어도까지 ◀

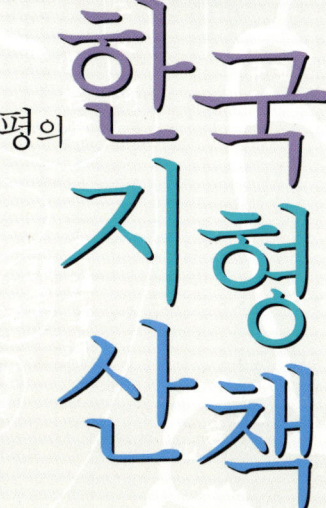

푸른숲

추천의 글

세상에는 참으로 많은 사람들이 살고 있다. 하지만 나는 이들을 간단히 두 부류로 나눈다. 사랑의 열정으로 사는 사람과 미워하는 일에 시간을 허비하는 사람. 대학 졸업 후 중·고등학교에서 학생들을 가르쳐보기도 하고, 교사를 양성하는 사범대학에 수년간 몸담고 있으면서 공부에 발전이 없는 사람에게는 미워하고 싫어하는 것이 많다는 사실을 발견(?)했다. 같은 교실에서 한 선생님의 수업을 듣는데도 '배울 만한 것이 하나 있다'고 좋아하는 학생이 있는가 하면, '하나가 무슨 대수냐? 싫은 것이 얼마나 많은데!'라고 반응하는 학생도 있다. 성공하는 사람은 좋아하는 것을 하나라도 찾으면 매우 기뻐하지만, 실패하는 사람은 싫어하는 것을 찾아 미워하는 일에 온 정신을 쏟는다.

이 책을 쓴 이우평 선생은 참으로 사랑이 많은 사람이다. 나는 이우평 선생을 대학원 석사 과정에서 처음 만났는데, 그처럼 호기심 많고 배우는 일에 열성인 사람이 또 있을까 싶다. 이 선생이 석사 과정을 졸업할 무렵, 그가 개발한 웹페이지에 들어가 본 적이 있다. 다양한 그래픽 자료와 글들이 나를 압도했다. 이후 몇 번의 만남에서도 그의 열정에 감동을 받은 적이 한두 번이 아니다.

그런데 이번에 출판사에서 보내온 자료를 보고 다시 한 번 깜짝 놀랐다. 아니 언제 이런 대작을 썼나? 우선 두 권을 빼곡히 채우고 있는 목차가 대단하다. 백두산에서 이어도까지 우리나라의 유명한 장소 60곳의 지형을 아우르고 있다. 지금까지 다양한 여행기가 소개되었고 문화유산 답사기만 해도 헤아릴 수 없을 만큼 많지만, 이 책과 같은 자연에 대한 과학적 답사기는 찾아보기 힘들다. 이런 책을 쓰기 위해 전국 방방곡곡을 얼마나 많이 다녔을까? 저자가 직접 찍은 사진들도 너무나 아름답다. 언제 또 사진 공부를 해서 이 많은 사진들을 손수 찍었을까? 우리 국토와 자연에 대한 사랑이 없었다면, 그렇게 수많은 곳을 방문하고 그처럼 아름다운 사진을 찍을 수 없었을 것이다. 누군가 말하지 않았던가?

"사랑하면 알게 되고, 알면 보이나니."

사람들이 여행하는 모습을 관찰해보면 좋아하는 것을 찾아 기뻐하는 사람도 있고, 굳이 꼬투리를 잡아 험담을 늘어놓는 사람도 있다. 단점을 늘어놓는 사람의 눈에 무엇이 보이겠는가? 그런 사람에게 무슨 배움이 있겠는가? 빨리 그 지역을 벗어나 다른 곳으로 도망가고 싶은 생각밖에 더 들겠는가? 좋아하게 되면 다시 보게 되고, 사랑하게 되면 더 깊이 알게 된다. 미워하는 친구를 깊이 있게 이해하기란 어려운 일이다. 친구를 사랑해야 그에 대한 이해가 깊어질 수 있는 것처럼, 우리가 살고 있는 땅도 사랑하는 마음이 있어야 더 잘 이해할 수 있다.

이 책을 보면서도 미운 점을 찾으려 하는 사람이 있을 것이다. 이렇게 많은 지역을 직접 답사하며 공부하고 전해 듣고 재구성한 자료들이 완전무결하기란 쉽지 않은 일이다. 사실 우리가 알고 있는 것의 대부분은 '전설'이다. 여기서 말하는 전설이란 다른 사람에게 '전해들은 이야기'라는 뜻이다. 학교 선생님에게 먼 나라 지리학자의 이야기를 듣고, 책이나 신문, 방송을 통해 다른 동네의 지리 이야기를 전해 듣고는 '조금 안다'고 생각하는 것이다.

이우평 선생도 이 책을 집필하는 과정에서 전설을 많이 활용했을 것이다. 배우면 배울수록 모르는 게 자꾸 늘어나고, 자신이 알고 있는 전설이 틀릴지도 모른다는 불안감에 사로잡히기도 했을 것이다. 실제로 그런 덫에 걸려 자신이 쌓아온 지식에 대한 '사랑'을 영영 잃어버리는 사람들이 많다. 그러나 이우평 선생은 사랑을 잃지 않았다. 사랑은 오류의 가능성을 겁내지 않는다. 오류가 발견되면 수정할 수 있는 열린 마음이 있기 때문일 것이다. 혹시 이 책을 읽다가 오류를 발견하는 독자가 있다면 미워하는 마음을 키우기보다는 사랑하는 마음으로 저자를 찾기 바란다. 학문이란 오류를 찾아 이를 수정해가는 과정을 통해 발전하는 것 아니겠는가?

여행을 즐기는 사람들이 점점 늘어나고 있다. 제주도, 울릉도, 독도 등 섬에도 가보고 금강산, 설악산, 지리산과 같은 산에도 오르고, 영월 동강에서 래프팅을 즐기기도 한다. 아름다운 자연 경관도 즐기고, 소문난 음식점에 들러 맛있는 음식도 먹는다면 여행이 즐거울 것이다. 그러나 여행이 '놀이'에 그치면 천박해지기 십상이다. 달리기나 수영, 테니스 등의 운동이 배워서 실력을 늘리면 그 즐거움이 배가 되는 것처럼, '자연 보는 법'도 배우고 익히면 여행의 즐거움이 배가 될 것이다.

이 책은 여러분이 여행지에서 보고 놀라워했던 신기한 자연의 모습을 이해하는 데 훌륭한 지침서가 되어줄 것이다. 우리나라의 자연에 대해 잘 알게 되면, 자연은 물론 그 안에서 함께 살아가는 이웃에 대한 사랑도 커갈 것이다. 아름다운 세상을 꿈꾸는 사람, 행복한 여행을 꿈꾸는 사람에게 이 책을 기꺼이 추천하고 싶다.

2007년 2월 26일
류재명(서울대학교 지리교육과 교수)

여는 글

10여 년 전, 막 발령을 받아 초임 교사로 근무하던 시절 내게 큰 감명을 준 책이 한 권 있다. 한겨레신문의 최영선 기자가 쓴 《자연사 기행》이 바로 그 책이다. 책을 저술한 최 기자는 사실 지리학이나 지질학과는 아무 관련이 없는 비전공자였다. 그런데도 이 책은 우리 땅 곳곳의 특이한 지질과 자연 현상이 어떻게 생겨났고, 어떤 과정을 거쳐 오늘에 이르렀는지를 과학적으로 설명하여 잠자고 있던 우리 땅의 자연사적 가치를 새롭게 일깨웠다.

이 책은 내게 많은 깨달음을 주었다. 먼저, 학생들을 가르치는 지리 교사인 내가 이 땅에 대해 얼마나 무지했던가에 대한 뼈저린 뉘우침이 있었다. 그리고 그동안 막연하게만 생각하던 우리 땅 곳곳을 보다 과학적인 눈으로 바라보게 되었다. 이런 깨달음은 전공자인 나의 지식과 경험을 바탕으로 나만의 우리 땅 이야기를 책으로 엮어보리라는 숨은 다짐으로 이어졌다. 이 책 《지리 교사 이우평의 한국 지형 산책》은 그 다짐의 결과라고 할 수 있다.

우리가 살고 있는 이 땅 한반도에는 아름답고 진기한 경관이 곳곳에 숨어 있다. 한민족의 발상지인 백두산과 천지, 일만이천봉의 수석 전시장인 금강산, 심산유곡을 흐르는 수려한 물줄기 동강, 국내에서 유일하게 지평선을 볼 수 있는 호남평야, 첩첩산중에 드넓게 펼쳐진 대관령고원, 지하 세계의 조각 궁전 석회 동굴, 화산 지형의 보고 제주도 등 일일이 다 열거할 수 없을 만큼 다양한 지형이 한반도를 가득 채우고 있다.

우리 땅이 이렇게 화려하고 변화무쌍한 외양을 지니게 되기까지는 수많은 지형, 지질학적 사건들이 있었다. 그러므로 하나하나의 독특한 경관에는 미적, 역사적인 가치뿐만 아니라 지형, 지질학적 가치가 존재한다고 할 수 있다. 이 책은 이러한 지형들이 어떤 과정을 거쳐 형성되었고, 그러한 과정이 담고 있는 자연사적 가치는 무엇인가 하는 의문에서 출발했다.

'아는 만큼 보인다'는 말이 있다. 예술과 문학에서와 마찬가지로 일상생활에서도 알고 보면 기쁨이 두 배가 되는 경우가 많다. 우리 삶의 토대인 지형 또한 그 형성 과정을 알고 나면, 한층 신비롭고 가치 있게 보인다. 무심코 지나치던 돌멩이 하나, 가느다란 물줄기에서도 이 땅의 장구한 역사를 보게 되기 때문이다.

이 책은 이 땅에 뿌리내리고 살아가는 우리가 지형을 비롯한 자연 환경을 막연히 즐기기만 할 것이 아니라, 과학적인 시각과 안목으로 새롭게 바라볼 수 있기를, 나아가 그 속에 담긴 자연사적 가치와 환경 생태적 가치 또한 올바르게 인식할 수 있기를 바라는 마음에서 씌어졌다. 이러한 마음이 전해진다면 우리 땅을 소중히 여기고 아름답게 가꾸는 이들이 조금씩 늘어가지 않을까 하는 기분 좋은 기대를 품어본다.

늘 그런 모습이었으리라 여기며 관심을 두지 않던 지형과 지질을 과학적으로 보는 데에는 아무래도 어려움이 따르기 마련이다. 특히나 고등학교 지리 시간 이후로 지리학을 접해보지 않은 독자들에게는 수시로 등장하는 용어와 개념이 낯설게 다가올 수도 있다. 그래서 많은 연구 자료와 관련 도서를 검토하고, 학생들의 의견을 모아 독자에게 가장 쉽게 다가갈 수 있는 방법을 찾으려 노력했다. 지리학에서 통용되는 용어와 개념을 사용하되 전문적인 내용은 최대한 쉽게 풀어쓰려 했으며, 전국을 누비며 직접 찍은 사진과 특별 제작한 3차원 입체 영상을 활용해 독자들이 각각의 지형을 머릿속에 그려볼 수 있도록 했다. 그러므로 이 책은 일선 학교의 지리나 지구과학 수업에도 유용한 자료가 되어줄 것이다.

주 5일 근무가 일반화되면서 예전보다 많은 사람들이 삶터를 벗어나 자연을 찾고 있다. 그래서 풍광이 뛰어나기로 이름난 산이나 계곡, 바닷가는 사시사철 관광객들로 북적거린다. 여러모로 부족함이 많지만 이 한 권의 책이 자연을 찾아, 우리 땅의 숨은 명소를 찾아 길을 나서는 모든 사람들에게 길잡이 역할을 할 수 있기를 기대한다. 특히나 문화유산이나 지역 축제, 먹을거리 위주의 여행에서 벗어난 새로운 테마 여행을 찾는 이들에게 신선한 제안이 되었으면 하는 바람이다. 앞으로 지속적인 수정·보완을 통해 더 나은 책을 만들 것이며, 다음 책에서는 전국 곳곳에 숨어 있는 비경을 더 많이 찾아 소개할 것을 약속 드리며 두서없는 글을 마친다.

2007년 3월 1일
歸巢 이우평

추천의 글 _ 4

여는 글 _ 6

1. 황해의 해금강 **백령도** _ 13
2. 감람석 포획 현무암의 보고 **백령도 하늬바다** _ 25
3. 한국의 사하라 **옥죽동 해안사구** _ 32
4. 한반도 첫 생명체 화석이 발견된 곳 **소청도** _ 40
5. 용암대지 위에 펼쳐진 곡창지대 **철원평야** _ 50
6. 강바닥에 새겨진 조각 예술 **가평천 포트홀** _ 62
7. 화강암 돔의 진수 **북한산** _ 70
8. 동아시아 문명의 발상지 **황해와 동해** _ 83
9. 갯벌 왕국의 자존심 **황해안 갯벌** _ 95
10. 해안 생태계의 수호자 **신두리 해안사구** _ 105
11. 나는 새도 쉬어 넘는 **조령산** _ 114

차례

12. 한반도 산의 종갓집 속리산 _ 123

13. 바닷가에 쌓아놓은 수만 권의 책 격포리 채석강 _ 135

14. 너그러움이 흠뻑 묻어나는 어머니 산 덕유산 _ 145

15. 말의 귀를 닮은 천연 콘크리트 마이산 _ 154

16. 하늘과 땅이 만나는 곳 호남평야 _ 165

17. 한반도 남녘의 지붕 지리산 _ 175

18. 나주평야에 우뚝 솟은 수석 전시장 월출산 _ 186

19. 여권 없이 맛보는 이국땅의 풍광 제주도 _ 195

20. 한반도의 어머니 산 한라산 _ 210

21. 분석구의 교향곡 제주도 오름 _ 223

22. 다이아몬드를 잃어버린 반지 성산일출봉 _ 232

23. 거대한 블랙홀을 품에 안은 송악산 _ 242

24. 옥황상제가 내던진 산봉우리 산방산 _ 249

25. 샘솟는 눈물의 절벽 **수월봉** _ 256

26. 운석공을 닮은 함몰화구 **산굼부리** _ 262

27. 용암이 만든 천연동굴 **만장굴** _ 268

28. 옥빛 바다와 은빛 모래 **협재해수욕장** _ 278

29. 육지와 이어진 섬 육계도 **성산반도** _ 286

30. 전설의 섬에서 실재의 섬으로 **이어도** _ 292

부록

1. 한반도는 어떻게 탄생한 것일까? _ 302
2. 지질 시대 연표 및 생명의 진화 _ 310
3. 지질 변동사의 산 증인, 암석 _ 312
4. 한반도 지질사 체험 학습장 _ 316
   - 지질박물관
   - 태백석탄박물관
5. 참고문헌 _ 318

감사의 글 _ 326

1권 차례

1. 민족 혼의 으뜸 산 **백두산**
2. 백두산이 담아낸 겨레의 못 **천지**
3. 일만이천봉의 화강암 명승 **금강산**
4. 백두대간을 이루는 한반도의 등줄 **태백산맥**
5. 침식분지의 원형 **현리 해안분지**
6. 천의 얼굴을 가진 남녘의 금강산 **설악산**
7. 내륙에 갇힌 바다호수 **동해안 석호**
8. 동양 최대의 목초지 **횡계고원**
9. 한반도 해안단구의 전형 **정동진 해안단구**
10. 지하수가 빚어낸 땅속의 환상 세계 **삼척 환선굴**
11. 한국의 그랜드캐니언 **통리협곡**
12. 고생대 화석의 바다 **태백 구문소**
13. 하늘이 열리고 신이 깃드는 곳 **태백산**
14. 중부 내륙 육산의 맹주 **소백산**
15. 굽이굽이 뗏목꾼의 아리랑이 흐르는 **영월 동강**
16. 망국의 한이 서린 중원의 명산 **월악산**
17. 퇴계가 짝사랑한 낙동강 상류의 기암군 **청량산**
18. 낙동강 물길이 휘돌아 흐르는 **안동 하회마을**
19. 주왕의 전설이 살아 숨 쉬는 **주왕산**
20. 한반도 최대의 자연 늪지 **창녕 우포늪**
21. 돌이 강이 되어 흐르는 곳 **만어산 종석너덜**
22. 대자연이 만든 천연 에어컨 **천황산 얼음골 돌서렁**
23. 고래가 뛰노는 바위 **대곡리 반구대 암각화**
24. 다도해 앞에 펼쳐진 거대한 부채 **사천 선상지**
25. 공룡의 천국 **덕명리 상족해안**
26. 한국의 나일 델타 **낙동강 삼각주**
27. 한반도 지반 융기의 증거 **영도 태종대**
28. 조수의 차이가 만든 두 가지 얼굴 **오륙도**
29. 독도를 품에 안은 동해의 진주 **울릉도**
30. 동해의 외로운 파수꾼 **독도**

부록
1. 한반도는 어떻게 탄생한 것일까?
2. 지질 시대 연표 및 생명의 진화
3. 지질 변동사의 산 증인, 암석
4. 한반도 지질사 체험 학습장
  - 지질박물관
  - 태백석탄박물관
5. 참고문헌

일러두기

1. 이 책에서 지형 및 지질 현상을 설명하는 데 사용한 용어는 《자연 지리학 사전》(한국지리정보연구회 엮음, 한울아카데미, 2004)을 주로 참고했다.
2. 이 책에 나오는 외래어 표기는 국립국어원의 외래어 표기법 및 표기 용례를 따랐다. 단, 중국어 표기 중 인명과 작품명은 한자식 발음으로 굳어진 경우가 많아 이를 그대로 적용했다.
3. 전국에 걸쳐 나타나는 화강암 지형은 중복 설명을 피하기 위해 1권에서는 제3장 금강산, 2권에서는 제7장 북한산에서 상세히 다루고, 다른 장에서는 간략히 설명했다. 마찬가지로 제주도의 화산 지형은 2권 제19장 제주도에서, 애추 지형은 1권 제22장 천황산 얼음골 돌서렁에서 집중적으로 설명했다.
4. 이 책에 참고 및 인용한 단행본과 잡지는 《 》로 표기했고, 논문과 문학 작품, 영화, 드라마는 〈 〉로 표기했다.

황해의 해금강
백령도

　북위 37° 52′으로 휴전선 바로 남쪽, 동경 124° 53′으로 우리나라의 섬들 가운데 가장 서쪽에 위치한 백령도(白翎島)는 황해의 종착역이다.
　백령도는 인천에서 직선거리로 약 180km 떨어진 곳으로, 북한의 장산곶과의 거리는 불과 17km밖에 되지 않는다. 이러한 지리적인 조건과 휴전선과 인접해 있는 군사상의 이유로 아직까지 훼손되지 않은 청정한 자연 환경을 유지하고 있다.

백령도 비경의 백미 두무진. 두무진은 기암절벽이 짙푸른 바다 위에 도열해 있어 황해의 해금강이라 불린다.

1992년 말 인천~백령도 간 쾌속선이 취항하면서 외지인들에게 본격적으로 모습을 드러낸 백령도에는 황해의 해금강이라 불리는 두무진, 사곶 천연 비행장, 남포리 콩돌해안과 습곡구조 그리고 진촌리 감람석 포획 현무암 등 특이한 지형과 지질 현상이 나타난다.

그러나 무엇보다도 백령도는 대청도, 소청도와 함께 선캄브리아대에 퇴적된 오래된 땅덩어리로, 한반도의 지질 계통과 기원을 연구하는 데 매우 중요한 지질학적 가치를 지니고 있다.

새 날개를 닮은 섬 백령도는 유배의 땅

백령도를 하늘에서 내려다보면 마치 한 마리 새가 북쪽인 장산곶을 향해 날갯짓하는 모양 같다. 고구려의 영토였던 때에는 섬 모양이 고니와 같아서, 또한 고니의 도래지로 고니 떼가 바다를 메울 만큼 그득하여 곡도(鵠島)라 했다. 이후 고려 시대에 들어와서 따오기가 흰 날개를 펴고 공중을 나는 형상과 같다 하여 백령도라 고쳐 불렀다고 한다.

백령도는 예부터 황해 방어의 요새로 전략적 가치가 매우 높았다. 그래서 고려 초 1018년(현종 9년)부터 조선 후기까지 이곳에 백령수군진(白翎水軍鎭)을 설치하여 외침에 대비했는데, 현재 백령 면사무소가 있는 진촌(鎭村)이라는 마을 이름에 그 흔적이 남아 있다.

백령도는 육지에서 멀리 떨어져 있어 유배의 섬이기도 했다. 고려의 개국공신이었던 유금필(庾黔弼, ?~941)이 백령도에 유배된 이래 많은 사람들이 이곳에 유배를 왔다. 백령도에 관한 최초의 기록인 《백령도지(白翎島誌)》도 1614년 (광해군

심청각에서 바라본 장산곶과 인당수. 심청각 북쪽 바다 너머 보이는 곳이 북한 황해도 장연군의 반도 남쪽 끝자락인 장산곶이다. 백령도 최북단에서 불과 17km밖에 되지 않는 가까운 거리다. 그 사이에 바다가 바로 심청이가 뛰어들었다는 인당수이다. 남북한 접경을 이루는 해역인 인당수에는 중국 어선들이 떼로 몰려다니며 조업을 하고 있어 긴장을 일으킨다.

12년)에 백령도로 유배되었던 이대기(李大期, 1551~1628)가 쓴 것이다. 또한《동국여지승람》에는 1323년(충숙왕 10년)에 원나라의 발라(孛喇)태자까지 이곳에 유배되었다가 돌아갔다는 기록이 있다.

1999년에 세워진 심청각(왼쪽)과 그 옆의 효녀 심청상(오른쪽).

효녀 심청의 얼이 서린 곳

우리나라 사람이면 누구나 알고 있는《심청전》은 여러 가지 논란이 있지만 일반적으로 황해도 황주와 장산곶, 백령도 일대를 배경으로 하는 이야기라고 알려져 있다.

실제로 백령도에는 심청이 뛰어든 인당수(印塘水)가 두무진과 장산곶 중간에 있고, 심청이 용궁에서 타고 나온 연꽃이 떠내려왔다는 연화리(蓮花里)와 그 연꽃이 걸려 있었다는 연봉(蓮峯)바위, 뺑덕어멈의 친정 마을인 장촌리 등이 있어 그러한 주장을 사실적으로 뒷받침하고 있다.

그런데 최근 전남 곡성군에서 오산면에 소재한 관음사에《심청전》의 원형이라고 할 수 있는 연기 설화(효녀 홍장 이야기)가 기록되어 있다며 곡성군이 심청 이야기의 주 무대라는 주장을 제기했다. 곡성군은 연세대학교 심청 연구팀의 고증을 바탕으로 심청의 고향이 곡성군 오곡면 송정마을임을 널리 알리며 그와 관련한 각종 사업에 박차를 가하고 있다.

이에 맞서 백령도에서는 1999년 인당수와 장산곶이 내려다보이는 진촌리에 심청각을 세워 심청의 효심을 기리고 있다. 심청이 인당수에 뛰어드는 장면과 환생 장면을 모형으로 제작해 전시하고,《심청전》을 애니메이션으로 제작해 상영하는 등 심청각의 다양한 프로그램은 백령도를 효 사상을 테마로 한 관광지로 널리 알리는 데 큰 역할을 하고 있다.

규암 풍화가 빚어낸 대자연의 파노라마

멸악산맥 끝에 있는 백령도는 최후 빙기였던 약 1만 8,000년 전 북한의 옹진반도와 연결되어 있었다. 그러나 후빙기의 해수면 상승으로 현재의 해수면을 유지하게 된 약 6,000년 전, 저지대는 해침을 받아 바다가 되고 잔구(殘丘)의 상층부만 남아 섬이 되었다.

백령도를 이루는 암석은 보통 퇴적암이 변성되어 만들어진 규암과 변성세일인데, 이 퇴적암의 주성분은 원생대에 퇴적된 사암이다. 이 퇴적암층을 백령층군이라고 하며 두께는 약 2,500m이다. 이 가운데 진촌리 일대를 제외한 백령도 면적의 3분의 2를 차지하는 규암층의 두께는 약 1,700m이다.

규암이 시루떡처럼 쌓인 두무진. 선캄브리아대 퇴적층인 백령층군을 대표하는 두무진층은 습곡과 단층의 영향을 적게 받아 지층이 거의 수평에 가깝다. 이런 지형은 국내에서 찾아보기가 쉽지 않다.

 백령층군은 하부에서 상부로 가면서 깊은 대륙붕 환경에서 퇴적된 두께 350~400m의 중화동층(中和洞層), 그 위로 얕은 대륙붕 환경에서 퇴적된 650~700m의 장촌층(長村層), 다시 그 위로 밀물과 썰물이 드나드는 조간대 환경에서 퇴적된 350m의 두무진층(頭武鎭層)으로 구분된다. 이러한 수직 층서의 변화로 볼 때, 백령층군은 육지에서 바다가 물러나는 해퇴(海退) 환경에서 퇴적되었음을 알 수 있다.

 백령층군에서는 현재 전 층에서 화석이 산출되지 않고 있으며, 생물에 의한 교란 흔적도 발견되지 않아 그 생성 시기를 정확히 알 수 없다. 하지만 1998년 백령도를 직접 조사, 연구한 한국지질자원연구원 임순복, 최현

두문진층이 밀물과 썰물이 교차되는 해안가의 모래 평원에서 퇴적되었음을 말해주는 연흔 화석(아래 사진)이 층별로 나타나고 있다.

일 박사팀이 백령층군의 지질연대가 후기 원생대인 약 10억 년 전이라 보고한 바 있고, 한국교원대학교 지구과학교육과 김정률 교수(고생물학)도 백령도와 궤를 같이하는 소청도의 지층에서 남조류의 화석인 스트로마톨라이트(stromatolite)를 발견하여 그 연대가 12억~10억 년 전임을 밝힌 적이 있다. 이렇게 볼 때 백령도가 10억 년 안팎의 오래된 땅이라는 점은 분명한 듯하다.

백령도에서는 규암이 오랜 세월 침식, 풍화되어 두무진과 같은 기암절벽을 이루고, 더 심하게 부스러지고 마모되어 콩 모양의 자갈 해안을 이루며, 계속되는 침식과 풍화로 모래 갯벌인 사곶해빈으로 이어지는 규암 풍화의 일대기를 한눈에 볼 수 있다. 또한 백령도의 지층은 황해도와 연결되어 있어 북한의 지질을 추정할 수 있는 지표로서도 가치가 있다.

돌의 미학을 엿볼 수 있는 두무진

두무진(頭武鎭)은 백령도 비경의 백미로 코끼리바위, 장군바위, 촛대바위, 선대암 등의 기암절벽이 짙푸른 바다 위에 독특한 모양으로 도열해 있어 황해의 해금강이라 불리기도 한다. 이대기는《백령도지》에서 "이 세상의 것이라 할 수 없는 두무진의 경치는 신의 마지막 작품"이라 극찬한 바 있다.

이곳은 원래 뾰족한 바위들이 마치 머리털같이 생겼다고 하여 두모진(頭毛鎭)이라 불리다가 후에 장군들이 줄지어 서 있는 모습과 같다 하여 두무진이라 불리게 되었다고 한다. 백령도 북서쪽 약 4km의 해안선을 따라 늘어선 높이 50~100m의 거대한 절벽들이 위풍당당한 장군들 같다.

두무진은 원생대 상원계에 속하는 약 10억 년 전, 해빈(海濱) 환경에서 퇴적된 사암이 지하 깊은 곳에서 고열과 고압에 의해 변성된 규암으로 이루어져 있다. 이 규암 지층은 이후 지속적으로 지반이 상승하면서 파도와 비바람에 의해 집중적인 침식과 풍화를 받아 깎여나갔다. 이런 과정을 반복하며 육중한 기암의 형태로 점차 육상에 모습을 드러낸 것이다.

두무진의 규암층은 층리의 발달 형태로 보아, 퇴적 후 단층 작용 이외의 심한 변형 작용을 받지 않았다. 덕분에 퇴적 구조를 잘 보존하고 있어 당시의 퇴적 환경을 살피기에 알맞은 곳이다.

일반적으로 바다에서 퇴적이 이루어질 때, 입자가 고운 점토와 셰일 등은 먼 바다로 떠밀려나가 쌓이고, 입자가 굵은 모래나 자갈은 해안가나 얕은 바다에 퇴적된다. 두무진 하부의 퇴적물이 상부의 것보다 세립질인 것으로 보아 하부의 퇴적물은 먼 바다에서, 상부의 모래층은 해빈 환경에서 퇴적된 것으로 보인다. 또한 퇴적 구조상에 유수의 연흔(漣痕)이 나타나는 것으로 보아 조수의 영향을 짐작해 볼 수 있다. 따라서 두무진 규암층의 퇴적 환경은 바닷물이 빠지고 드나드는 해안가의 모래 평원이었을 것이다.

퇴적층에는 높이 4.5~5m 간격으로 다른 색이 번갈아 나타난다. 이런 형태로 퇴적된 것은 주기적인 해수면 변동의 결과일 가능성이 높다. 퇴적층 가운데 짙은 색의 층은 물이 차오르는 습한 환경에서, 옅은 색의 층은 물이 빠진 건조한 환경에서 퇴적되었을 것이다. 또한 하부의 모래층보다 상부의 모래층 두께가 두꺼워지는 것은 해안선이 육지에서 바다 쪽으로 물러나는 해퇴 환경에서 퇴적되었다는 것을 뜻한다.

세계에서 단 두 곳밖에 없는 천연 비행장

인천~백령도 간 여객선이 드나들었던 구 용기포선착장을 빠져나와 왼편으로 시원하게 뚫린 해안으로 발걸음을 향하면, 썰물 때만 나타나는 길이 약 3km, 폭 약 300m의 사곶해빈이 펼쳐진다.

사곶해빈은 규암이 오랫동안 해수에 침식되어 만들어진 고운 입자의 모

나폴리 해안과 함께 세계에 두 곳밖에 없는 천연 비행장인 사곶해빈은 한국전쟁 당시 연합군의 비상 활주로(사진 속 사진)로 이용되었다.

래가 파도 에너지가 약한 오목한 해안에 쌓여 형성된 것이다. 여기서는 썰물보다 밀물이 더 강하기 때문에 모래가 계속 운반되어와 쌓일 수 있었다.

사곶해빈은 모래의 질이 좋은 해수욕장으로도 유명하지만, 특히 비행기가 뜨고 내릴 만큼 견고하고 널찍해 천연 비행장으로 더 잘 알려져 있다. 실제로 자동차가 시속 100km 이상으로 달려도 바퀴 자국이 생기지 않을 만큼 모래가 치밀하고 단단하게 쌓여 있어 한국전쟁 당시 비상 활주로로 이용되기도 했다. 자랑스럽게도 이곳은 이탈리아의 나폴리 해안과 함께 세계에서 단 두 곳밖에 없는 천연 비행장이라고 한다.

사곶해빈이 간이 비행장으로 사용될 만큼 단단한 모래를 유지할 수 있었던 것은 다음과 같은 이유 때문이다. 첫째, 분급이 양호한 세립질 모래로만 이루어져 있으며, 오랜 세월에 걸친 주기적인 조수의 영향으로 치밀하게 다져졌다. 둘째, 주변 해역의 해류가 너무 세서 점토질 같은 퇴적물은 쌓이지 못하고 먼 바다로 쓸려나갔다. 셋째, 썰물 때 다져진 퇴적물 입자들 사이에 남아 있는 바닷물이 입자들을 단단하게 붙잡고 있었다.

그러나 1995년 화동과 사곶 사이의 간척지 개발로 백령둑과 백령대교가

콩돌해안의 콩돌(사진 속 사진)은 규암 조각이 오랜 세월 해파에 의해 둥글게 마모되어 만들어졌다. 멀리 뒤로 보이는 섬이 대청도이다.

건설되면서 사곶 앞바다의 바닷물 흐름이 변해, 점토질 퇴적물이 이전처럼 먼 바다로 쓸려나가지 못하고 사곶해빈으로 몰려들어 점차 모래에 엉겨 붙고 있다. 그 결과 과거보다 모래 바닥이 현저히 물러져 간혹 자동차가 빠져나오지 못하고 바닷물에 잠기는 일이 일어나기도 한다.

규암의 대향연 콩돌해안

사곶해빈에서 남서쪽으로 더 내려가면 남북 길이 약 1,500m, 폭 약 50m의 해변에 동글동글한 자갈들이 가득하다. 콩알만 한 자갈들만 있는 남포리의 콩돌해안이 바로 그곳이다.

흰색, 갈색, 회색, 보라색, 적갈색, 검은색 등 형형색색의 자갈들 위에 서면 마치 자갈들이 재잘거리는 듯한 착각이 든다. 자갈밭이라는 사실이 믿기지 않을 만큼 발에 닿는 감촉도 부드럽다. 여름철 한낮이면 뜨겁게 달궈진 자갈 위에서 발찜질을 하려는 사람들로 북적댄다.

콩돌해안의 양쪽 끝에는 규암으로 이루어진 절벽들이 해풍과 파도에 깎여나가 돌출되어 있다. 콩돌은 이 돌출된 양쪽 해안 절벽들 사이에 활 모양으로 구부러진 오목한 형태의 해안에 쌓여 있다. 이 규암 퇴적층에 발달한 단층과 절리면에 침식과 풍화가 집중되어 절벽에서 암편이 하나둘씩 바다로 떨어졌고, 이 규암 조각들이 파도에 의해 해안으로 밀려왔다 빠져나가기를 반복하면서 마모되어 콩알 크기의 자갈들이 만들어진 것이다.

콩돌이 쌓여 있는 해안은 몇 개의 계단상의 둔덕을 이룬다. 이것을 지형학 용어로 범(berm)이라고 하며, 대개 해안선과 평행하게 발달해 있다. 범은 해안에 서로 다른 고도를 유지하면서 반복적으로 나타나는데, 이는 해양 조건과 기상 조건에 따라 에너지의 세기가 달라지는 파도에 의해 만들어진 것이다.

지층 습곡의 전형 남포리 습곡구조

백령도 남포리 장촌포구에서 서쪽 해안 약 300미터 지점 용트림바위 건너편 해안절벽에는 높이 약 50미터, 길이 약 80미터의 마치 지층이 바로 선 채로 국수가락처럼 휘어진 특이한 단면을 볼 수 있다.

지각은 지하 깊은 곳에서 맨틀 대류에 의해 서로 움직여 충돌하면서 다양한 변성, 변형을 받는다. 이 과정에서 지각변동에 의해 지층이 횡압력을 받아 휘어진 지질구조를 습곡이라 하며 지층에 형성된 금과 구조선을 따라 두 지층이 엇갈리거나 틀어지는 지질구조를 단층이라고 한다. 장촌해안에는 원생대 약 10억 년 전 당시 형성된 상원계 규암층의 습곡구조가 나타난다.

장촌 해안 용트림바위(좌)와 습곡구조(우). 장촌 해안에는 규암층이 지각변동에 의해 횡압력을 받아 형성된 전형적인 습곡구조가 나타난다. 용트림바위는 규암층 사이의 절리면을 뚫고 관입한 화산암이 이후 파랑과 바람에 의한 차별침식과 풍화를 받아 형성되었다.

그런데 남포리 해안 지층에는 다른 곳에서 찾아보기 어려운 매우 복잡하고 특이한 단층과 습곡구조가 발달하여 눈길을 끈다. 특히 남포리의 습곡구조는 한반도 지각 발달사와 지각변동 과정을 규명하는 귀중한 자료로서 학술적 가치가 높아 2009년 12월 31일 천연기념물 제507호(옹진 백령도 남포리 습곡구조)로 인정되어 보호받고 있다.

본래의 모습을 잃어가는 보물섬

백령도에는 두무진(명승 제8호), 사곶해안(천연기념물 제391호), 콩돌해안(천연기념물 제392호), 진촌리 감람석 포획 현무암(천연기념물 제393호), 남포리 습곡구조(천연기념물 제507호) 등 천혜의 자연경관과 하늬바다 바다여(礖)에 서식하는 점박이 물범(천연기념물 제331호), 국내 최고령 연화리 무궁화(천연기념물 제521호) 등 생태자원이 즐비해 보물섬이라는 말이 전혀 어색하지 않다. 여기에다 국내 두 번째로 세워진 중화동교회, 선사시대 패총, 심청전의 고향 등 역사·문화적 요소 또한 적지 않아 인천 옹진군은 유네스코(UNESCO) 세계자연유산 등재를 위해 노력하고 있다.

그러나 쾌속선이 취항한 이후 보물들이 빛을 잃어가고 있다. 육지로 오가던 뱃길이 12시간에서 4시간으로 짧아지면서 관광객들과 주민들의 출입이 빈번해져 자연적인 모습이 크게 훼손되고 있기 때문이다. 물이 빠져나간 사곶해빈에는 인근 양식장과 바다에서 떠내려온 각종 부표와 스티로폼, 폐그물 조각 등이 여기저기 나뒹굴고, 여름철이면 관광객들이 버린 쓰레기가 산더미처럼 쌓인다. 또한 콩돌해안의 콩돌은 인근 군부대에서 콘크리트 용으로 마구 퍼갔을 뿐만 아니라 관광객들이 몰래 조금씩 가져가 그 양이 많이 줄었다. 콩돌의 반출을 막기 위해 면사무소에서 직원을 파견하여 감독하고 있지만 역부족인 실정이다. 그리고 백령도의 상징인 두무진 산책로 입구 주변에도 주민들이 버린 온갖 쓰레기가 그득하다.

이렇게 주민과 관광객들이 버린 쓰레기에 중국 어선에서 버린 각종 오염물질까지 더해져 백령도는 지금 심각한 몸살을 앓고 있다. 백령도의 때 묻지 않은 자연을 보다 많은 사람들에게 알리고 싶은 주민들, 그 자연을 보러 오는 관광객들 모두가 조금씩만 달라진다면 백령도는 언제까지나 보물섬으로 남을 수 있을 것이다.

연화리 해안에 사람들이 머물다 간 흔적. 백령도의 가장 큰 문제는 주민들의 환경 의식이 매우 부족하다는 점이다.

■■■ 플러스 이야기 상자 ■■■

한국 기독교 전파의 산실, 중화동 교회

우리나라에서 둘째로 설립된 중화동 교회(왼쪽). 옛날에 우리나라를 오가던 중국 배들이 이곳에서 며칠씩 머물렀던 데에서 유래한 중화동 포구(오른쪽).

백령도는 19세기 개항의 물결이 밀려들어올 때 기독교가 가장 먼저 전래된 곳이다.

백령도 남서쪽 해안에는 중화동(中和洞)이란 마을이 있다. 이 마을 이름은 옛날 중국 배들이 우리나라를 오갈 때 이곳에 기항하여 먹을 것을 마련하고 며칠씩 묵어갔던 데에서 유래한 것이라고 한다. 마을 뒤편 언덕배기에는 아담한 교회가 하나 서 있다. 이 교회는 우리나라에서 둘째로 설립된 중화동 교회로, 백령도가 한국 기독교 전래의 선구지였음을 말해주는 곳이다.

우리나라 최초의 교회는 1884년 황해도 장연군 대구면 송천리의 소래 교회이다. 뒤이어 1898년 10월 9일 백령도의 중화동 한문서당에서 백령도진의 참사 벼슬을 지냈던 허득(許得)을 비롯한 몇 사람이 예배를 드리고 중화동 교회를 세웠다.

초기 교회는 지금의 교회와 같이 번듯한 건물이 아니라 몇몇의 교인들이 사랑방에 함께 모여 앉아 예배를 보는 형태였다. 중화동 교회의 설립에서 중추적 역할을 담당한 허득은 관군으로 동학농민운동의 평정에 참가했다가 소래 교회로 피난민이 모여드는 모습을 보고 교회의 설립을 결심했다. 교회 안으로는 동학군도 일본군도 침입하지 않는 것에 감동을 받았기 때문이다.

그래서 그는 소래 교회의 서경조 장로를 초청하여 설립 예배를 드리고 교회를 세웠다. 작은 서당에서 출발한 중화동 교회는 이듬해 소래 교회를 짓고 남은 건축 자재를 제공받아 초가 6칸의 아름다운 예배당을 세웠다. 소래 교회와 중화동 교회가 주목받는 것은 선교사의 도움 없이 한국인들 스스로가 세운 자생 교회이기 때문이다.

교회 옆으로는 30평 규모의 기독교 역사관이 있다. 내부에는 초기 중화동 교회의 모습을 비롯하여 백령도에 처음으로 복음이 전파된 경로, 서양 선교사의 활동 내역과 방문 모습, 역대 성직자의 사진 등이 전시되어 있어 한국 기독교 초기의 선교사를 한눈에 볼 수 있다.

감람석 포획 현무암의 보고
백령도 하늬바다

　한반도의 대표적인 신생대 화산암 분포 지역으로는 백두산 일대를 비롯하여 제주도, 울릉도, 독도, 철원~평강, 신계~곡산을 포함하는 추가령 열곡대를 꼽을 수 있다. 그러나 원생대 지질로 10억 년 이상의 나이를 먹은 백령도에 화산 활동으로 생긴 현무암이 분포해 있다는 사실은 그리 많이 알려져 있지 않다.
　이와 같은 사실을 보여주는 흔적을 진촌리 북동쪽에 위치한 하늬바다

진촌리 현무암은 상원계 변성 퇴적암류에 관입하거나 이를 뚫고 분출한 현무암으로 진촌리 하늬바닷가에 분포한다.

의 현무암에서 찾을 수 있다. 그런데 이곳에는 다른 현무암 지역에서 보기 드문 특이한 색깔과 모양의 암석이 곳곳에 박혀 있다. 이 암석이 바로 감람석(橄欖石) 포획 현무암으로, 맨틀의 구성 물질 가운데 하나인 감람석이 화산 분출과 함께 포획암으로 산출된 것이다. 지질학자들은 이 암석이 맨틀에 대한 직접적인 정보를 제공해주기 때문에 학술적 가치가 크다고 말한다. 그래서 이 암석은 1997년 천연기념물 제393호(백령도 진촌리의 감람암 포획 현무암 분포지)로 지정되어 보호, 관리되고 있다.

제주도를 보는 듯한 하늬바다

진촌리에서 북동 방향으로 약 1.5km 떨어진 곳에 있는 하늬바다는 예부터 서풍이 강하게 부는 바다라고 하여 그런 이름이 붙었다. 하늬바다 바로 앞에는 물범바위가 있으며, 북서쪽으로 약 7~8km 떨어진 장산곶과 백령도의 중간 해역에는 인당수가 있다.

백령 면사무소를 뒤로 돌아 바다 쪽으로 이어진 길을 따라 곧장 내려가면 하늬바다에 다다른다. 이곳의 경치는 백령도의 다른 지역과는 전혀 다른 느낌이다. 완만한 기복의 구릉지대에서 하늘거리는 초록색 보리들과 하얀 거품을 뿜어내는 바다를 보고 있으면 제주도 어느 바닷가에 와 있는 듯한 착

용기원산 정상에서 바라본 진촌(①)과 하늬바다(②) 전경. 하늬바다 바로 앞으로 장산곶이 보인다. 이곳은 북한의 개 짖는 소리까지 들린다고 할 만큼 북한과 가깝다(왼쪽). 하늬바닷가에 자란 보리가 해풍에 넘실댄다(오른쪽).

각이 들 정도이다.

백령도는 지대가 그렇게 높지는 않지만 습곡과 단층의 영향으로 제법 굴곡이 심한 산지이다. 하늬바다 일대가 이처럼 백령도의 다른 지역과 확연히 다른 것은 이 일대의 지질을 이루는 현무암 때문이다. 하늬바다 일대는 제주도와 똑같은 현무암으로 이루어진 화산지대로, 용암의 분출로 인해 제주도와 비슷한 완만한 기복의 지형이 되었다. 해안에 내려서면 표면에 구멍이 숭숭 뚫린 시커먼 현무암들이 절벽을 이루며 해안선을 따라 북서 방향으로 이어진다.

바람의 다양한 이름

뱃사람들에게 바람은 생존과 직결되는 절대적인 요소로, 그들이 말하는 높하늬, 된새, 갈마, 샛마, 된마 등은 바람을 가리키는 말이다.

바람은 불어오는 방향에 따라 이름이 달라지는데, 동쪽에서 부는 바람은 샛바람이라 한다. '새'는 '날이 새다' 또는 '동트다'는 의미로 샛바람은 해가 뜨는 동쪽에서 불어오는 바람이라는 뜻이다.

서쪽에서 부는 바람은 하늬바람이라 한다. 하늬는 '하늘'에서 온 말로 대국이라 여긴 중국이 서쪽에 있기 때문에 서쪽을 뜻하게 되었다. 서풍을 갈바람이라고도 하는데, 이는 가을의 고어인 '가슬'에서 유래한 것이다.

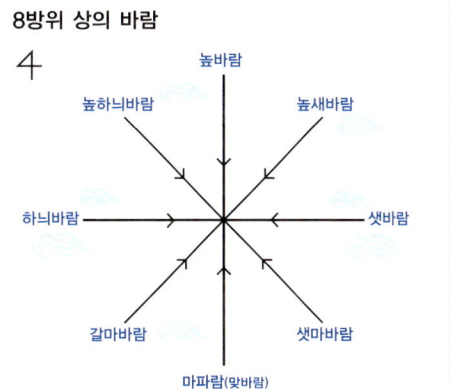

8방위 상의 바람

남쪽에서 부는 바람은 마파람이라 하는데, '마'는 '마주하다' 또는 '맞장구'의 의미로 앞에서 불어오는 바람을 말한다. 이는 우리나라의 가옥 구조가 대부분 남향이라 바람을 마주하게 되기 때문에 생겨난 말이다. 남쪽에서 부는 바람은 보통 비를 몰고 오는 고온다습한 바람으로, '마파람에 게 눈 감추듯 한다'는 속담은 겁이 많고 예민한 게들이 마파람이 불 기미만 보여도 재빨리 눈을 몸속으로 감추고 도망치는 데에서 비롯했다.

겨울에 북쪽에서 불어오는 찬바람은 높바람으로, '높은 데에서 부는 바람'이라는 뜻이다. 또한 남향집의 뒤쪽인 북쪽의 높은 데에서 부는 바람이라 하여 뒷바람이라고도 한다.

새, 하늬(갈), 마, 뒤(높)는 동서남북을 지칭하는 고유어이기도 하다. 늦봄과 초여름

사이에 때 이른 더위를 몰고 오는 북동풍인 높새바람은 높바람과 샛바람의 이름을 따서 붙인 것이다. 이런 방식으로 북서풍은 높하늬, 남서풍은 갈마, 남동풍은 샛마라고 불린다. 바람의 세기에 따라서도 이름이 각기 다른데, 가장 약한 실바람에서 남실바람, 산들바람, 건들바람, 센바람, 왕바람, 그리고 가장 강한 싹쓸바람까지 아주 다양하다.

세계적으로 흔치 않은 감람석 포획 현무암

백령도 현무암은 진촌리를 중심으로 부채꼴로 분포한다. 그 면적은 약 4km²로 백령도의 대부분을 차지하는 규암층을 덮고 있다. 현무암이 분포하는 해안선의 길이는 약 1km이며, 앞바다에는 현무암으로 이루어진 것으로 추정되는 바다여(礖)가 보인다. 그리고 아직 정확한 위치가 발견되지는 않았으나 현무암 분포 지역에서 진촌리 부근의 고도가 높은 것으로 보아 진촌리 성당 부근이 분출의 중심이었을 것으로 생각된다.

이곳 현무암의 절대 연령을 측정한 결과, 신생대 제3기 말인 약 460만 년 전에 분출한 것으로 나타났다. 현무암층에 나타나는 켜의 발달로 보아 6회 이상 용암이 흐른 것으로 보이며, 분출한 용암류의 두께는 최대 10m 정도로 관찰된다. 그리고 이런 현무암층에서 최대 크기 30cm의 포획암이 다량으로 나타난다.

하늬바닷가의 감람석 포획 현무암은 맨틀에 대한 정보를 제공하기 때문에 지질학적 가치가 매우 높다.

포획암 중에 백색 규암 조각이 있는 것으로 보아 현무암의 유출은 규암층의 벌어진 틈을 따라 일어났을 것이다. 포획암 중에는 원형 내지 각력질(角礫質)의 황갈색을 띤 암석 조각도 있는데, 황갈색 암편은 감람석 포획암으로 마그네슘, 철, 규산염으로 이루어진 광물이다. 감람석은 지각 하부에 있는 맨틀을 구성하는 주된 물질로 지표에서는 찾아보기

감람석 포획 현무암의 보고 백령도 하늬바다   29

물범이 서식하는 돌섬 또한 현무암으로 이루어졌으리라 추정된다. 섬 뒤로 백령도와 같은 지질대인 북한의 옹진반도가 또렷이 보인다.

어렵고, 1,500°C의 고열에서도 잘 녹지 않는다.

지하 깊은 곳에 있던 감람석이 현무암에 포획될 수 있었던 것은 마그마가 분출할 때 맨틀 상부에 암석 상태로 있던 감람석의 일부를 떼어냈기 때문이다. 맨틀을 구성하고 있던 물질이 포획암으로 산출되는 경우, 맨틀에 대한 직접적인 정보를 얻을 수 있기 때문에 지질학 연구에 큰 도움을 준다. 지질학자들이 감람석에 관심을 갖는 이유는 이 때문이다.

감람석 포획 현무암 형성 과정

지하 깊은 곳에 있던 마그마가 지각 맨틀부의 약한 틈을 뚫고 상승한다.

이 과정에서 맨틀을 구성하고 있던 감람석을 포획하여 분출한다.

감람석을 포획하여 분출한 현무암이 냉각, 고화된 이후 침식을 받아 지표에 노출된다.

진촌리 동쪽 하늬바다 현무암 노두에서 관찰되는 감람석을 함유한 맨틀 포획암.

우리나라에서 처음으로 백령도의 지질을 조사하여 감람석 포획암을 발견한 강원대학교 지질학과 이문원 교수(화성암석학)는 백령도의 감람석 포획암은 마그마가 지하 깊은 곳에 있을 때의 상태와 그 분화 과정을 연구하는 데 중요한 자료가 될 뿐만 아니라 한반도의 지각 두께나 화산 활동을 이해하는 기초가 된다고 말한다.

이와 같이 현무암에 박혀 있는 감람석 포획암은 제주도, 울릉도, 충청북도 보은의 조곡리 등에서 소량 산출되고 있을 뿐 백령도 하늬바다와 같이 다량으로 산출되는 곳은 세계적으로도 거의 없다고 한다.

돌보는 손길 없어 자연사적 가치를 잃어가고

하늬바다의 감람석 포획 현무암의 자연사적, 학술적 가치가 이와 같이 높은데도 그 보존과 관리는 너무나 허술하다. 이제 이곳은 더 이상 천연기념물로서의 가치를 갖지 못하는 곳이 되어버렸다. 누군가가 현무암에 포획되어 있던 황금색 감람석을 대부분 빼가서 그 많던 감람석 단괴가 거의 없어졌기 때문이다. 현재 감람석이 있던 자리에는 탁구공 크기에서 주먹 크기만 한 구멍들만 뚫려 있고, 그곳에 감람석이 있었음을 알려주는 누런 빛깔만 조금씩 남아 있을 뿐이다.

이렇게 현재 이곳은 천연기념물로서의 가치와 생명력을 위협받을 만큼 심각한 상태에 이르렀으나 관계 당국은 군사 지역이라는 특수성을 들어 여전히 관리를 소홀히 하고 있다. 대자연이 수백만 년의 지질 역사를 거치며 만들어놓은 자연유산이 사람들의 검은 욕심 때문에 순식간에 사라지고 있는 것이다.

지표에 드러난 황금색 감람석 포획암이 모두 사라져버려 이곳을 천연기념물이라고 할 수 있는지 의심스러울 정도이다.

■■■ 플러스 이야기 상자 ■■■

한반도 유일한 물범 서식지, 백령도

보통 점박이 물범이라 불리는 백령도 물범은 새끼를 낳기 위해 중국 보하이 만과 랴오둥 만으로 이동하여 겨울을 난 후, 이듬해 봄에 백령도로 다시 남하하는 것으로 알려졌다.

백령도에 물범이 살고 있다는 사실이 일반인들에게 널리 알려지게 된 것은 2004년 KBS의 〈환경스페셜〉에서 백령도 물범 이야기를 특집으로 방영한 이후이다. 이 방송을 계기로 여러 환경단체와 방송, 언론 기관에서 물범을 취재하기 위해 백령도로 잦은 발걸음을 하고 있다.

물범은 원래 북위 45° 이북의 북극권에 사는 국제적 희귀종이다. 현재 북태평양 캄차카 반도, 홋카이도, 캘리포니아 등에 분포하며, 전 세계적으로 약 300만 마리가 살고 있다고 한다. 그런데 백령도의 물범은 북위 45° 이남에서 서식하고 있어 세계 해양 포유류 학자들의 큰 관심을 모으고 있다.

백령도에는 현재 약 200~300마리의 물범이 서식하고 있는 것으로 알려져 있다. 백령도 가운데서도 물범이 가장 많이 서식하는 곳은 하늬바다 앞 물범바위라 부르는 바다여 일대이다. 이곳에서는 봄부터 늦가을까지 물범들이 바위에서 휴식을 취하고 있는 모습을 볼 수 있다.

과거에는 물범이 백령도와 대청도 근해에서 1년 내내 사는 것으로 여겨졌지만, 최근 환경부의 연구 결과에 의하면, 번식과 출산을 위해 12월부터 황해 연안을 따라 북상하기 시작하여 중국의 보하이 만(渤海灣)과 랴오둥 만(遼東灣)에서 한겨울을 지낸 다음, 이듬해 4월에 다시 백령도 인근 해역으로 돌아온다고 한다.

백령도 물범은 종의 다양성 보존이라는 측면에서 의의가 크기 때문에 1982년부터 천연기념물(제331호)로 지정되어 보호, 관리되고 있지만, 최근 그 수가 급격히 줄어 대책이 시급하다. 조사 결과에 따르면, 지난 40년 사이에 백령도 물범의 90% 이상이 사라졌다고 하는데, 이는 호랑이의 감소 추세보다 더 빠른 것이다.

물범의 개체 수가 감소하는 원인으로는 중국의 불법 밀렵이 가장 큰 부분을 차지하고, 그 다음으로 지구온난화에 따라 출산지인 보하이 만과 랴오둥 만의 빙결일수 감소, 그 밖에 백령도의 환경 변화, 어민과의 수산 자원 경쟁, 군대의 오인 사격, 관광 유람선 운항 등을 들 수 있다. 이 정도 실태가 밝혀진 것도 2000년 이후의 일이다. 보다 체계적인 조사와 연구, 그리고 보호구역 지정을 통해 물범의 멸종을 막아야 할 것이다.

한국의 사하라
옥죽동 해안사구

옥중동 해안사구는 계절과 바람에 따라 시시각각 다른 모습을 연출하는 대청도 최고의 명물이다.

멀리 사하라 사막이나 고비 사막을 찾을 필요 없이 우리나라에서도 사막 여행을 즐길 수 있는 곳이 있다. 인천에서 쾌속선을 타고 3시간 반 남짓 달리면 도착하는 대청도(大靑島)가 바로 그곳이다.

서해 5도* 가운데 하나인 대청도는 그동안 백령도의 유명세에 가려 사람들의 시선을 끌지 못했다. 크기 또한 백령도의 3분의 1밖에 안 되어 관광지로서의 가치도 거의 주목받지 못했다. 덕분에 인간의 손때가 덜 묻어 대청

쾌속선이 드나드는 선진포구에 세워진 어부상(왼쪽). 대청도는 흑산도와 함께 홍어잡이로 잘 알려진 곳이다(가운데). 농여해수욕장에 있는 일명 '구멍바위'라 불리는 해식이암(오른쪽).

도에 가면 태곳적 자연의 아름다움을 느낄 수 있다.

대청도에 들어서면 해송(海松)과 적송(赤松)이 해안 곳곳의 절벽을 타고 빽빽이 들어서 있어 이곳이 대청[大靑]의 섬임을 알 수 있다. 해안선 모두가 해수욕장이라고 할 만큼 곳곳에 고운 백사장이 펼쳐져 있으며, 깎아지른 듯한 해식 절벽을 따라 다양한 기암괴석이 자태를 뽐낸다. 또한 대청도에는 남해안과 섬에서만 자라는 난대성 식물인 동백나무(대청도의 동백나무 자생 북한지[천연기념물 제66호])가 자라고 있어 학술적으로도 가치가 매우 높다.

그러나 뭐니 뭐니 해도 대청도의 자랑은 역시 사막이 연상되는 옥죽동의 해안사구(海岸沙丘)이다. 쾌속선이 드나드는 선진포구에서 오른쪽 해안의 고갯길을 넘자마자 거대한 모래 더미가 산 전체를 뒤덮고 있는 광경이 눈에 들어온다. 한국의 사하라라고도 불리는 옥죽동 해안사구는 아직까지 사람들의 발길이 닿지 않아 원시성이 그대로 보존되어 있는 신비로운 곳이다.

북서풍에 날아든 모래가 쌓여 이루어진 사구

옥죽동 해안사구의 수많은 모래는 북쪽 해안의 농여해수욕장과 옥죽포 해수욕장의 모래가 바람을 타고 산등성이까지 이동해 쌓인 것으로, 특히 북서풍이 강하게 부는 겨울철에 성장이 두드러진다. 해안사구가 있는 옥죽포는 원나라 순제가 대청도로 유배와 처음 발을 디딘 곳이라 하여 옥자포

＊서해 5도는 1973년 북한이 백령도, 대청도, 소청도, 연평도(이상 인천광역시 옹진군), 우도(강화군) 등 5개 섬의 주변 수역을 북한 연해라고 주장하면서 사용되기 시작한 용어이다. 5개 섬 모두 북한과 가까워 국가 안보상 중요한 곳들이다.

(玉子浦)로 불렸으나, 1914년 일제가 행정구역 명칭을 변경하면서 옥죽포(玉竹浦)가 되었다.

마을이 들어서기 전에 이곳에는 옥죽(玉竹)이 많았다고 한다. 그러나 지금은 마을 포구 뒤 야산에 얼마 안 되는 옥죽이 자라고 있을 뿐이다. 마을 뒤편으로 멀리 산등성이에 하얀 모래 언덕이 보이는데, 둑길을 곧장 따라가면 그곳에 다다를 수 있다.

옥죽동 해안사구는 가로 1km, 세로 500m 규모로 발달해 있으며, 해변의 모래가 바닷바람에 산기슭까지 날아와 쌓인 국내 유일의 모래산이다. 모래를 손에 움켜쥐면 입자가 밀가루처럼 고와 어느새 손가락 사이로 소리 없이 빠져나간다. 이런 모래가 검은낭큰산(206m) 북쪽 산등성이의 해발고도 80m까지를 뒤덮고 있다.

어떤 사람들은 이 많은 모래가 중국에서 날아온 것이라고 말하기도 하는데 이는 당찮은 말이다. 이 모래의 고향은 바로 해안사구 앞의 옥죽포해수욕장과 그 옆 농여해수욕장이다.

해안사구는 썰물 때면 드러나는 옥죽포해수욕장과 농여해수욕장의 모래가 강한 바닷바람에 날아와 한 알 두 알 쌓여 형성된 것이다. 바다와 인접한 남해안, 동해안, 황해안 전역에는 이러한 사구가 뚜렷이 나타난다. 단지

옥죽동에서 바라본 사구(왼쪽)와 사구에서 바라본 옥죽동(오른쪽). 왼쪽 사진의 커다란 붉은 용기들은 백령도와 대청도에서 많이 잡히는 까나리액젓을 숙성시키기 위한 것이다.

옥죽동 해안사구가 다른 사구에 비해 규모가 크고 특이하며 수려한 경관을 지녔기 때문에 주목받는 것이다.

옥죽동 해안사구는 특히 바람이 강하게 부는 겨울철에 크게 성장한다. 강한 북서풍에 의해 모래가 멀리 산등성이까지 날아가는데, 바람이 더 강하게 부는 날이면 모래가 산을 넘어 선진포구까지 날아가기도 한다.

약 6,000년 전부터 쌓이기 시작한 모래

대청도에는 옥죽포해수욕장과 농여해수욕장을 비롯하여 모두 6개의 해수욕장이 있다. 그 가운데 북쪽 해안에 발달한 해수욕장에는 모래가 아주 많은데 이는 대청도 지질의 주를 이루는 규암에서 비롯된 것이다.

대청도는 백령도, 소청도 및 옹진반도와 같은 궤의 지질대로 원생대 12억~10억 년 전에 형성된 변성 퇴적암인 규암이 주를 이루고 있다. 이 규암이 지표에 노출된 후, 바닷물에 의한 오랜 침식과 풍화로 모래가 된 것이다. 대청도 해안은 전체적으로 암석 해안인데, 돌출된 곶과 곶 사이의 만에는 여지없이 모래가 쌓여 있다.

해안 절벽에 드러난 규암층의 단면을 보면 백령도와 소청도에 비해 습곡 작용을 많이 받아 지층이 크게 휘어져 있는 것을 볼 수 있다. 바다로 떨어진 규암 조각이 해저에서 파랑과 조류에 마식되어 모래가 생성되고 이 모래들은 다시 파도에 이끌려 해안으로 공급된다.

한편 옥죽포 해안의 모래와 백령도의 사곶해빈의 모래가 같은 성분이고, 북쪽에서 남쪽으로 남하하는 해류의 흐름으로 보아 상당한 양의 모래가 해류를 따라 백령도 쪽에서 운반되어온 것으로 생각된다.

사구 표면 곳곳에는 바람에 따라 이동한 모래의 흔적이 나타난다. 10년 전 모래의 이동을 막기 위해 대나무를 엮어 세워놓은 축대가 모래에 묻혀 있다.

한국의 사하라로 불릴 만큼 모래가 넘쳐나는 옥중동 해안사구는 국내 유일의 모래산으로 사막 여행을 즐기기에 손색이 없다. 모래 언덕에 발을 들여 놓는 순간 4시간에 가까운 뱃길의 고단함이 순식간에 사라진다.

    그렇다면 이 거대한 사구는 언제쯤 만들어진 것일까? 사구의 형성 시기를 정확히 알려면 사구의 하단부 깊은 곳에 묻힌 고(古)사구의 연대를 측정해야 한다. 옥죽동 해안사구에 대한 자료가 아직 없어 그 형성 시기를 정확히 알 수는 없다. 하지만 해안 지형을 연구하는 학자들은 해안사구는 후빙기 해수면 상승에 의해 만들어졌으므로 현재의 해수면을 유지한 6,000년 전 이후일 것이라고 말한다.

    대구가톨릭대학교 지리교육과 서종철 교수(지형학)는 우리나라의 해수면 변동 과정을 고려해볼 때, 옥죽동 해안사구 또한 약 1,000년 전에 형성된 신두리 해안사구와 거의 비슷한 시기에 형성되었을 것이라고 말한다.

동백나무 섬, 대청도

겨울꽃의 백미는 엄동설한에도 피는 동백꽃이다. 하얀 눈을 맞은 채 피어 있는 동백꽃을 보고 있노라면 냉혹한 환경에서도 꿋꿋한 생명력을 이어가는 자연의 섭리에 절로 고개가 숙여진다.

동백나무는 차나무과의 난대성 수목으로 추위에 약하기 때문에 해양성 기후를 띠어 온화한 울릉도와 대청도 부근까지가 생장의 한계 지점이고, 그 이북으로는 더 이상 자라지 못한다. 즉 대청도와 울릉도는 동백나무의 자생 북한계로서 식물 분포 면에서 가치가 높다.

대청도의 동백나무 자생지. 대청도에는 겨울꽃의 백미인 동백꽃이 핀다. 울타리 안으로 동백나무가 자라고 있다.

대청도 사탄해수욕장에서 내동으로 넘어가는 고개의 정상부 못 미친 곳에 동백나무 자생지를 알리는 푯말이 있다. 이곳에서 조금만 내려가면 산비탈 암벽에 기대어 뿌리를 내린 동백나무 60여 그루가 보인다. 1930년대에는 지름 20cm 크기의 동백나무 150여 그루가 대규모 군락을 이루고 있었으나, 불법 채취로 마구 뽑혀 나가고 지금은 모진 세월의 풍랑을 이겨낸 60여 그루만 남아 있다.

소청도의 예동리 뒷산 자락에는 대청도보다 더 많은 동백나무가 자라고 있다. 더 북쪽의 백령도에도 동백나무가 자라고 있어 북한계선이 점차 북상하고 있음을 알 수 있다. 재미있는 것은 백령도에서는 남쪽의 화동에서만 동백나무가 자라 남쪽과 북쪽 사이에도 기온차가 있음을 보여준다는 점이다.

사방조림 사업으로 사라져가는 옥죽동 해안사구

옥죽동에는 '모래 서말은 먹어야 시집을 간다'는 옛말이 있다. 예부터 이곳에 그만큼 모래가 많았다는 뜻일 것이다. 옥죽포 토박이 장덕찬 씨는 10여 년 전만 해도 산꼭대기까지가 완전히 모래로 덮여 있었다며, 겨울에 모래바람이 심하게 부는 날이면 눈을 뜨고 다닐 수 없을 정도였다고 말했다. 그런데 이런 옥죽동 해안사구가 사라질 위기에 처해 있는 것이다.

사구에 인접한 대청 1, 3리 주민들은 그동안 날아드는 모래 때문에 일상생활에 불편함이 많았다. 그래서 옹진군은 주민들의 피해를 최소화하기 위

해안사구의 모래가 산 너머로 날아가지 못하도록 산비탈의 모래 언덕에 소나무를 많이 심었다. 해안가에 소나무를 심으면서 새로운 모래의 공급이 중단되어 해안사구의 면적이 크게 줄었다.

하여 1980년대 후반부터 2000년까지 소나무 2,000여 그루를 해안가에 심어왔는데, 그 효과가 최근에 나타나고 있다.

10년 전부터 옹진군이 추진해온 사방조림 사업으로 현재 사구에는 예전처럼 모래가 풍부하게 공급되지 않고 있으며 식생들이 자라나 사구의 모양도 차츰 바뀌고 있다. 새로운 모래는 유입되지 않고 기존에 쌓여 있던 모래는 조금씩 바람에 날려 사라지고 있어 10여 년 사이에 사구의 크기가 거의 반으로 줄어들었다고 한다. 이대로 가면 10여 년 안에 사구가 완전히 사라질지도 모른다는 이야기까지 나오고 있다. 주민들의 쾌적한 생활을 위해 소나무는 꼭 필요한 것이니 지금의 상황에 변화를 가져오기란 어려운 일이다. 그러니 이제 이국적인 풍광을 자랑하던 옥죽동 해안사구를 볼 날도 얼마 남지 않은 듯하다.

■ ■ ■ 플러스 이야기 상자 ■ ■ ■

원나라 마지막 황제가 살다간 섬, 대청도

삼각산에서 내려다본 내동리 전경. 대청초등학교 자리가 당시 궁궐터였다고 전한다(왼쪽). 사탄해수욕장을 끼고 있는 사탄동 전경. 해안에 빽빽하게 들어선 푸른 소나무가 이곳이 대청의 섬임을 말해준다(오른쪽).

대청도는 백령도와 마찬가지로 육지에서 멀리 떨어진 섬이었기 때문에 일찍부터 유배지로 이용되어왔는데, 우리나라 사람만이 아니라 중국 사람들까지도 이곳에 유배를 왔다고 한다. 《고려사》를 보면 1280년(충렬왕 7년) 원나라에서 황제의 아들 애아적(愛牙赤)이, 1324년에는(충숙왕 11년) 패자태자(孛刺太子)가 대청도로 유배되었다는 기록이 있다. 그리고 1330년(충혜왕 1년) "원나라 마지막 황제였던 순제(타환첩목[妥懽帖睦], 1333~1368)가 태자 시절, 11세의 나이에 계모의 계략으로 대청도로 유배되었다"는 기록이 나온다.

대청도에는 지금도 순제와 관련된 전설이나 땅 이름이 전해오고 있다. 태자가 600여 명의 식솔과 함께 처음 대청도에 발을 내린 곳이라는 옥자포(지금의 옥죽동)가 그러하고, 대청도 중앙의 삼각산 아래에 있는 대청초등학교 자리가 당시 궁궐터였다고 하며, 이곳에서 발견된 기와는 모두 중국 기와라고 한다. 또한 대청도 아래 소청도의 분바위에서 순제가 경치를 즐기며 놀았다는 전설이 있다.

이중환의 《택리지》 〈팔도총론 황해도〉편에 나오는 다음과 같은 대목이 이 이야기에 근거를 더하고 있다. "황해도 장연 남쪽 바다 복판에 대청, 소청 두 섬이 있는데, 그 둘레가 꽤 넓다. 원나라 문종이 순제를 대청도에 귀양 보낸 일이 있다. 순제는 집을 짓고 살면서 순금 부처 하나를 봉안하고 매일 해가 돋을 때마다 고국으로 되돌아가기를 기도했는데, 얼마 뒤 돌아가서 등극했다. …… 섬에 지금은 사람이 없고 수목이 하늘을 가리었다. 순제가 심었던 뽕나무, 옻나무, 쑥, 꼭두서니 따위가 덤불 속에 멋대로 자라다가 저절로 말라 비틀어지며, 궁실의 섬돌과 주춧돌 자리가 지금도 완연하다."

1년 5개월의 귀양 생활 끝에 원나라로 돌아간 태자는 2년만에 순황제로 등극했다. 순제는 고려에서 잡혀와 왕궁에서 차 시중을 들던 기(奇) 씨를 총애하여 제2황후로 삼았다. 이후 왕자를 낳아 제1황후에 오른 기 씨는 원나라가 망하기까지 약 30년간 황실의 주인으로 막강한 정치적 영향력을 행사했다.

고려 여인 기 씨가 원나라의 말단 궁녀에서 황후 자리에까지 오를 수 있었던 것은 순제가 대청도에 유배되었던 시절을 어느 정도는 그리워했기 때문이 아닐까?

한반도 첫 생명체 화석이 발견된 곳
소청도

하얀 분칠을 한 소청도 분바위는 중국 원나라 순제가 이 섬에 유배되었을 때 주악을 즐겼던 곳이라 한다. 바로 이곳에 한반도 최초의 생명체 화석이 숨어 있다.

　현재까지 발견된 생명체 화석 가운데 가장 오래된 것은 서부 그린란드의 선캄브리아대 퇴적층에서 나타나는 38억 년 전의 박테리아 화석이라고 한다. 그런데 10억 년 전 한반도에도 최초의 생명체가 등장했음을 보여주는 귀중한 화석이 발견되었다. 백령도, 대청도와 함께 황해 최북단에 위치한 막내 섬 소청도(小靑島)가 바로 그곳이다.

백령도와 대청도의 그늘에 가린 낙도 중의 낙도

소청도는 면적 2.9km²에 200여 명의 주민이 거주하는 작은 섬으로 낙도 중의 낙도이다. 백령도나 대청도에서 뱃길로 20여 분 안팎의 가까운 거리에 있지만 두 섬의 그늘에 가려 관광객의 발길 또한 뜸한 편이다. 이처럼 보잘것없는 섬으로 보이지만 소청도에는 한반도가 살아 있는 자연사 박물관임을 보여주는 귀중한 자료가 있다.

인천에서 출발한 여객선이 입항하는 탑동포구에서 고갯길을 넘으면 예동리에 이른다. 이곳에서 동쪽 해안으로 이어진 시멘트 포장길을 따라 차를 타고 20분가량 이동하면 바위에 분칠을 한 듯하여 분바위라 불리는 해안에 도착한다. 실제로 만져보면 보송보송한 분가루가 묻어 나오는 하얀 암석이 해안선을 따라 푸른 바다와 조화를 이루고 있다.

이 하얀 돌은 석회암이 열과 압력을 받아 변성된 대리암으로 그 사이에는 변성을 적게 받은 회색의 석회암이 끼어 있다. 대리암의 탄산칼슘은 빗물에 녹아 없어졌지만 불순물 성분은 녹지 않고 남아 암석의 표면이 거칠거칠하면서도 독특한 형태를 띠고 있다. 석회암에 좀더 가까이 다가가 살펴보면 일반적인 석회암과 달리 표면에 물결 모양의 얇은 층이 겹겹이 쌓여 있는 것을 볼 수 있다. 이것이 바로 스트로마톨라이트로 여기에 한반도 최초의 생명체의 비밀이 숨어 있다.

생명체의 탄생과 진화의 물꼬를 튼 남조류

그리스어로 바위 침대라는 뜻의 스트로마톨라이트는 바다에 사는 원시적 단세포 식물인 남조류(시아노박테리아)가 성장하는 과정에서 생긴 것이다. 이것은 남조류가 신진대사를 통해 퇴적물을 포획하여 고정시키거나 탄산염의 침전 작용에 의해 암석으로 변한 것으로 퇴적 구조인 동시에 화석이기도 하다. 보통 나뭇잎을 쌓아 놓은 모양의 엽층리(葉層離) 구조로 되어 있다.

상지대학교 자원공학과 이광춘 교수(고생물학)에 의하면, 현재 우리나라

실제로 분바위의 표면을 만져보면 보송보송한 분가루가 묻어나온다.

스트로마톨라이트를 품은 분바위는 하얀 파도에 부딪히며 소청도 등대의 맞은편 해안을 지키고 있다.

의 스트로마톨라이트는 소청도 외에도 강원도 영월과 태백 부근, 경상남도 진양, 하동과 사천, 경상북도 경산과 군위 등에서 발견되고 있다고 한다. 그러나 강원도 지역의 경우는 고생대 후기 바다에서, 경상도 지역의 경우는 중생대 백악기 호수에서 만들어진 것이며, 선캄브리아대의 것은 소청도의 스트로마톨라이트가 유일하다고 한다. 따라서 소청도의 스트로마톨라이트는 우리나라에서 가장 오래된 생명체의 흔적을 엿볼 수 있다는 점에서 지사학적 의의가 매우 높다.

선캄브리아대 스트로마톨라이트는 15억~5억 년 전 가장 번성했다. 스트로마톨라이트는 고생대부터 지금까지 세계 일부 지역에서 계속 생성되고 있지만 지구 역사에서 특별한 의미를 갖는 것은 선캄브리아대의 것이다. 왜냐하면 선캄브리아대에 남조류가 서식하던 바다는 지금의 바다와 그 환경이 완전히 달랐기 때문이다.

지구에 최초의 생명체가 탄생한 약 38억 년 전 원시 바다의 온도는 지금보다 훨씬 높은 약 150°C였다. 이렇게 뜨거운 바닷물 속에 최초의 생명체인 남조류가 출현했다. 원시 바다에서 무리 지어 살았던 남조류는 엽록소가 있어 광합성을 할 수 있었는데, 그 결과 산소가 만들어졌다.

이들 남조류는 대기가 이산화탄소로 꽉 차 있던, 다시 말해서 산소가 없는 상태였던 지구에 지속적으로 산소를 공급했다. 그렇게 족히 20억 년 이상 바다를 지배하며 지구에 끊임없이 산소를 공급하여 다른 생명체들이 태어나고 다양하게 진화할 수 있는 기반을 닦아놓았다.

남조류는 바닷물 속에 녹아 있던 이산화탄소에 칼슘이나 마그네슘을 결합시켜 석회암을 만들었다. 즉 대기의 주성분인 이산화탄소를 기

스트로마톨라이트는 1년에 보통 0.3mm 정도 자란다. 여러 층의 띠 문양으로 보아 화석이 만들어지기까지 오랜 시간이 걸렸을 것이다(위). 석회암이 침식과 풍화를 받아 제거되면서 침식에 강한 대리암이 지표로 모습을 드러냈다(아래).

체 상태에서 고체 상태로 바꾸는 역할을 했다. 또한 바다에 녹아 있던 철이온과 결합하여 물에 녹지 않는 엄청난 양의 산화철을 만들었다. 그래서 바다는 붉게 물들었고 이때 만들어진 산화철이 퇴적되어 지금의 대규모 철광상(鐵鑛床)이 되었다. 오늘날 전 세계에서 채굴되는 철광석의 90%는 모두 이렇게 만들어진 것이다. 이와 같이 남조류는 건축 문명의 자산이라 할 수 있는 석회암과 철까지도 인류에게 덤으로 남겨주었다.

소청도의 명물, 소청등대

소청도 남서쪽 해안 절벽 위에는 1908년 1월 인천 팔미도등대(1903년)에 이어 두 번째로 불을 밝힌 소청등대가 있다. 소청등대는 무려 한 세기 가까이 인천과 백령도, 대청도, 소청도 등의 섬을 오가는 배의 눈이 되어주고 있다. 뿐만 아니라 중국의 산둥(山東) 반도와 다롄(大連) 지방, 그리고 북한을 항해하는 각종 선박들의 길잡이가 되고 있다. 소청등대는 아직도 등대지기가 있는 등대 가운데 한 곳이다. 탑동포구에서 등대까지 왕복 2시간가량의 트래킹에서는 소청도의 또다른 모습을 만끽할 수 있다.

소청도 분바위에 새겨진 한반도 최초 생명체의 비밀

소청노 분바위는 석회암이 열과 압력을 받아 심하게 변성된 것이다. 그래서 스트로마톨라이트 특유의 엽리 구조가 연속성을 띠지 못하고 일그러진 형태로 산출되는 경우가 많다.

그렇다면 한반도에 남조류가 등장한 시기는 언제쯤일까? 소청도에서 스트로마톨라이트가 산출되는 지층은 백령도와 대청도, 옹진반도 일대와 같은 궤의 지층으로 12억~10억 년 전에 형성된 후기 원생대 상원계 지층이다.

1997~1998년에 소청도를 조사, 연구했던 김정률 교수는 소청도의 후기 원생대 지층에서 약 10억 년 전의 것으로 보이는 빗방울 자국, 건열, 스트로

스트로마톨라이트 형성 과정

햇빛이 비치면 남조류는 광합성을 시작해 산소를 만들어 내보낸다.

해가 지면 활동을 멈추고 밀려온 부유 물질을 붙잡아둔다.

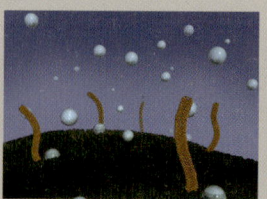
햇빛이 비치면 다시 활동을 시작한다. 이렇게 매일 같은 일을 반복하며 성장한다.

수만 년이 지나면 버섯 모양의 바위가 된다.

마톨라이트 등의 화석을 발견하여 이 지층이 얕은 조간대의 환경에서 퇴적되었음을 밝혔다. 이렇게 해서 우리나라에 남조류가 출현한 시기 또한 약 10억 년 전이라는 사실이 확인되었다.

스트로마톨라이트가 발견되는 대리암층의 두께는 200m 이상이 될 것으로 추정된다.

스트로마톨라이트는 광합성을 하면서 퇴적물을 포획하여 점점 크기가 커지면서 성장한다. 광합성을 하기 위해서는 빛이 통과할 만큼 수심이 얕아야 하기에 스트로마톨라이트의 서식 환경은 수심이 얕은 바닷가였을 것이다. 그래서 소청도의 스트로마톨라이트는 후기 원생대 지층이 수심이 얕은 바다 환경에서 퇴적되었음을 보여주는 근거가 되기도 한다.

분바위의 대리암층은 그 두께가 최소 200m 이상이며, 해풍과 파도에 깎여 지표 위에 드러난 층의 높이만도 30m가 훨씬 넘는다. 이를 통해 스트로마톨라이트가 얼마나 오랜 시간 동안 만들어졌는지 짐작해볼 수 있다. 스트로마톨라이트는 분바위 말고도 반대편에 있는 우물지와 낭너메해안의 노두에서도 다량 발견되고 있다. 이와 같이 섬 전체가 스트로마톨라이트 화석으로 가득 차 있는 소청도는 그 자체가 하나의 지질사 박물관이라 할 수 있다.

국내 스트로마톨라이트 전문가 중의 한 사람인 경북대학교 지질학과 이성주 교수(고생물학)는 소청도 스트로마톨라이트에서 산출된 박테리아 화석은 국내 최초의 '선캄브리아대의 박테리아 화석'이라는 지질학적 의미를 지닌다고 말한다. 아울러 소청도에서 발견된 박테리아 화석은 국내 화석 가운데 가장 오래된 것으로 선캄브리아 화석 연구의 지평을 열었다는 점에서 높이 평가할 만하다는 설명을 덧붙였다.

스트로마톨라이트의 수난사

스트로마톨라이트는 그 자연사적 가치에도 불구하고 그간 혹독한 시련과 수난을 겪어왔다. 스트로마톨라이트가 만들어내는 다채롭고 특이한 문양의 대리암을 탐낸 일제에 의해 마구 파헤쳐진 뒤, 1970년대에 무분별한 대리암 광산 개발로 뚝뚝 잘려나가 현재는 심하게 훼손된 상태이다.

젊어서 이곳 분바위 지역에서 대리암 채광일을 했다는 소청도 토박이 가오신 옹은 일본인들이 많은 양의 대리암을 캐내어 간 것도 사실이지만, 1970년대 초부터 국내 광산업자들이 부지기수로 드나들면서 얼마나 많은 양을 캐내어 갔는지 얼추 산 하나가 없어졌을 정도라고 말한다. 또한 수석 애호가들 사이에서 스트로마톨라이트로 이루어진 돌은 '신(神)이 만들어낸 해석(海石)'으로 불릴 만큼 귀하게 여겨져 이들에 의해서도 많은 돌이 실려 나갔다고 한다. 현재 분바위 일대에는 돌을 잘라내고 남은 암편들이 여기저기 박혀 있고, 새로 잘라내기 위해 쇠말뚝을 박아둔 곳도 많다.

예동리 포구 앞의 스트로마톨라이트 화석. 섬 전역에서 이 화석이 발견되는 소청도는 자연사 박물관이라 하기에 손색이 없다.

분바위를 잘라간 흔적과 잘라내기 위해 박아놓은 쇠말뚝(사진 속 사진)이 곳곳에서 발견된다.

소청도의 자랑이자 최고의 절경인 분바위는 이제 관광객들의 필수 코스가 되었으나 관할 행정기관의 관리와 감독의 손길이 전혀 미치지 못하고 있다. 국내에서 스트로마톨라이트가 천연기념물로 처음 지정된 곳은 2000년 고생대 지층에서 발견된 영월 문곡리의 스트로마톨라이트(제413호) 하나뿐이었다. 그러나 다행히도 우리나라에서 가장 오래된 화석일 뿐만 아니라 선캄브리아기 층에서 산출되는 유일한 화석인 소청도의 스트로마톨라이트가 늦게나마 2009년에 천연기념물 제508호(옹진 소청도 스트로마톨라이트 및 분바위)로 지정되어 보호, 관리를 받게 되었다. 그러나 불행하게도 2012년 이곳을 다시 찾았을 때도 화석 반출을 위한 흔적들이 도처에 보이는 것으로 보아 여전히 관리의 사각지대라는 사실을 알게 되었다. 지역 주민과 섬을 찾는 관광객 교육과 감시, 순찰을 강화하여 10억 년이 넘는 고귀한 자연유산이 보존될 수 있도록 관계 당국의 노력을 기대해본다.

플러스 이야기 상자

석회암의 또 다른 얼굴, 동해 추암

동해의 추암 부근의 석회암 잔류 지형(위). 5억~4억 년 전 고생대 조선 누층군에 속하는 석회암 지형인 추암은 해돋이 명소로 잘 알려져 있다(옆).

소청도 분바위는 석회암이 변성된 대리암이다. 분바위는 물에 잘 녹는 석회질의 대리암이 오랜 세월 해풍과 파도, 빗물에 깎여나가 형성된 것이다. 침식 과정에서 석회질 성분이 집중적으로 녹아나가고 뾰족한 암주(岩柱) 모양의 돌출부가 남아 형성된 것으로, 석회암 지역에 나타나는 이러한 지형을 라피에(lapiés) 또는 카렌(karren)이라고 한다. 토양층을 뚫고 공동묘지의 비석처럼 무리를 이루면서 솟아 있는 경우도 많아서, 묘석 지형이라고도 한다.

소청도 분바위만큼의 규모는 아니지만 형태상으로 그에 못지않은 절경을 이루는 곳이 한 곳 더 있다. 강원도 동해시 추암해변의 석회암지대가 바로 그곳이다. 촛대바위로 유명한 추암해변은 동해 지역의 석회암을 지표에서 쉽게 관찰할 수 있는 곳이기도 하다.

좁은 산책로를 따라 언덕을 오르면 2층 건물의 전망대가 나타난다. 이 전망대를 끼고 왼쪽으로 돌아들면 바닷가에 하얀 암석의 무리가 여러 마리의 용이 꿈틀대듯 뒤엉켜 있다. 이 암석들 또한 소청도의 분바위와 똑같은 과정을 거쳐 형성된 석회암 침식의 잔류 지형이다. 다만 소청도의 분바위가 변성을 심하게 받은 대리석인 데 반해, 추암은 변성을 적게 받은 결정질 석회암으로 이루어져 있다는 점이 다르다.

라피에는 석회암에 발달한 절리면을 따라 차별침식을 받으며 발달하여 어떤 경우에는 수m 높이의 예리한 석탑을 이루기도 한다. 그 대표적인 예가 추암 촛대바위이다. 이 바위가 연한 붉은색을 띠는 것은 석회암을 구성하는 광물질 가운데 하나인 철 성분이 산화되었기 때문이다.

용암대지 위에 펼쳐진 곡창지대
철원평야

강원도 철원 지역에 발달한 용암대지는 점성이 낮은 용암이 저지대의 골짜기를 차곡차곡 메워가며 널리 퍼져 나가 형성된 것으로 강원도에서 가장 넓은 평야지대를 이룬다.

"철마는 달리고 싶다." 강원도 철원(鐵原)에 가면 서울과 원산을 오가던 경원선 철도가 남북 분단으로 단절되었음을 상징적으로 보여주는 푯말이 있다. 철원 지역은 한국전쟁 당시 치열한 전장이었던 곳으로, 이 푯말 이외에도 분단 상황을 생생히 보여주는 전쟁의 잔해들이 곳곳에 남아 있다. 철원읍 관전리의 노동당 3층 건물 잔해와 월정리의 앙상한 뼈대만 남은 녹슨 기관차 등이 그것들이다. 그 밖에도 철원은 제2땅굴과 철의 삼각지 전망대 등으로 안보 관광지라는 명성을 얻고 있다. 이런 역사적인 유적들 이외에 신비하고도 특이한 지형을 품고 있어 그 매력을 한층 더하고 있다.

강원도 북서부 지역은 대부분 높은 산을 여러 개 넘어야 갈 수 있다. 철원 또한 산지가 많아 평야를 찾아보기 어렵다. 그러나 한탄강을 따라 상류에서 근남 육단리~김화 학사리~철원 화지리~동송 이평리~관인 탄동리~갈말 군탄리~영북 운천리로 이어지는 지역에는 이곳이 정말 산간 지역인지가 의심스러울 정도로 널찍한 평야지대가 나타난다. 여기가 바로 강원도에서 가장 넓은 철원평야이다.

현무암이 골짜기를 메워 이루어진 용암대지

강원도에 이렇게 드넓은 평지가 발달한 이유는 한탄강변에서 흔히 보이는 검은색 돌이나 바위에서 찾을 수 있다. 표면에 구멍이 숭숭 뚫려 있는 이 바위들은 현무암이다. 철원 부근에서는 중생대 백악기 말과 신생대 제3기 말~제4기 사이에 여러 차례의 화산 활동이 있었다. 현재 철원의 한탄강변에서 발견되는 현무암은 제주도, 울릉도, 백두산 등의 현무암과 궤를 같이하는 것으로 신생대 제4기 말에 있었던 대대적인 화산 활동에 의해 분출한 것이다.

철원에서는 용암이 백두산이나 한라산처럼 분화구에서 격렬하게 분출하지 않고, 지각의 벌어진 틈을 따라 팥죽이 끓어 넘치듯 조금씩 흘러나왔다. 이 점성이 작은 용암은 저지대의 골짜기를 메우며 퍼져나가 넓은 용암대지를 만들어냈다. 철원의 평야지대는 이렇게 흐른 용암이 굳어져서 평탄 지형이 된 것이다.

분단 전 북한의 노동당사로 쓰인 건물. 사진 속 사진은 '한국의 콰이강의 다리'로 불리는 승일교. 한국전쟁의 비극이 서려 있다..

철원평야를 깊이 파헤치며 흘러간 고석정 일대의 한탄강 계곡. 고석정은 임꺽정이 머물며 수도를 했다는 전설이 어린 곳이다.

철원이 궁예의 땅이었음을 말해주는 태봉국도성

철원은 궁예가 세운 태봉국의 수도였다. 궁예는 901년 개성을 수도로 하여 후고구려를 건국했지만, 905년 자신의 근거지였던 철원으로 도읍을 옮겨 국호를 태봉으로 고치고 대동방제국 건설이라는 굳은 의지를 천명했다. 그러나 그는 곧 폭정으로 민심을 잃었고 918년 왕건의 쿠데타로 역사의 무대에서 사라졌다.

의아스럽게도 13년간 왕도(王都) 구실을 했던 철원에서 궁예의 흔적은 거의 찾아볼 수가 없다. 왕건이 개국 이후 궁예를 사정없이 폭군으로 몰아 그 흔적을 모조리 제거했기 때문이다. 그래서 궁예에 관해서는 입에서 입으로 전해오는 전설만이 곳곳에 남아 있을 뿐이다. 궁예가 왕건에 항전했다는 보개산성(포천군 관인면), 싸우다 달아났다는 패주골(포천군 영중면), 군사들이 한탄하며 쫓겨 다녔다는 군탄리(철원군 갈말읍), 궁예의 말년을 슬퍼하며 산새들이 울었다는 명성산(포천군 이동면, 철원군 갈말읍) 등이 그 곳들이다.

산새들이 궁예의 말년을 슬퍼하며 울었다는 명성산.

궁예의 흔적을 엿볼 수 있는 최대 유적지는 궁예가 머물렀던 왕궁인 궁예도성이다. 그러나 안타깝게도 비무장지대 안에 있어 그 모습을 분명히 알 수 없다. 궁예도성은 2005년 10월 4일자로 명칭이 태봉국도성으로 변경되었다.

태봉국도성은 외성이 12.5km, 내성이 7.7km, 궁성이 1.8km인 3중의 성곽으로 현무암과 흙을 함께 쌓아 만든 토성이다. 현재 성벽이 많이 붕괴된 상태이지만 내성의 남벽, 외성의 동벽 등은 제 모습을 갖추고 있는 것으로 조사됐다. 분단의 현장에 갇혀 1,100년이나 우리의 기억 속에서 사라진 태봉국의 왕궁터는 남북한 고고학 및 역사학계가 공동의 노력을 통해 보존해야 할 곳이다.

궁예가 머물렀던 태국국도성. 비무장지대 안에 있을 것으로 예상된다.

오리산으로 추정되는 용암 분출구

철원평야 일대를 덮고 있는 현무암(전곡현무암)의 절대 연령을 측정한 결과, 약 70만 년 전 이후에 분출된 것으로 나타났다. 그러나 최근 조사 결과

한탄강변 곳곳에서 흔하게 볼 수 있는, 구멍이 나 있는 검은색 돌인 현무암. 이곳 사람들은 이를 곰보돌이라 부른다.

에 의하면, 30만~10만 년 전에 분출된 것들도 있다고 한다.

용암의 분출은 여러 차례에 걸쳐 반복적으로 이루어졌다. 한탄강 중류의 동송읍 화지리 동쪽 강변의 암벽에서 11매의 현무암 켜가 관찰되는 것으로 보아 최소한 11회 이상의 분출이 있었음을 알 수 있다. 하류 지역으로 갈수록 켜의 수가 적어져 연천 전곡리 부근에서는 3~4매가 나타난다. 반면에 상류 지역으로 갈수록 용암층의 두께가 두꺼워져 상류에서 분출한 용암이 하류로 흘러 내려왔음을 알 수 있다.

대부분의 학자들은 용암 분출구가 북한의 평강 남서쪽에 위치한 오리산 [鴨山, 415m]일 것으로 추정하고 있다. 한국지질자원연구원 이윤수 박사(지자기학)는 오리산은 지형도의 지세보다 훨씬 웅장하다고 하면서 윗면이 꽤 넓은 순상화산체인 것으로 보아 다량의 용암을 쏟아냈을 것이라고 말한다. 오리산에서 분출한 용암은 남쪽으로 흘러 내려가면서 지금의 철원평야 일대를 메우고 구(舊)한탄강 유로를 따라 멀리 임진강 하류의 문산 동파리까지 흘러갔는데, 그 길이가 무려 96km나 되는 것으로 조사됐다.

철원 일대에 얼마나 많은 용암이 흘러들었는지는 한탄대교 아래에 있는 고석정에서 쉽게 관찰할 수 있다. 한탄강을 끼고 정자가 있는 쪽으로 수직을 이룬 상층부의 절벽면은 모두 현무암으로 이루어진 용암대지로 그 높이가 무려 30~40m에 이른다. 또한 철원평야를 이루고 있는 용암대지의 평균 두께는 약 120m로 다량의 현무암이 분출되었다는 것을 보여 준다.

추가령구조곡의 한가운데에 발달

철원 일대에 이렇게 광범위하게 용암이 흘러들고 분출한 이유를 알기 위해서는 경기도 연천과 강원도 철원 일대를 포괄하는 지체 구조(地體構造)인 추가령구조곡을 먼저 이해해야 한다. 전에

오리산에서 여러 차례 분출한 용암은 구(舊)한탄강 유로를 따라 철원땅으로 흘러들어 골짜기를 메우면서 임진강 하류인 문산까지 흘러갔다.

● 용암대지 위에 펼쳐진 곡창지대 철원평야   55

철원평야 형성 과정

약 100만 년 전까지 오랜 기간 침식을 받아 저평화된 구릉지대를 한탄강이 유유히 흐르고 있다.

오리산에서 점성이 낮은 현무암이 여러 차례 분출하여 한탄강 유로를 따라 흘러 내려오면서 저지대를 메웠다.

현무암이 저지대를 메워 평탄 지형을 만든 후 한탄강이 이전 유로를 따라 다시 흐르면서 침식을 가해 깊은 협곡을 만들었다.

는 지구대(단층대)로 불리기도 했던 이 골짜기는 서울에서 원산을 잇는 직선상의 좁은 골짜기로, 한반도를 지질적으로 남북으로 양분하는 중요한 경계선이다.

추가령구조곡을 기준으로 북쪽에는 10억 년 이상 된 선캄브리아대의 편마암류와 고생대 지층이 우세하다. 반면 남쪽에는 이들 지층과 함께 중생대 지층이 넓게 분포하여 남쪽으로 갈수록 형성 연대가 짧아지는 경향이 있다. 또한 북쪽의 산맥들은 대체로 북동동~남서서의 랴오둥 방향으로 뻗어 있으나 남쪽의 산맥들은 북동~남서의 중국 방향으로 뻗어 있다.

단층이란 지각에 생긴 틈을 경계로 양쪽 지괴(地塊)가 상대적으로 어긋난 것이다. 한때 추가령구조곡은 평행한 두 단층 사이에 낀 띠 모양의 지층이 내려앉아 형성된 지구대로 생각되었다.

추가령구조곡은 두 단층 사이에 낀 화강암체가 차별침식을 받아 형성된 깊은 골짜기이다. 이 골짜기의 약한 틈을 따라 여러 곳에서 용암이 분출했다. 서울과 원산을 잇는 철도인 경원선이 이 골짜기를 따라 놓여 있다. ⓒ환경부

그러나 여러 차례의 지질 조사 결과, 단층들 사이에서 약한 띠를 이루던 화강암체가 추가령(586m)을 분수계로 남대천과 임진강에 의해 차별침식을 받아 만들어진 단층선곡(斷層線谷)인 것으로 밝혀졌다. 이런 단층선을 따라 용암이 쉽게 분출할 수 있었기 때문에 철원평야와 같은 대규모의 용암대지가 형성된 것이다.

피안의 도량, 도피안사

최근 원형 복원을 위해 철도비로자나불좌상의 금박을 제거했다.

강원도 철원군 동송읍 관우리에 가면 도피안사(逃避安寺)라는 특이한 이름의 사찰을 만날 수 있다.

신라 말과 고려 초에는 철로 만든 불상이 크게 유행했다. 신라 865년(경문왕 5년)에 도선대사가 높이 91cm의 철조비로자나불좌상을 만들어 철원읍 율이리의 안양사에 봉안하기 위하여 옮기던 중 갑자기 불상이 사라졌다. 도선대사와 일행은 인근을 뒤지다가 그 불상이 지금의 도피안사 자리에 안좌를 틀고 있는 것을 발견했다. 이에 깨달음을 얻은 도선대사는 그 자리에 암자를 세워 불상을 모셨다. 이런 이유로 암자의 이름을 철조불상이 영원한 안식처인 피안에 이르렀다 하여 도피안사라 했다고 한다.

경내에는 삼층석탑(보물 제223호)과 철조비로자나불좌상(국보 제63호)이 있다. 철로 만든 불좌상은 세련된 조형미가 뛰어날 뿐만 아니라 균형미 있는 신체 비례를 이루고 있어 마치 참선하고 있는 스님을 대하는 듯하다.

한탄강의 물길이 만든 백리장성

철원벌판 한가운데를 흐르는 한탄강은 용암대지를 파내며 깊은 협곡을 만들어놓았다. 이곳 사람들은 그랜드캐니언을 축소해놓은 듯한 이 협곡을 백리장성(百里長城)이라 부른다. 이곳에는 깎아지른 듯한 절벽을 따라 곳곳에 폭포와 여울, 아름다운 계곡이 즐비해 여름철 많은 사람들이 찾는다.

큰(漢) 여울(灘)이 많은 하천이라는 뜻의 한탄강은 임진강의 지류로 북한의 강원도 평강군 백자산에서 발원하여 철원평야지대를 관통한 후, 경기도 연천군 전곡읍 도감포에서 임진강에 합류하는 133.4km의 물줄기이다.

한탄강을 멀리서 보면 강물은커녕 강줄기조차 보이지 않는다. 물과 계곡을 보기 위해서는 강가의 절벽 위로 올라서거나 30~40m의 절벽 아래로 내려가지 않으면 안 된다. 물길을 이루는 협곡이 수직 절벽을 이룰 만큼 깊게 파여 있기 때문이다.

한탄강은 새로운 물길을 내면서 현무암을 깊이 깎아내 40m에 가까운 수직 절벽의 협곡을 만들어냈다. 화강암이 가득 들어선 순담계곡은 래프팅 명소가 된 한탄강에서 가장 아름다운 곳이다.

그렇다면 한탄강의 물길은 어떻게 이런 깊은 협곡을 만들며 흘러갈 수 있었을까? 먼저 현무암의 특징과 관련된 주상절리를 그 원인으로 들 수 있다. 뜨거운 용암은 식을 때 표면부터 냉각되면서 수축이 이루어진다. 그 과정에서 에너지가 여러 방향으로 동일하게 퍼져 대개 육각형의 절리를 형성하는데, 이를 주상절리라 한다. 용암대지에 한탄강의 물이 흘러들면서 주상절리의 절리면을 따라 침식이 집중적으로 이루어져 수직 절벽이 만들어졌다.

한탄강 유역에서 주상절리로 이루어진 수직 절벽의 현무암 협곡이 가장 현저하게 발달한 곳은 사실 한탄강이 아니라 지천인 대교천이다. 대교천은 경기도 포천시 관인면 냉정리에서 한탄강에 합류하는 하천으로, 특히 하류 약 1.5킬로미터 부근에서 다양한 주상절리가 발달한 대칭의 협곡과 유수에 의한 다양한 지형을 관찰할 수 있다. 한탄강 유역에서도 가장 수려한 경관을 이루는 이곳은 자연 학습장으로의 가치가 높을 뿐만 아니라 한반도 제4기 지질 및 지형 발달을 이해하는 데 귀중한 학술적 자료를 제공하여 2004년 천연기념물 제438호(한탄강 대교천 현무암협곡)로 지정되었다.

한국의 나이아가라폭포로 불리는 직탕폭포(왼쪽). 한탄강 유역에서 경관이 가장 수려한 대교천 현무암 협곡(오른쪽).

다른 하나로 한탄강의 물살이 매우 빠르다는 점을 들 수 있다. 상류 쪽의 동송읍 일대 용암대지의 해발고도는 약 180m이지만 하류 쪽의 영북 운천리의 해발고도는 120m로 하상의 경사가 매우 급하다. 이로 인한 급물살이 강바닥을 깊게 깎아낼 수 있었던 것이다. 현재 래프팅이 행해지는 곳도 바로 이 구간이다.

철원 땅의 역사가 한눈에 들어오는 고석정

한탄강은 한국의 나이아가라폭포라고 불리는 직탕폭포와 고석정을 세상에 내놓았다. 고석정에 아기자기한 풍광이 모여 있다면 순담계곡에는 바위로 계단을 쌓은 듯한 계곡 사이로 널찍한 바위들과 옥계수(玉溪水)가 넘쳐난다.

그 가운데서도 장흥리의 고석정은 용암이 흘러들어 강을 메우기 이전의 원(原)지형과 용암 분출로 형성된 용암대지, 그리고 용암대지가 된 후 한탄강의 새로운 물길이 만든 깊은 협곡의 모습을 한눈에 살펴볼 수 있는 곳이다.

서울대학교 지리교육과 김종욱 교수(지형학)는 용암이 하천으로 이어지던 기존의 곡지대를 메워 용암대지를 형성한 이후, 새롭게 형성된 하천은 대부분 용암대지와 구(舊)지형 간의 경계선을 따라 흐른다고 주장한다. 또

 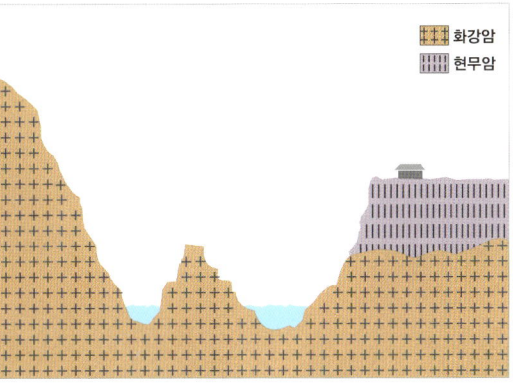

고석정 주변 지형(왼쪽)의 단면도(오른쪽). 기반암인 화강암과 그 위를 덮고 있는 현무암. 한탄강이 용암대지 위를 흘러가며 깊은 협곡을 만들었다.

한 고석정 일대는 그 모습을 살필 수 있는 최적지로, 용암 분출 이전의 기반암이었던 화강암을 현무암이 매곡(埋谷)한 후에 한탄강의 새로운 물길이 두 암석의 접촉부를 침식하면서 지금의 한탄강 물길을 만들어냈다고 말한다. 현재 한탄강의 유로(流路)는 옛 유로와 거의 일치한다.

청정 무공해 철원 쌀의 비밀

철원평야지대는 투수성(透水性)이 높은 다공질의 현무암으로 이루어져 있어 물이 지하로 쉽게 빠져 나간다. 또한 한탄강이 용암대지를 깊게 하각하여 논보다 30~40m 아래에 있기 때문에 논농사에 필요한 물을 확보하는 데 어려움이 많다.

그렇다면 이런 자연 조건에도 불구하고 철원이 강원도 제1의 곡창지대로 불리는 이유는 무엇일까? 먼저 현재의 평야지대는 현무암으로 이루어진 용암대지이긴 하지만 지표 전체가 현무암은 아니라는 점에 주목해야 한다. 1984~1989년에 철원군 동송읍 일대에서 시행한 암반 지하수 굴착 자료에 따르면, 한탄강이 하각 작용을 시작하기 전에 상류에서 떠내려와 쌓인 퇴적물과 현무암 풍화토가 용암대지 위에 2~4m가량 쌓여 있는 것으로 나타났다. 이 토사층이 어느 정도 물을 머금을 수 있었기 때문에 벼농사가 가능했던 것이다.

직탕폭포 부근에서 발견되는 현무암층 노두(왼쪽)와 눈덮인 철원평야(오른쪽). 화산지대인 철원 땅에서 벼농사가 가능했던 것은 용암대지의 현무암층(①) 위로 새롭게 쌓인 퇴적층(②) 때문이다.

    다른 한 가지로 인위적으로 물을 확보할 수 있었다는 점을 들 수 있다. 1916년경 철원군 동송읍 일대의 용암대지는 거의 밭으로 이용되고 있었다. 그러나 1920년대 들어 일본이 산미증식계획을 시행하면서 관개 시설과 수리 시설이 보급되어 점차 논으로 바뀌기 시작했다. 현재는 한탄강을 끼고 발달한 평야지대 거의 대부분이 논으로 이용되고 있다.

    현재 철원 일대에는 산명호, 토교, 강산, 냉정, 강포, 용화저수지 등 여러 곳의 저수지가 벼농사에 필요한 물을 공급하고 있고, 곳곳에 지하수를 뽑아 올리는 관정(灌井)과 한탄강의 물을 끌어 올리는 양수 시설이 잘 갖추어져 있다. 그 덕분에 철원 쌀은 청정 무공해 지역에서 생산된 질 좋은 쌀로 알려져 높은 가격 경쟁력을 갖게 되었다.

■■■ 플러스 이야기 상자 ■■■

한반도는 2개의 대륙이 충돌하여 형성되었다?

임진강대에서 두 대륙이 충돌하여 한반도가 형성되었다는 주장은 아직 받아들여지지 않고 있다. 이를 입증할 만한 결정적인 단서인 다이아몬드와 코자이트 등을 찾지 못했기 때문이다. 원 안의 사진은 고압에서 형성되는 각섬석의 표면이다.

한반도는 원래 하나의 대륙이 아니라 남과 북 두 대륙이 충돌하여 형성된 것이라는 새로운 학설이 제기되어 학계의 지대한 관심을 불러 모았다.

이 학설은 본래 2개의 대륙이었던 중국이 약 2억 3,000만 년 전인 중생대 트라이아스기에 북중국판(중한지괴)과 남중국판(양쯔지괴)이 충돌해 형성되었다는 주장을 배경으로 제기되었다. 중국 대륙의 충돌대인 친링~다비~산둥 초고압 변성대가 우리나라로 연장되었을 가능성이 있는데, 그곳이 바로 임진강대라는 것이다. 임진강대는 1962년 북한의 지질학자들에 의해 처음 제기되었고, 대륙 충돌대로 주목받게 된 것은 최근의 일이다. 그러나 비무장지대를 포함한 휴전선 부근에 있어 연구가 활발히 이루어지지 못하고 있다.

1995년 서울대학교 지구환경과학부 조문섭 교수(암석지구조학)는 임진강대 부근에서 대륙 충돌대와 같은 높은 압력에서 만들어지는 암석인 각섬암류가 존재한다는 사실을 밝혀냈다. 이에 기초하여 조 교수는 중국과 마찬가지로 한반도는 남과 북 두 대륙이 임진강대를 기준으로 충돌하여 하나의 대륙이 되었을 가능성이 높다고 주장했다.

조 교수가 주장하는 근거를 요약하면 다음과 같다. 먼저, 임진강대의 지리적 위치가 중국의 산둥 반도와 가깝다. 둘째, 우리나라 최초로 각섬암류가 연천군 미산면 월곡리와 포천군 관인면 중리 등 한탄강 부근 도로변에서 발견되었다. 셋째, 임진강대는 트라이아스기 초기인 약 2억 5,000만 년 전부터 광역 변성 작용을 경험했는데, 이 시기가 중국의 두 대륙이 충돌한 2억 3,000만 년 전과 일치한다. 넷째, 데본기 퇴적암류가 중국의 친링~다비~산둥 충돌대의 북쪽 경계부에서 보고된 바 있는데, 우리나라의 데본기 퇴적암류는 임진계에서만 산출되기 때문에 임진강대가 충돌대일 가능성이 높다.

두 대륙이 서로 충돌할 경우, 엄청난 힘에 의해 대륙 밑으로 말려 들어간 지표면의 암석은 상상을 초월하는 고온과 고압에 의해 새로운 암석으로 바뀐다. 이것이 바로 탄소와 석영의 결정체인 다이아몬드와 코자이트(coesite)이다. 그런데 아직까지 우리나라에서는 이것들이 발견되지 않아 임진강대가 대륙 충돌대라는 가설이 결정적인 증거를 확보하지 못하고 있다.

강바닥에 새겨진 조각 예술
가평천 포트홀

가평천 기반암에 형성된 물웅덩이들은 오랫동안 하천의 유수에 마식되어 형성된 것으로 물의 위력을 실감할 수 있다.

산 좋고 물 맑기로 소문난 고장 경기도 가평(加平). 가평읍 북면 목동리에서 화천 방향으로 75번 국도를 따라 가다 보면 가평천 주변의 경치가 눈에 들어온다. 산세가 수려하기로 이름난 명지산과 화악산 사이를 흐르는 가평천은 수량도 많고, 물도 맑아 여름철 피서지로 제격이다. 울창한 원시림과 넓은 암반 위로 흐르는 시원한 물줄기가 끊임없이 이어져 경기도 제1의 계곡이라 하기에 손색이 없다.

백둔계곡과 명지계곡이 갈라지는 백둔교에서 명지계곡 쪽으로 500m 정도 올라가면, 하천 바닥의 암반에 크고 작은 구멍과 물웅덩이가 무수히 팬 것을 볼 수 있다. 생김새가 너무나 신기하여 가까이 다가가 살펴보면 어느 여인네의 미끈한 몸매가 떠오르기도 하고, 항아리나 욕조를 보는 것 같기도 하다. 또 달 표면의 분화구처럼 여기저기 움푹 파인 반석이 200여 평의 넓이로 펼쳐져 있어, 마치 돌을 깎아놓은 조각 공원을 보는 것 같다.

백둔교 부근에 위치한 항아리바위 일대의 전경. 백둔교에서 도대리 명지계곡 상류 쪽으로 이어지는 하천 암반에는 다양한 형태의 포트홀이 발달해 있다.

급경사의 빠른 계곡 물살이 깎아낸 포트홀

흐르는 물은 침식, 운반, 퇴적 작용으로 하천 주변에 다양한 지형을 만든다. 예를 들어, 물에 의해 운반되는 각종 암괴나 자갈이 하도에 노출된 기반암에 충격과 마식(磨蝕)을 가해 특이한 지형을 형성하는 경우가 있다. 가평천 백둔교 부근의 하상(河床)에 만들어진 독특한 지형은 암괴나 자갈이 요지(凹地)에 들어가 물살에 따라 회전 운동을 하면서 주위를 마모하여 만든 것이다.

이러한 지형을 지형학 용어로 포트홀(pot-hole)이라 하며, 순우리말로는 돌개구멍이라 한다. 생긴 모양을 보고 구혈(龜穴), 와혈(渦穴)이라고도 하고 이 가운데 커다란 것은 풍여혈(風呂穴)이라고 한다. 이러한 포트홀은 전국의 주요 하천에서 간간이 발견되는데 암석의 성질, 유수의 속도와 양 등에 영향을 많이 받는 특수한 지형에 속한다.

가평천 하상에는 약 95개의 포트홀이 집중적으로 분포하는데, 원형에서 타원형, 수로형 등 그 모양이 다양하다. 규모가 가장 큰 것은 깊이

포트홀 형성 초기 단계(왼쪽)와 형성이 한참 진행된 단계(오른쪽). 원형 이외에도 와상(渦狀) 등과 같은 복잡한 형상으로 발달한다.

1.73m에 직경 3.10m로, 평균값인 깊이 65.9cm에 직경 99cm보다 약 1.5배쯤 크다. 이 밖에도 하상의 낮은 요지에 들어갈 수 없는 지름이 큰 암괴나 암편(밑짐)이 하상면을 마모해 만든 밭고랑 같은 지형이 곳곳에 발달해 있다.

이러한 지형들은 물살이 빨라 침식력이 큰 하천 지역에서만 나타난다. 가평천의 하상은 해발고도가 70~160m에 이를 만큼 급경사 지역이라 유속이 매우 빠르기 때문에 이러한 지형들이 탁월하게 발달한 것이다.

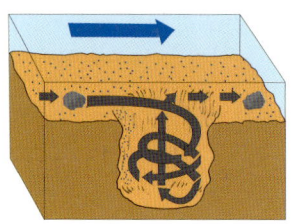

소용돌이를 일으키는 유수는 외벽에 대한 입사각이 30~70°일 때 회전수가 최대가 된다. 물이 소용돌이쳐 흐르는 동안 원심력이 커져 바깥쪽으로 이동하며 포트홀을 확장해가는 것이다.

물이 불어나는 여름철에 집중적으로 발달

포트홀의 발달은 유속 못지않게 유량과도 밀접한 관련이 있다. 유량이 풍부할수록 유속이 증가하기 때문이다. 가평천은 명지산(1,267m)~석룡산(1,155m)~화악산(1,468m)~애기봉(1,055m) 등 1,000m가 넘는 고산들로 이어지는 유역에서 계곡물이 모여들기 때문에, 여름철 유량이 풍부하다.

그리고 가평 일대는 내륙에 위치하여 여름철 수증기를 잔뜩 머금은 구름대가 고산지대에 갇혀 집중호우가 자주 내리는 다우(多雨) 지역이기도 하다.

여름철 집중호우로 하천의 수위가 순식간에 높아지면, 물은 엄청난 속도와 세기로 흐른다. 이렇게 빠르고 거센 물줄기가 호박만 한 크기에서 사람만 한 크기에 이르는 암괴나 자갈을 실어나르는 운동 에너지를 갖게 되어 포트홀이 발달하는 것이다.

백둔교 바로 아래에는 물길이 기반암을 깎아내어, 도랑처럼 길게 파인 침식 지형도 나타난다.

반면 풍수기(豊水期)인 여름을 제외한 봄과 가을, 겨울의 갈수기(渴水期)에는 하천 건너편으로 쉽게 건널 수 있을 정도로 물이 거의 없다. 동국대학교 지리교육과 김주환 교수(지형학)는 현재 포트홀이 집중적으로 발달한 하상은 갈수기의 하도보다 위쪽에 있기 때문에, 가평천의 포트홀은 주로 물이 불어나는 여름철에 집중적으로 발달하여 확장된다고 설명한다.

포트홀 형성 과정

단층이나 절리 등에 의해 갈라진 하상의 틈으로 유수에 의해 운반된 자갈이나 암괴가 들어간다.

틈으로 들어간 암괴나 자갈이 소용돌이에 의해 회전 운동을 하면서 주변의 암반을 깎아낸다.

유수의 속도가 빨라지고 양이 증가함에 따라 회전력이 더해져 구멍의 외벽이 계속 깎여나가 포트홀이 확장, 발달한다.

가평천 암반 위에 파인 포트홀. 포트홀은 유량이 풍부한 여름철에 집중적으로 형성된다.

동질의 기반암인 편마암이 발달을 더욱 촉진

포트홀이 발달하는 기반암이 동질의 암석인 경우, 기반암에 가해지는 침식과 마모력이 균일하기 때문에 발달이 가속화된다. 포트홀이 발달한 곳의 기반암은 모양부터가 특이하다. 흰색과 검은색 줄무늬가 물결처럼 이어지며 층을 이루고 있는 이 암석은 선캄브리아대 변성암으로 미그마타이트(migmatite)질 편마암이다. 이것은 지하의 고온과 고압에 의해 퇴적암이 변성을 받을 때 암석에 섞여 있던 광물들이 녹은 뒤 같은 종류끼리 다시 모이는 재결정 작용으로 형성되었다.

항아리처럼 움푹 파인 포트홀 속을 한참 들여다보고 있으면 소용돌이치는 블랙홀 속으로 빠져들 것만 같다.

석영, 장석 등 밝은 색 광물은 흰 줄, 흑운모와 같은 어두운 색 광물은 검은 줄 모양으로 뒤엉켜 있다. 마치 나뭇잎을 포개놓은 모양 같아 이를 지질학 용어로 엽리(葉理, foliation)라 하는데, 그 구조가 서로 달라 풍화와 침식에 약한 흑운모 성분이 먼저 떨어져 나가고, 침식에 강한 석영 성분은 상대적으로 높은 곳에 있게 된다. 그 결과 기반암이 울퉁불퉁한 굴곡을 이루게 되었는데 이는 손으로 만져보면 누구나 쉽게 알 수 있다.

| 유수의 조각 솜씨를 만끽할 수 있는 곳 |

내설악 백담계곡(왼쪽)과 영월 주천강 요선암(오른쪽)에 발달한 포트홀. 최고의 예술가들이 만든 조각 공원을 보는 듯하다.

강원도 인제군 내설악 백담계곡

설악이 흘러 물과 돌이 하나가 되는 곳, 인간에게 설자리를 내주지 않을 만큼 청정함을 간직한 소(沼)와 담(潭)이 넘쳐나는 곳이 있다. 계곡미의 정수를 엿볼 수 있는 설악산의 백담(百潭)계곡이 바로 그곳이다.

매표소에서 백담사까지 8km의 계곡을 흐르는 옥빛의 맑은 물이 가을 단풍을 머금은 모습은 영혼을 빼앗아갈 만큼의 선경(仙境)을 연출한다. 계곡의 암반 곳곳에 있는 다양한 형태의 자국들은 깊은 골의 적막함을 달래주고, 솜씨 좋은 석공이 수십 년 동안 공 들여 다듬은 듯 미려한 자태의 바위들이 눈을 즐겁게 한다.

강원도 영월군 주천강 요선암

강원도 영월군 수주면에 가면 서강(西江)의 지류로, 술이 솟아나는 샘에 대한 전설이 전하는 주천강(酒泉江)을 만날 수 있다. 동강과 서강에 밀려 잘 알려지지 않았지만 협곡을 가르며 이어지는 주천강의 수려한 경관은 결코 두 강에 뒤지지 않는다.

주천강 가운데 가장 절경이 뛰어난 곳은 신선들이 놀고 간 바위라 하여 요선암(邀仙岩)이라 불리는 곳이다. 이곳에는 물길이 만든 기막힌 형상의 너럭바위와 반들반들한 화강암 반석이 군락을 이루고 있다. 여인네의 풍만한 둔부 같기도 하고, 봉긋하게 솟아오른 젖가슴 같기도 한 바위들이 강바닥 곳곳에서 고개를 들어 제각각 아름다움을 뽐낸다. 그 모습이 최고의 예술가들의 손에서 탄생한 조각 공원의 작품들 같다. 영월 무릉리 요선암 돌개구멍은 2013년 4월 천연기념물 제543호로 지정되었다.

이곳이 항아리바위 유원지임을 알리는 푯말이 계곡 바닥에 나뒹굴고 있다. 해당 지방 자치단체의 관심 부족으로 천혜의 자연 지형인 포트홀이 무관심 속에 방치되어 있다.

후진적인 환경 정책

가평천 포트홀을 가만히 들여다보고 있노라면 세월의 무게와 물의 위력을 실감하게 된다. 일본에서는 기소 강(木曾川) 일대의 포트홀을 천연기념물로 지정하여 보호, 관리하고 있다. 또한 스위스의 루체른 지역에서도 알프스의 내륙 빙하가 녹아내린 물이 깎아 만든 포트홀을 천연기념물로 지정하고 있다. 그러나 우리나라에서는 천연기념물로 지정된 포트홀 지역은 단 한 곳도 없으며, 전국적인 실태 파악조차 제대로 이루어지지 않고 있다.

지난 2003년 해빙기에 가평천을 찾았지만 이곳이 포트홀 발달 지역임을 알리는 안내판 하나 없었고, 항아리바위 유원지임을 알리는 표지판만이 계곡 바닥에 나뒹굴고 있었다. 앞서 언급한 몇몇 선진국과 비교해볼 때 우리의 환경 정책이 얼마나 후진성을 면치 못하고 있는가를 확연히 알 수 있었다.

현재 이 일대는 여름철마다 몰지각한 행락객들 때문에 크게 몸살을 앓고 있다. 청정 지역으로 이름난 가평천이 서서히 오염되고 있고, 흔치 않은 지형인 포트홀은 물놀이 하는 이들의 눈요깃거리 정도로 인식되고 있을 뿐이다. 스위스의 루체른 지역처럼 공원으로 지정해 보호한다면, 포트홀은 귀중한 자연 학습장이 될 수 있다. 관련 연구자들과 정책 담당자들의 노력으로 이곳이 하루 빨리 천연기념물로 지정되고, 일반인들에게도 그 가치를 인정받을 수 있기를 기대해본다.

플러스 이야기 상자

12선녀가 만든 소(沼)의 정수, 설악산 12선녀탕

내설악의 12선녀탕계곡에는 포트홀이 확장되어 만들어진 12개의 소가 있다.

12선녀탕계곡은 설악산 대승령(1,210m)과 안산(1,430m)에서 발원하여 인제군 북면 남교리까지 이어지는 약 8km의 수려한 계곡으로 설악산의 맑은 계곡 가운데 그 절경이 가히 으뜸이라고 할 수 있다.

이곳에 들어서면 협곡을 흐르는 물이 온갖 변화와 기교를 부려 만든 특이한 형상의 폭포와 탕이 연이어 있어 설악산의 속살을 보는 것 같다. 12선녀탕은 밤이면 12명의 선녀가 내려와 맑은 물이 고인 12개의 탕에서 목욕을 했다는 데에서 유래했다고 하지만 실제로 탕은 8개 뿐이다.

전설에 의하면, 옛날 하늘나라의 옥황상제가 세상에서 가장 아름다운 곳을 정하여 깨끗한 물을 담아 놓을 탕을 만들기 위해 12명의 선녀를 지상 세계로 내려보냈다. 12선녀는 지상의 모든 곳을 돌아보고는 조선국 용례(현 인제 옹대리)의 아름다움에 반하여 그곳에 12개의 탕을 만들었다.

12년 만에 모든 소를 완성하고 하늘나라로 올라갈 날을 기다리고 있던 중 고된 일에 지친 4선녀가 그만 죽고 말았다. 남은 8선녀는 4선녀를 소에 묻고 하늘에 올라가 물을 뿌렸는데, 이것이 8탕 8폭을 이루어 오늘의 아름다운 계곡이 되었다고 한다.

조선 정조 때 성해응(成海應, 1760~1839)은 《동국명산기(東國名山記)》에서 설악산의 여러 명소 가운데 12선녀탕을 으뜸으로 꼽았다. 또 노산 이은상은 《노산산행기(鷺山山行記)》〈설악 행각〉편에서 "12선녀탕은 신이 고심해 빚어놓은 역작"이라며 12선녀탕의 아름다운 풍경을 노래했다.

설악산 계곡은 깊은 협곡을 이루고 있어 조금만 비가 와도 금방 물이 불어난다. 특히 여름철 강수량이 많고, 경사가 급해 설악산의 모든 계곡에는 소가 뚜렷하게 발달해 있다. 그 가운데 12선녀탕은 물의 마식 작용이 빚어낸 소의 정수를 엿볼 수 있는 최고의 장소로 손꼽힌다.

화강암 돔의 진수
북한산

북한산의 상징 인수봉. 거대한 바위 덩어리로 이루어진 북한산의 암봉들을 보고 있으면 감당하기 힘들 정도의 중압감이 느껴진다.

백두대간이 금강산을 향해 달리다가 추가령에서 남서 방향으로 굽이쳐 흐르며 한북정맥(漢北靜脈)을 뿜어냈다. 이 한북정맥이 경기도 양주군 서남쪽에 이르러 도봉산을 만든 후 잠시 우이령에서 숨을 돌리고, 한강 앞에서 솟구쳐 일어난 산이 바로 북한산(北韓山)이다.

백두산이 한민족의 진산이라고 한다면 서울의 진산은 단연코 북한산이다. 그러나 북한산은 서울 시민들에게 너무 가까이 있는 탓에 오히려 산으로서의 진가를 제대로 평가받지 못하고 있다.

도봉산과 함께 서울을 대표하는 북한산은 태산준령은 아니더라도 깎아지른 듯한 웅장하고 거대한 암봉들이 산지 곳곳에 넘쳐나, 그 남성적인 위용과 근엄해 보이는 기품에 감탄이 절로 난다. 그래서 산을 좋아하는 사람들은 "좋은 산은 서울에 다 있다"고 할 만큼 북한산을 사랑한다.

이런 북한산의 특이한 점은 도봉산과 더불어 산 전체가 하나의 바위 덩어리로 이루어진 암산(巖山)이라는 것이다. 도봉산의 만장봉, 선인봉을 시작으로 북한산의 백운대, 인수봉, 만경대를 거쳐 남쪽으로 문수봉, 비봉, 향로봉 등으로 이어지고, 문수봉에서 북으로 나한봉, 의상봉 등에 이르기까지 웅장한 암봉들이 산 전체를 휘감고 있다.

북한산 지명의 유래

북한산은 예부터 최고봉인 백운대(837m)를 위시하여 인수봉(811m)과 만경대(국망봉, 799m) 등 우뚝 솟은 세 봉우리가 3개의 뿔같이 생겼다 하여 삼각산(三角山)이라 불렸다. 또한 《동국여지승람》에 의하면 신라 때에는 부아악(負兒岳)으로 불렸다고 하는데, 인수봉 뒤쪽 사면의 바위 모습이 마치 아이를 업은 형상과 같다는 데에서 유래했다는 설과 산봉우리가 뿔

북한산에서 바라본 도봉산(왼쪽)과 관악산에서 바라본 한강(오른쪽).

임진왜란과 병자호란 때 왕이 피신하는 사태가 발생하자 1711년 숙종은 전란 시 피난처로 삼기 위해 약 8km의 북한산성을 개축했다. 북한산성은 백제 시대 초기부터 증축과 개축을 거듭해왔다.

처럼 뾰족하게 생긴 데에서 유래했다는(부아→불→뿔) 설이 있다.

이후 고려 시대에는 정상의 세 봉우리를 의미하는 삼각산으로 불렸으며, 조선 중기에는 화산(華山)으로 불리기도 했다. 그러다가 1711년(숙종 37년)에 북한산 정상부의 능선을 따라 산성을 쌓은 뒤, 남한산성과 대응하는 뜻에서 북한산성이라 부르면서 북한산이라는 명칭을 얻었다는 이야기가 있다. 그렇지만《세종실록지리지(世宗實錄地理志)》에는 다음과 같은 기록이 있다. "한성부는 본래 고구려의 남평양성이었고, 일명 북한산군(北漢山郡)으로 …… 근초고왕 24년에 남평양성으로 도읍을 옮겼는데 북한성(北漢城)으로 부른다." 그러므로 북한산이라는 지명은 백제 시대에도 이미 있었다고 보는 게 맞을 듯하다.

또한《삼국사기》권4〈신라본기(新羅本紀)〉에 북한산 비봉에 이곳이 신라의 영토임을 알리는 진흥왕순수비를 세우고 557년에 북한산주(北漢山州)를 설치했다는 내용과 "백제 132년(개루왕 5년)에 북한산성을 쌓았다"는 기록이 있는 것으로 보아 고려 시대 이전부터 이미 북한산이라는 명칭이 사용되었던 것은 분명하다고 할 수 있다.

이렇게 흩어져 있는 몇몇 사료들만으로 북한산이란 명칭이 정확히 언제부터 사용되었는지를 확정하기란 어려운 일이다. 아쉬운 대로《동국여지승람》의 다음과 같은 내용에 비추어 그 시기를 가늠해보는 것이 적절할 듯하다. "고구려 동명왕의 아들 온조와 비류가 남쪽의 한산(漢山)에 이르러 부아악(북한산)에 올라 살 만한 땅을 찾은 곳이 바로 이 산이다." 이 가운데 한산이라는 글자에 주목할 필요가 있다.

한산(漢山)은 큰 산이라는 뜻의 '훈산'을 한자로 표기한 것이다. 산 아래의 도읍을 한양(漢陽), 한양으로 흘러드는 강을 한강(漢江), 도성을 한성(漢城)으로 불렀던 것도 같은 원리를 따른 것이다. "한산에 이르러 부아악에 올랐다"는 기록은 당시 한산이라는 지명이 지금의 서울을 통칭하여 부르던 행정 지명이었다는 것을 뜻한다. 즉 백제가 이곳에 도읍을 정하고 개국할 당시 이미 한산이라는 명칭이 사용되고 있었던 것이다.

백제의 시조인 온조는 위례성에 도읍을 정하고 나라를 연 후, 온조 14년에 한강 이남으로 천도를 한다. 이 천도를 기점으로 신(新)도읍지와 구별하기 위해 북(北)자를 앞에 붙여 북한산, 북한성으로 부르게 되었으리라 추측된다.

삼국 영토 쟁탈전의 중심지였음을 말해주는 진흥왕순수비

북한산 정상인 백운대에서 남쪽으로 내려와 북한산성 대남문에서 문수봉으로 방향을 틀고, 다시 남서 방향으로 향하다 보면 북한산신라진흥왕순수비(국보 제3호, 이하 순수비)가 세워져 있는 비봉(560m)을 만날 수 있다.

순수비는 삼국 시대에 한반도의 심장부라고 할 수 있는 한강 유역을 놓고 삼국이 얼마나 치열하게 싸웠는지를 잘 보여준다. 《삼국사기》의 "온조가 남하하여 위례성에 도읍을 정하고 백제를 건국했다"는 기록으로 보아 한강 유역을 최초로 점령했던 나라는 백제였다.

그 후 백제는 고구려의 수도인 평양까지 진출하여 고국원왕의 목숨을 빼앗으며 한강 이북까지 위세를 떨쳤다. 그러나 장수왕의 남진(南進) 정책으로 고구려와의 싸움에서 대패한 이후 한양을 포기하고 수도를 웅진(지금의 공주)으로 옮겼다. 이후 한강 수복을 꿈꾸던 백제는 551년 성왕 때 신라 진흥왕과 손잡고 고구려를 공격하여 잃었던 한강 유역을 되찾는 데 성공한다.

그러나 553년(진흥왕 14년)에는 신라가 백제를 공격하여 한강 유역을 빼앗았다. 이를 기념하여 신라의 진흥왕이 북한

북한산신라진흥왕순수비는 한강 하류 지역을 둘러싸고 삼국 간에 치열한 영토 쟁탈전이 벌어졌음을 보여준다.

산을 순행하면서 한강 유역이 신라의 영토임을 밝히고자 세운 것이 바로 순수비이다.

북한산비로 불리던 이 비석은 조선 후기에 이르기까지 무학(無學)대사의 비로 알려져왔다. 그러나 1816년(순조 16년) 추사 김정희가 비석을 판독한 결과, 신라 시대에 진흥왕이 세운 순수비라는 사실이 밝혀졌다. 비문에 연호(年號)가 보이지 않아 건립 시기는 정확히 알 수 없다. 진흥왕이 555년에 북한산에 올랐다는 기록이 있으나 비의 건립은 그보다 뒤일 것으로 추정된다. 순수비는 1972년부터 국립중앙박물관으로 이전하여 관리되고 있으며, 그 자리에는 모조 표석이 세워져 있다.

중생대 쥐라기 지각 변동의 산물

인수봉을 비롯하여 노적봉, 보현봉, 병풍암 등 걸출한 암봉들이 솟아 있는 북한산의 형성 과정을 밝히기 위해서는 지각 변동이 격심했던 중생대로 거슬러 올라가야만 한다.

한반도에는 중생대에 크게 세 차례의 화성 활동이 있었다. 먼저 트라이아스기(약 2억 3,000만~1억 8,000만 년 전)의 송림변동으로 평안북도와 함경남도를 중심으로 한반도 북부 지역에 송림화강암이 관입했다. 이후 쥐라기(1억 8,000만~1억 3,000만 년 전)의 대보조산운동으로 추가령구조곡 이남 지역에 북동~남서 방향으로 뻗은 대보화강암이 관입했다. 북한산, 설악산, 계룡산 등의 화강암들은 이 당시에 생겨난 것들이다. 그리고 마지막으로 백악기(1억 3,000만~6,500만 년 전)에 일어난 불국사변동에 의하여 경상 퇴적 분지와 옥천 습곡대 주변 지역에 소규모의 불국사화강암이 관입했다. 월출산, 월악산, 속리산 등의 화강암은 이때 만들어졌다.

한반도 암석의 약 30%를 차지하는 화강암은 이와 같이 세 차례에 걸친 지각 변동의 산물로, 화산 분출과 함께 마그마가 지각의 약한 틈을 뚫고 올라오다가 지하 깊은 곳(대보화강암은 약 10~12km 아래, 불국사화강암은 약 3~4km 아래)에서 냉각, 고화되어 형성되었다.

북한산의 바위 덩어리들은 한반도가 중생대 쥐라기에 '불의 시대'를 맞았을 때, 지하 깊은 곳에서 공급된 마그마가 지각의 약한 틈을 뚫고 올라오다가 냉각되어 굳은 화강암이 이후, 오랜 세월 삭박과 침식을 받아 지표에 모습을 드러낸 것이다.

이 가운데 북한산의 화강암은 대보조산운동의 산물인 대보화강암에 속한다. 도봉산, 불암산, 수락산, 그리고 한강 이남의 관악산, 청계산 등의 화강암도 모두 같은 시대에 형성된 것으로, 서울 일대에 분포하고 있어 서울화강암이라고도 부른다.

지하 깊은 곳에 있던 거대한 화강암 덩어리가 지표에 드러난 것은 지각이 계속 융기하면서 피복 물질이 침식과 풍화를 받아 차츰 제거되었기 때문이다. 10km나 되는 두꺼운 피복층이 중생대 백악기와 신생대를 거치며 모두 깎여나간 모습에서 세월의 힘이 느껴진다.

풍수지리의 명당, 서울

북한산 정상에서 본 서울 은평구(왼쪽)와 서울의 풍수개념도(오른쪽).

우리는 주변에서 흔히 '조상의 묘를 잘못 써 그 집안이 망했다', '이사를 간 집터가 좋지 않아 집안이 흉흉하다'는 이야기를 듣곤 한다. 눈으로 볼 수는 없지만 땅속에도 기(氣)가 흐르고 있다는 것이 풍수지리의 기본이다. 사람 몸에 나쁜 피가 흐르면 병을 얻듯 나쁜 기가 모인 곳에 터를 잡으면 불행이, 기가 좋은 곳에 터를 잡으면 큰 행운이 따른다고 한다.

1392년 조선 왕조를 세운 태조 이성계는 천도를 결심하고 국사(國師)였던 무학대사에게 적당한 곳을 찾도록 명한다. 전국을 두루 살펴본 무학대사는 지금의 서울이 국토의 중앙에 있을 뿐만 아니라 한강이 흐르고 사방육로가 발달하여 수륙 교통이 편리하며, 주변이 산으로 둘러싸여 있어 방어에도 유리하고, 무엇보다도 풍수지리상 최고의 명당이므로 새로운 도읍지로서 손색이 없다고 고한다. 이에 태조는 1394년 서울로 천도를 단행한다.

풍수지리는 이와 같이 땅의 기운을 잘 이용하여 풍요와 행복을 얻고자 한 우리 민족의 전통적 자연관이다. 그러므로 한 나라의 도읍지를 정하는 중대사에 서울이 풍수지리적으로 명당이냐 아니냐에 대한 논의는 빼놓을 수 없는 중요한 문제였던 것이다.

서울은 산으로 둘러싸인 분지로 주산인 북악산, 서쪽의 낙산, 동쪽의 인왕산, 남쪽의 남산으로 둘러싸여 있다. 그리고 그 바깥쪽으로 다시 북으로 북한산, 서쪽으로 용마산, 동쪽으로 덕양산, 남쪽으로 관악산이 겹으로 둘러싸고 있다. 마치 새 둥지 안에 있는 알과 같이 그 가운데에 왕궁이 들어선 것이다.

서울 한복판을 흐르는 한강은 넓디넓은 일산평야와 김포평야를 만들어 사람이 살기에 좋은 환경을 조성했다. 그리고 북악산, 남산, 인왕산 사이로 청계천이 흐르는데, 왕이 머물던 경복궁은 북쪽의 북한산에서 남으로 내려온 산기(山氣)가 청계천의 수기(水氣)와 만나 최고의 기운을 이룬 곳에 세워졌다고 한다.

경복궁에 가면 근정전 앞 계단과 귀퉁이에서 해태(獬豸)라는 신기한 형상의 동물을 만날 수 있다. 불을 먹는 것으로 알려진 상상의 동물 해태는 유난히도 불기운이 넘치는 관악산 때문에 경복궁에 화재가 잦아 화기를 막기 위해 세웠다고 한다.

돔 모양의 암체를 형성한 판상절리의 발달

대보화강암은 추가령구조곡을 중심으로 북으로는 철원~포천~의정부~서울로 이어지고, 남으로는 여주~이천~원주~대관령~강릉으로 이어져 분포한다. 이 가운데 서울화강암은 북동~남서 방향의 추가령구조곡과 거의 일치하며 뻗어 있어 마치 한반도에 화강암 허리띠를 두른 것처럼 보인다.

화강암이 주를 이루는 산지의 공통된 특징 가운데 하나는 특이한 형태의 암석 지형을 다양하게 볼 수 있다는 것이다. 이는 화강암 재단의 마술사로 불리는 절리(節理, joint)에 의한 것이다. 화강암은 매우 단단하지만 물과 접촉하면 쉽게 풍화되어 부서지는 특성이 있다. 실제로 화강암 산지에 가보면 화강암 풍화 물질인 새프롤라이트(saprolite)를 흔히 볼 수 있다.

북한산과 도봉산(사진 속 사진)의 웅장한 바위들은 수많은 암벽 등반가들에게 천혜의 등반 장소로 사랑받고 있다.

어떻게 그렇게 단단한 화강암이 절리에 의해 쪼개져 다양한 암괴 지형을 이루게 되었을까? 화강암은 지표 가까이로 올라오면서 점차 하중이 줄어들어 팽창하는데, 이 과정에서 암체에 일종의 균열인 절리가 수직 및 수평 방향으로 발달한다. 이후 절리면을 따라 물이 침투하여 화학적 풍화를 이끌고, 얼고 녹기를 반복하면서 그 틈새를 더욱 벌려 암석의 붕괴가 빨라진다. 특히 수직과 수평의 절리가 만나는 모서리 부분은 침식과 풍화가 집중적으로 이루어져 쉽게 깎여나간다. 이렇게 지하에서 침식과 풍화를 받은 화강암체는 지표를 덮고 있던 피복 물질이 오랜 세월 빗물, 바람, 하천수에 씻겨 내려가면 지표에 그 모습을 드러내게 된다.

인수봉은 수직보다는 수평으로 전개된 판상절리(板狀節理, sheeting joint)가 탁월하게 발달한 암괴 지형이다. 수평의 판상절리가 발달하면 암체로 수분이 침투하기가 어렵고, 절리면을 따라 암석의 침식과 풍화가 집중적으로 이루어진다. 그 결과 암석 표면이 양파 껍질처럼 벗겨져 나가 인

북한산의 다양한 암석은 화강암에 발달한 절리면을 따라 침식과 풍화가 이루어진 결과이다.

수봉이나 만경대와 같은 거대한 암석 지형이 만들어진다. 인수봉과 같은 돔 모양의 지형을 지형학 용어로 보른하르트(bornhardt)라고 하는데, 설악산의 장군봉, 천화대 범봉, 공룡능선의 1275고지, 소공원 달마봉, 속리산의 문장대, 월출산의 천황봉과 구정봉 등이 모두 이에 속한다.

 북한산의 화강암이 언제 지상에 모습을 드러냈는지는 정확히 알 수 없다. 그러나 지형학자들은 북한산의 기본적인 형태는 과거의 기후 조건에서 형성되었으며, 지하에서 이미 암체의 형상이 모두 갖추어진 후 지표 위에 모습을 드러낸 것이라고 말한다.

 북한산의 화강암이 땅속에서 지중 풍화를 겪을 때는 신생대 제3기로 고온습윤한 열대성 기후의 영향을 받았다. 따라서 현재보다 강수량이 많아 풍화가 활발히 진행되는 가운데 기본적인 암체가 형성되었다. 이후 제4기로 접어들면서 지구는 여러 차례의 빙기와 간빙기를 겪는데, 이 과정에서 암석이 동결과 융해를 반복해 풍화가 활발히 이루어진 것도 암체의 윤곽을 더욱 뚜렷하게 하는 요인으로 작용했다.

도시에 둘러싸인 단절된 섬

1년에 400~500만 명이 찾는 북한산에는 휴일이면 발 디딜 틈조차 없을 만큼 많은 인파가 몰려든다. 한강이 서울의 젖줄이라면 북한산은 그 허파라고 말할 수 있을 정도로 사람들의 휴식처 역할을 톡톡히 하고 있는 것이다. 그러나 쉴 새 없이 밀려드는 탐방객들 때문에 토양이 심하게 침식되고, 주변 숲의 나무뿌리들이 밖으로 드러나 말라비틀어져가고 있으며 곳곳에 버려진 쓰레기가 눈살을 찌푸리게 한다.

더욱 무서운 것은 은평 뉴타운 건설과 같은 대규모의 개발 정책이 북한산을 둘러싸고 진행되고 있다는 점이다. 이미 하천의 오염, 습지의 파괴 등 숲의 생태계가 빠른 속도로 황폐화되기 시작해 야생 동물의 서식처가 위협받는 등 더 이상 뒷걸음칠 수 없는 막다른 상황에 와 있는데, 여기에 개발을 더하겠다니 그 결과는 상상하기조차 두렵다.

불과 100여 년 전만 해도 북한산은 남쪽의 북악산, 인왕산과 이어지고

우이동에서 바라본 북한산. 북한산에는 북한산성과 진흥왕순수비를 비롯한 수많은 유적과 진관사, 승가사, 도선사 등 30여 개의 사찰 및 암자가 자리하고 있다.

북쪽의 수락산, 불암산과 연결되어 건강한 생태계를 유지했다. 그러나 지금은 마치 바다 위에 홀로 떠 있는 섬과 같이 산 전체가 도시로 둘러싸여 생태적으로 단절된 섬(isolated island)과 같은 형태를 하고 있다.

북한산은 지난 2000년에 또 하나의 큰 홍역을 치뤄야만 했다. 서울외곽순환도로(일산~퇴계원) 건설을 둘러싸고 북한산국립공원을 관통하는 도로를 건설하려는 정부와 이를 저지하려는 종교 및 환경단체가 극한 대립을 벌였기 때문이다. 그 과정에서 교통 체증 해결과 물류 비용 절감을 위한 '개발'과 자연 환경의 '보전'이라는 두 가치가 첨예하게 맞섰다. 쟁점이 된 곳은 일명 사패산 터널 구간으로, 편도 4차선 도로가 북한산국립공원을 관통하며 4차선 터널로는 국내에서 가장 길다. 지난 2001년 6월 착공한 이 터널은 서울 북부 지역의 교통난 해소와 지역 경기 활성화 등 많은 효과를 기대하며 진행되던 중 수행 환경 수호와 생태계 보존을 주장하는 불교계와 환경단체의 반발로 2년여 동안 공사가 중단되기도 했다.

합의점을 찾기 위해 이해 당사자들이 모여 노선을 재검토하고 수차례 합동 회의를 열었지만, 지역 주민들까지 가세해 갈등은 더욱 커져만 갔다. 결국 대통령이 직접 불교계를 방문해 이해를 구하고, 기존 노선을 따르되 환경 파괴를 최소화하는 공법을 시행하는 방향으로 타협을 이루었다. 이런 과정을 거쳐 공사를 재개한 사패산 터널 구간은 2007년 12월 개통되었다.

사패산 터널 공사로 큰 홍역을 치룬 북한산이 최근 또다시 관광단지 조성과 케이블카 설치를 두고 찬반 논란이 거세다. 2010년 국립공원에 케이블카를 설치할 수 있는 자연공원법 개정안이 국무회의를 통과하자, 지방자치단체들은 설악산, 지리산, 북한산 등 국립공원에 케이블카를 설치하겠다고 경쟁적으로 나서고 있다. 서울시는 우이동 계곡 일대에 대규모 관광단지를 조성하고, 우이동계곡에서 삼각산 영봉까지 총연장 1,405km의 케이블카를 설치하여 지역 경제의 활성화를 꾀하고자 한다. 그러나 환경단체들은 북한산의 대규모 개발은 후손들에게 물려줄 아름다운 자연유산과 생명의 터전을 오히려 훼손하는 것으로 적극 반대하고 있다.

▪▪▪ 플러스 이야기 상자 ▪▪▪

수직절리가 빚어낸 조각 예술, 관악산 연주대

서울 한복판을 관통하는 한강의 북쪽에 북한산이 있다면 남쪽에는 관악산이 있다. 관악산은 북한산과 마찬가지로 산 전체가 꽃 같은 돌들이 불타는 듯한 형국이어서 풍수지리를 연구하는 사람들 사이에서는 화산(火山)으로 통한다.

관악산을 꽉 메운 바위 덩어리들은 모두 북한산과 같은 시기에 관입한 서울화강암의 일종이다. 관악산은 그 형세와 규모가 설악산과 북한산에는 못 미치지만 기암괴석과 아기자기한 암릉들이 소나무와 어울리며 능선으로 이어져 아름다운 산세를 느끼기에 충분하다.

관악산의 최고봉인 연주대(629m)는 매우 특이한 모습을 하고 있어 바라보는 이의 발걸음을 절로 멈추게 한다. 마치 불타는 듯한 모양이라 불꽃바위라고 불리는 이곳의 암봉들은 예리한 칼날을 겹겹이 세워 놓은 것처럼 나란히 서서 깎아지른 듯한 절벽을 이루고 있다.

어떻게 이런 바위가 생긴 것일까? 화강암은 관입 이후 그 위를 덮고 있던 지표 물질이 침식과 풍화로 모두 깎여나가면 지표에 모습을 드러낸다. 이때 화강암에는 수많은 절리가 발달하는데, 특히 수직 방향의 절리가 발달하면 그 절리면을 따라 침식과 풍화가 뚜렷하게 진행된다.

관악산의 연주봉은 이런 수직절리에 따른 침식과 풍화로 만들어진 조각품이라고 할 수 있다. 수직절리에 의해 형성된 기암은 금강산의 만물상을 비롯하여 설악산의 공룡능선, 용아장성능선, 천관산능선 등에서 볼 수 있다.

관악산 연주대 불꽃바위. 바위가 마치 불타는 듯한 모양이어서 불꽃바위라 불린다. 연주대는 화강암 수직절리의 원형을 볼 수 있는 최적지이다.

연주대 불꽃바위 형성 과정

화강암을 덮고 있던 지표 물질이 모두 제거되면 체적이 팽창해 암석에 수직 또는 수평의 절리가 생긴다.

수직절리의 발달이 탁월하여 이곳을 중심으로 빗물에 의한 침식과 풍화가 이루어져 암석이 붕괴된다.

수직의 절리면에 침식과 풍화가 더욱 집중되어 첨탑과 기둥 모양의 세로형 암주와 암봉이 나타난다.

동아시아 문명의 발상지
황해와 동해

세계사의 큰 축인 유럽 문명은 고대 그리스·로마 문화에 그 뿌리를 두고 있다. 고대 그리스·로마 문화가 융성할 수 있었던 것은 유럽 대륙과 아프리카 대륙 사이에 지중해가 있었기 때문이다. 이와 같이 유럽에 지중해가 있다면 동아시아에는 중국 문명과 한반도 문화를 태동시켜 동아시아의 지중해라 불리는 황해와 동해가 있다.

바다와의 숙명과도 같은 관계 속에서 반만년의 유구한 역사를 이어온 우

황해 끝자락에 위치한 백령도에서 바라본 해넘이 전경. 한반도의 역사와 문화는 황해와 동해에서 태동했다.

동해 형성 과정

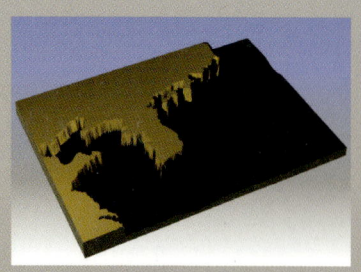
신생대 중기 말까지 일본은 유라시아 대륙의 일부로 대륙과 붙어 있었다.

2,300만 년 전 태평양 해양판과 유라시아 대륙판의 충돌로 일본이 대륙에서 떨어져 나갔다.

2,000만 년 전 동해의 해저가 확장되어 동해 분지가 형성되었고, 일본이 떨어져 나갈 때 분리된 대륙 조각들이 분지 안에 남았다.

리 민족은 황해와 동해를 터전으로 찬란한 문화를 꽃피울 수 있었다.

일본이 떨어져 나간 자리에 생겨난 동해

동해는 동서 길이 최대 1,100km, 남북 길이 최대 2,000km의 바다로, 평균 수심은 1,361m, 최고 수심은 4,049m이며 한국과 러시아, 일본 열도에 둘러싸인 바다이다. 그런데 우리나라와 연해주로 이어지는 대륙 해안선과 일본 해안선의 윤곽을 자세히 살펴보면, 양쪽의 해안선이 서로 맞물리는

강원도 고성 봉포해수욕장의 겨울 바다 전경(왼쪽). 인천 소래포구 어시장 전경(오른쪽). 바다는 우리 삶과 떼려야 뗄 수 없는 관계를 맺고 있다.

1,700만 년 전 태평양에서 바닷물이 밀려들어와 동해가 형성되었다.

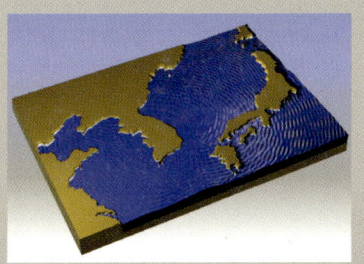
200만 년 전 이후 여러 차례의 빙기를 거치며 해수면 승강 운동이 반복되어 지금의 동해가 형성되었다.

듯한 인상을 받는다. 동해의 바닷물을 모두 빼버리고 일본을 끌어다가 대륙에 꿰맞춰보면 아마 거의 들어맞을 것이다.

신생대 제3기 중기 이후 태평양 해저 지각판이 북서 방향으로 이동하여 유라시아 대륙 지각판 밑으로 빨려 들어가면서 격렬한 충돌이 발생했다. 이때의 충격으로 대륙에 붙어 있던 일본 열도가 떨어져 나가 남쪽으로 이동하면서 그 사이의 지각이 함몰하여 거대한 분지가 형성되었다. 이 분지 안으로 바닷물이 밀려들어 만들어진 것이 바로 동해이다.

동해 북동부의 해저 산맥인 대화해령(大和海嶺)은 일본 열도가 태평양 쪽으로 이동하는 과정에서 남은 대륙의 잔유물로, 동해가 일본이 떨어져 나가면서 형성되었다는 표이설(漂移說)을 뒷받침해주고 있다. 동해가 어떻게 형성되었는지에 대해서는 두 가지 이론이 제기되었다. 하나는 일본 열도가 북쪽은 시계 반대 방향으로, 남쪽은 시계 방향으로 회전하면서 확장되었다는 것이고, 다른 하나는 동해로 연결되는 양산(梁山)단층 등 한반도와 일본에 위치한 2개의 단층에 힘이 작용하여 이들이 서로 미끄러지면서 확장되었다는 것이다.

한국해양연구원 박찬홍 박사(해저지질학)는 처음 대륙이 갈라질 때 흔히 녹색 응회암이라는 화산암이 분출되는데, 일본에서 발견되는 녹색 응회암의 생성 연대가 약 2,300만 년 전인 것으로 보아 일본 열도가 그때부터 남쪽으로 평행하게 떨어져 나갔다고 말한다. 약 1,500만 년 전 필리핀 해판이 일본 규슈 부근에 충돌하면서 일본 열도가 회전하여 오늘날의 동해가 열렸으리라는 것이다.

한편 최근에는 인도 대륙이 유라시아 대륙과 충돌하여 발생한 응력(應力)이 유라시아 극동의 연변부에 전달되어 일본이 남북 방향의 경계 단층을 따라 남하하면서 동해가 열렸다는 주장도 제기되었다. 이처럼 동해의 형성 과정은 여러 면에서 매우 복잡하고도 신비로워 앞으로 다양한 분야에서 종합적인 연구가 이루어져야 할 것이다. 분명한 점은 동해는 1,200만 년 전에 확장이 중단되었고, 현재는 조금씩 좁아지고 있다는 사실이다.

동해와 일본해의 명칭을 둘러싼 논쟁

모두가 알다시피 현재 한반도의 동쪽 바다 명칭을 둘러싸고 동해(East Sea)와 일본해(Sea of Japan)가 맞서 싸움이 계속되고 있다. 세계 각국에서 공식적으로 발행하는 지도를 보면 80여 년 전부터 거의 대부분이 동해를 일본해로 표기하고 있다.

그러나 지금까지 발견된 서양의 고(古)지도에는 동해가 한국해(Mer de Coree), 한국만(Gulf of Corea), 조선해(Chosun Sea), 한국해(Sea of Corea) 등으로 표기되어 있다. 또한 그 수도 일본해로 표기된 지도보다 압도적으로 많다. 즉 과거에는 국제 무대에서 한국해(또는 조선해)가 우위를 점하고 있었던 것이다. 그러나 근대화 과정에서 쇄국 정책을 취한 조선과 달리 일본이 세계 각국과 활발하게 교류하면서 세계 무대에서의

1809년 일본의 다카하시가 만든 〈일본변계략도〉에 동해가 조선해로 명기되어 있다. 이외에도 1794년 카츠라가와 제작한 〈아시아지도〉, 1897년 기사쿠가 만든 〈새세계지도〉에도 동해가 조선해로 표기되어 있다. ⓒ동해연구소

입지를 강화하자 한국해는 일본해로 대치되었다.

그러한 대치가 일어난 결정적인 시기는 일본이 1910년 을사늑약으로 한국을 강점하면서부터이다. 1905년 독도가 일본 시마네 현의 영토로 강탈되었듯이, 한국해라는 명칭 또한 일본에 의해 세계지도에서 사라지는 비운을 맞은 것이다. 질곡의 역사를 간직한 동해의 이름을 되찾기 위해 현재 외교통상부와 사이버 외교사절단 반크(VANK)가 다방면에서 활발한 노력을 기울이고 있다.

하지만 여기서 동해라는 명칭에 관한 우리의 생각을 다시 점검할 필요가 있다. 왜냐하면 동해(East Sea)는 특정 지역을 가리키는 고유명사가 아니라 보통명사이기 때문이다. 그러므로 동해의 명칭 문제는 '동해(East Sea)냐 아니면 한국해(Sea of Korea)냐' 하는 것에서부터 출발해야 한다.

지명이 고유의 가치와 상징성을 지니려면 반드시 고유명사여야 한다. 동해가 아무리 확실한 역사적 근거를 가지고 있다고 하더라도 방위 개념에 불과한 명칭으로 국제 사회를 설득하는 데에는 한계가 따를 수밖에 없다. 그러므로 막연하게 동해를 주장하는 한국보다 '조선 동해'를 주장하는 북한의 표기 방식이 오히려 시사하는 바가 크다. 이런 측면에서 볼 때 동해보다는 서방 세계에 일찍이 알려졌고, 그들의 고지도에 명기되기도 했던 한국해나 조선해라는 명칭이 더 타당할 것이다.

지명은 그 땅에 살고 있는 사람들의 가치관의 표현이자 문화의 산물이다. 만약 동해가 일본해로 표기된다면 그것은 동해가 일본 역사와 문화의 산물임을 인정하는 셈이 될 것이다. 나아가 영해는 물론 동해의 대륙붕과 배타적 경제수역(EEZ)까지를 일본해라고 부르는 답답한 상황을 맞게 될 것이다.

┤한반도가 사라지고 있다├

약 5억 년 전 고생대에 한반도는 남위 35° 부근의 오스트레일리아 서쪽에 붙어 있었다. 오늘날 강원도 영월, 태백 지역에 많이 분포하는 석회암은 한반도가 열대의 얕

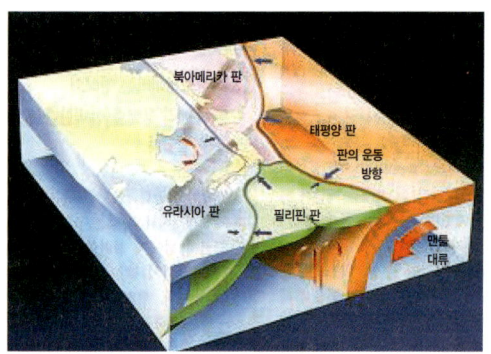

한반도가 속해 있는 아무르 판이 매년 동쪽으로 2~3cm씩 이동한다는 주장이 새롭게 제기되었다.

은 바다 속에 있었을 때 형성된 암석이다. 이후 한반도는 대륙에서 분리되어 점차 북쪽으로 이동하기 시작했으며, 약 3억 년 전에는 적도 부근까지 올라왔다. 그리고 약 2억 년 전 중생대 쥐라기에 지금의 위치인 북반구 중위도에 이르게 되었다.

놀랍게도 약 2억 년 전 한반도는 원래 2개의 땅덩어리였던 것이 결합하여 하나가 되었다. 오스트레일리아에서 올라온 남부 땅덩어리와 중국에 붙어 있던 북부 땅덩어리가 쥐라기 때 충돌하면서 하나가 되었는데, 이때의 충격으로 한반도 전역에 대규모 지각 변동이 일어났다. 우리나라의 지형과 지질이 가장 큰 격변을 겪은 것은 바로 이때였다. 지질학자들은 그 충돌대가 임진강 일대라고 추측한다. 왜냐하면 임진강대는 북중국과 남중국의 친링~다비~산동선과 연결되었을 가능성이 높기 때문이다.

한편 10여 년 전 "한반도가 매년 2~3cm씩 동쪽으로 이동하고 있다"는 가설이 제기된 적이 있다. 일본 국립천문대와 국토지리정보원이 인공위성으로 측정한 결과, 유라시아 대륙판에 속해 있는 한반도와 만주 지방, 그리고 일본 열도 서남부가 아무르 판이라는 새로운 판 위에 놓여 있을 가능성이 컸다. 아무르 판은 아직 정식으로 확인되지는 않았으나 일본 서남부 지역에 있으리라 추정되는 지각판이다. 여기서 한반도가 속해 있는 아무르 판이 동해가 속해 있는 오호츠크 판 밑으로 미끄러져 들어가고 있기 때문에 한반도가 매년 동쪽으로 수cm씩 이동하고 있다는 주장이 나왔다. 만약 이 가설이 사실이라면 3억 년 넘게 지질 여행을 해온 한반도가 영원히 사라질지도 모를 일이다.

황해냐 아니면 서해냐

우리나라에서 발간되는 책과 지도 가운데는 서쪽 바다를 황해라고 표기한 것도 있고, 서해라고 표기한 것도 있다. 두 가지 명칭이 다 사용되고 있으니 어느 것이 맞는지 혼란스럽기만 하다.

황해(Yellow Sea)란 명칭은 중국 대륙의 황토물이 황하를 통해 바다로 흘러들어 바다가 누른빛을 띠기 때문에 붙여진 이름이다. 우리나라의 지도를 제작, 관리하는 국토지리정보원에서 발간하는 지도와 중·고등학교 교과서, 지리부도 등은 모두 황해를 사용한다. 반면 서해(West Sea)란 명칭은 한국의 서쪽에 위치한 바다라고 하여 붙여진 이름으로, 사설 지도 제작사나 출판사 등에서 발간하는 교통지도, 관광지도 등에 흔히 쓰이고 있다.

*서해보다는 황해로 표기하는 것이 더 적절하기에 이 책에서는 황해로 표기한다.

그렇다면 황해와 서해의 차이는 무엇일까? 서해라는 명칭은 동해, 남해 등과 마찬가지로 방위 개념에서 나온 것으로 어느 나라에나 있을 수 있는 보통명사이다. 반면 황해는 우리나라에서 이미 오래전부터 사용해왔고, 국제적으로도 통용되는 고유명사이다.

동해가 국제 무대에서 공식 명칭으로 인정받지 못하는 현실을 감안한다면 보통명사인 서해보다는 고유명사인 황해가 더 적절할 것이다. 중국에서 유래한 황해가 사대주의적 명칭이라는 생각 때문인지 몰라도 서해안 시대, 서해안고속도로 등 최근 국가 정책과 관련하여 서해가 황해를 압도하고 있는데, 이는 시대에 어울리지 않는 소극적인 태도라고 할 수 있다.

지금은 엄연한 세계화 시대이다. 중국에서 유래한 명칭이라 하여 황해라고 표기하길 주저하는 소극적 태도보다는 황해를 우리나라의 서쪽 바다이자 동시에 동아시아 공동의 바다라는 뜻으로 여기며 그 사용을 확대해가는 것이 보다 열린 마음이 아닐까?*

후빙기 해수면 상승으로 생겨난 황해

동서 길이 약 700km, 남북 길이 약 1,000km에 이르는 황해는 한국과 중국에 의해 절반 정도가 닫혀 있고, 평균 수심은 44m, 가장 깊은 곳은 103m로 4,000m를 넘는 동해에 비해 매우 얕다. 그리고 복잡한 지각 변동으로 형성된 동해와 달리 과거 육지였던 곳에 바닷물이 밀려들어오는 매우 단순한 과정을 통해 형성되었다. 이러한 차이는 황해의 해저 지형이 쟁반 모양의 완만한 경사를 이루는 분지인 데 반해 동해의 해저 지형은 사발 모양의 급경사를 이루는 분지인 데서도 나타난다.

완만한 경사의 황해 해저와 달리 동해의 해저는 급경사의 분지이다.

1903년 우리나라에 최초로 세워진 팔미도등대가 인천 앞바다에 오롯이 떠 있다.

황해의 형성 과정을 좀더 자세히 알아보기 위해서는 먼저 빙하와 해수면 변동의 관계를 이해해야 한다. 지구는 200만 년 전부터 현재에 이르기까지 대여섯 차례의 빙하 시대를 겪었다. 지구가 추워지면 극지방의 바닷물이 얼어 해수면이 내려가고, 따뜻해지면 빙하가 녹아 해수면이 올라간다. 지금은 빙하가 물러간 후빙기에 해당되며, 현재 남극 대륙을 덮고 있는 빙하가 전부 녹는다면 해수면이 최대 150m 높이까지 상승할 것이라고 한다.

약 1만 8,000년 전에는 해수면이 현재보다 130~150m 정도 후퇴해 있었다(왼쪽). 그러나 빙하가 물러가고 해수면이 상승하면서 약 6,000년 전에 지금의 해수면을 유지하게 되었다(오른쪽).

마지막 빙하의 최전성기였던 약 1만 8,000년 전에는 바다가 지금의 해안선에서 130~150m 정도 후퇴해 있어 중국, 한국, 일본이 하나의 대륙으로 연결되어 있었다. 그러다가 약 1만 5,000년 전부터 빙하가 물러가면서 해수면이 점차 상승하기 시작해 한국과 중국 사이의 저지대에 바닷물이 밀려들어왔다. 그리고 이러한 과정은 현재의 해수면을 유지하게 된 약 6,000년 전까지 계속되어 황해를 형성했다.

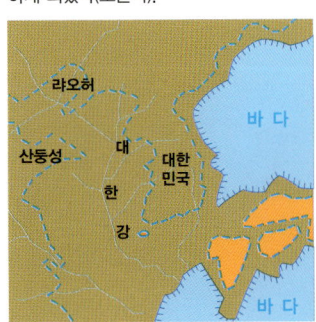
빙기의 해안선

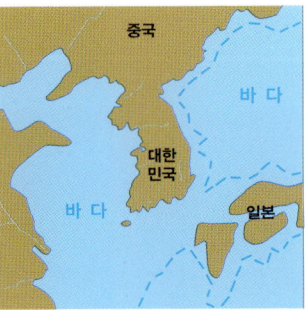
현재의 해안선

황해, 남해, 동해 각 바다의 범위와 기준은 어디?

우리나라는 삼면이 바다로 둘러싸여 있다. 그렇다면 각각의 해역은 어디를 기준으로 범위가 설정되는 것일까? 국립해양조사원에 따르면, 황해와 남해의 경계는 전라남도 해남군 토말(土末) 사자봉(110m)에서 남서쪽 45° 방향으로 연결한 선으로, 압록강 하구에서 해남 땅끝마을까지가 황해에 해당된다. 반면 남해와 동해를 가르는 뚜렷한 경계는 아직 확립되지 않아, 정부 기관마다 제각기 다른 기준을 사용하고 있다.

즉 국립해양조사원은 부산만 북안 승두말을, 국립수산진흥원은 울산시 울기등대를, 기상청은 부산과 울산의 행정구역 경계선을 기준점으로 삼는다. 뿐만 아니라, 국제수로기구(IHO)에서는 우리나라 연안을 동해로만 표기하고 있어 남해안의 섬들은 국제적으로 동해에 소속되어 있다.

2002년 해양수산부에서는 동해와 남해의 경계를 명확히 설정하고 해저 지명을 표준화하기 위해 해양지명위원회를 신설했다. 여기에서 결정된 지명은 앞으로 교과서와 지도 등에서 표준 지명으로 사용되고 국제 지명집에도 등재할 예정이라고 하니 더 이상의 혼란은 없으리라 기대해도 좋을 듯하다.

전라남도 해남군 땅끝마을 사자봉에 세워진 전망대와 토말비(사진 속 사진). 이곳은 우리나라 육지부의 최남단이자 황해와 남해의 경계지점이다.

황해안과 남해안, 동해안의 해안선이 다른 이유

고(故) 오건환 박사(전 부산대학교 지리교육과 교수)에 따르면, 현재의 동해와 황해의 해안선이 골격을 갖추게 된 시기는 약 2,300만 년 전으로, 동해의 해저 지각이 확장하면서 한반도 지각을 밀어올려 낭림산맥, 함경산맥, 태백산맥이 솟아올랐을 때부터라고 한다.

이 과정에서 높이 솟아오른 동해안 쪽에는 산맥 방향과 거의 평행인 해안선이 만들어졌기 때문에 섬이 거의 없고 해안의 굴곡이 심하지 않다. 이후 해수면의 상승으로 형성된 석호(潟湖)가 시간이 지나면서 토사에 의해 매립되었던 것도 동해의 해안선을 단조롭게 만드는 요인으로 작용했다.

동쪽에 비해 융기량이 적었던 황해안 쪽에서는 태백산맥, 낭림산맥 등의 1차 산맥에서 뻗어나온 멸악산맥, 마식령산맥, 차령산맥, 노령산맥 등의 2차 산맥이 서쪽으로 산세의 윤곽을 갖추며 구릉성 산지를 이어갔다. 이후 현세 들어 해수면이 상승하면서 해안선과 직각 방향인 산맥 말단부의 저지대가 물에 잠겨 복잡한 해안선이 만들어졌다. 그리고 이 과정에서 해수면보다 높은 산지들이 섬으로 남아 다도해가 형성되었다. 남해의 해안선도 이와 같은 원리로 만들어졌다. 동해와 황해의 해안선 차이는 머리빗에 비유해 묘사할 수 있다. 빗을 물이 담긴 쟁반에 놓아보면 빗등은 그 모습이 단조로워 동해의 윤곽선과 같지만, 빗살 부분은 들쭉날쭉하여 황해의 모습과 같다.

황해와 남해는 섬과 반도가 많은 전형적인 리아스식 해안이지만 동해의 해안선은 매우 단조롭다(왼쪽, ⓒ환경부). 황해와 남해는 태안반도 국립공원, 한려해상국립공원 등 리아스식 해안이 만든 수려한 경관을 자랑한다.

1910년대 일제가 간척 사업을 시작한 이래 국토개발 정책에 따라 황해안과 남해안에서는 대규모 간척 사업이 줄기차게 진행되었다. 그 결과 복잡한 해안선이 직선화되고 단순화되어 국토의 윤곽이 점차 바뀌고 있다.

황해와 남해의 해안선은 1910년대 이후 5분의 1 이상이 짧아졌다. 예를 들면, 적돌만과 천수만은 간척용 방조제의 건설로 해안선이 각각 1,228km에서 53km로, 6,476km에서 62km로 줄어들었다. 앞으로 전국 200여 곳에서 진행 중인 크고 작은 간척 사업이 모두 완공된다면, 국토의 면적은 커지겠지만 해안선은 더욱 단순화되고 섬도 훨씬 줄어들 것이다. 갯벌의 황폐화, 어족 자원의 감소, 바다의 사막화 등 환경 파괴가 가장 우려되는 점이지만, 리아스식 해안이 낳은 절경을 더 이상 볼 수 없다는 아쉬움도 그에 못지않게 크다.

어디까지가 우리 바다일까?

최근 중국 어선들이 우리나라 영해에 침범하여 불법 어업 행위를 저지르고 있으며, 저지하는 우리나라 해양경찰의 생명까지 앗아갈 만큼 도를 넘고 있다. 그런데 영해라는 개념, 즉 주권이 미치는 바다는 어떻게 정하는 걸까?

영해는 국제해양법 조약에 의해 바닷물이 빠져나간 최저조위선(통상기선)을 기점으로 12해리(1해리:1,852미터)까지의 바다를 연안국의 주권이 미치는 범위로 정하고 있다. 그런데 삼면이 바다로 둘러싸인 우리나라는 동해안은 큰 문제가 되지 않으나, 황ㆍ남해의 경우는 많은 섬들이 있어, 통상기선을 적용하기 어렵다. 따라서 황ㆍ남해는 최외곽도서를 연결한 선(직선기선)을 기준으로 12해리까지의 바다를 영해로 정하고 있다.

한편, 국제해양법 조약에 의해 연안국의 해안선으로부터 2백 해리까지는 연안국이 모든 자원에 대해 독점적 권리를 행사할 수 있는 주권적 권리를 갖는 배타적 경제수역(EEZ, Exclusive Economic Zone)으로 인정하고 있다. 따라서 타국 어선이 배타적 경제수역 안에서 조업을 하기 위해서는 연안국의 허가를 받아야 하며, 위반 시 나포되어 처벌을 받는다. 현재 중국 어선이 우리나라의 배타적 경제수역에서 쌍끌이망을 통해 불법어업을 하여 우리나라 어족자원의 씨를 말리고 있다.

■■■ 플러스 이야기 상자 ■■■

죽음의 바다로 변해가는 황해

우리나라 제2의 항구인 인천항 앞바다의 모습. 한국과 중국의 산업화로 인해 황해가 급속히 오염되고 있다.

중국의 개방 정책에 따른 산업화의 규모와 속도가 너무 빨라 놀랄 지경이다. 급속한 경제 성장으로 전 세계의 산업 시설과 자원을 빨아들이는 중국을 세계는 산업의 블랙홀이라 부른다. 그러나 급속하고 방대한 경제 성장만큼 배출되는 오염 물질의 양 또한 엄청나서 심각한 환경 문제를 야기하고 있다.

그 결과의 하나로 황해가 죽어가고 있다. 중국 동부 해안 지역의 대규모 공업단지에서 한국의 20배가 넘는 막대한 양의 오염 물질이 황해로 유입되고 있기 때문이다.

황해는 보하이 만, 랴오둥 만, 시한 만(西韓灣) 등 대륙 쪽이 막혀 있어 대양해류의 영향을 적게 받기 때문에 해류의 순환이 원활하지 못하다. 바닷물의 평균 체류 기간이 5~6년 정도나 되어 오염 물질이 바깥쪽 바다로 쉽게 빠져나가지 못한다. 그렇다 보니 오염은 정화되기는커녕 점점 악화되고 있는 실정이다.

더 큰 문제는 앞으로도 중국의 산업화가 더 빠르게, 더 큰 규모로 진행되리라는 점이다. 또한 오는 2009년 소양강댐의 13배에 달하는 산샤(三峽) 댐이 완공되면 양쯔(揚子)강에서 황해로의 담수 유입이 줄어들어 황해의 염분 농도가 급격히 증가하는 등 황해가 심각한 환경 재앙을 맞을 수도 있다.

이와 같은 황해 생태계의 위협은 이미 한·중 양국이 오래전부터 인지해온 문제이다. 이에 두 나라는 2004년 10월까지 여덟 차례에 걸쳐 한·중 황해 해양 환경 공동 조사를 실시하여 황해의 해양 환경과 오염 실태를 파악하고, 공동 관리와 대처 방안을 찾기 위해 노력하고 있다. 현재 전 세계적으로 물고기가 살지 못하는 죽음의 바다가 150여 곳이나 된다고 한다. 황해의 숨결이 그렇게 끊어져서는 안 될 것이다.

갯벌 왕국의 자존심
황해안 갯벌

산도 들도 아닌 것이 그렇듯 막막하고 아득한 느낌을 줄 수 있을까? 눈이 가물가물 감길 정도로 끝없이 펼쳐진 바다를 향해 낮게 엎드린 벌판, 하루에 두 번씩 모습을 드러내는 광활한 대지. 그것은 바로 갯벌이다. 바다 속에 이렇게 넓은 벌판이 숨어 있다는 게 그저 놀랍기만 하다.

황해안과 남해안 곳곳에는 남한 국토의 약 2.4%인 2,393km²의 갯벌이 발달해 있다. 그리고 그 가운데 83%를 차지하는 약 1,980km²의 갯벌(1998

물이 빠져나간 강화군 길상면 선두리 갯벌. 황해안 전역에는 세계적으로 보기 드문 광활한 갯벌이 발달해 있다.

년 환경부 발표)이 황해안에 분포해 있다. 황해안의 갯벌은 캐나다 동부 해안, 미국의 동부 해안, 북해 연안, 아마존 강 유역과 더불어 세계 5대 갯벌 가운데 하나로 손꼽힌다. 한국을 '갯벌 왕국'이라고 일컫는 것은 바로 이때문이다.

갯벌은 그동안 쓸모없는 땅으로 인식되어 매립과 간척의 대상이었다. 그러나 최근 환경운동가들의 삼보일배(三步一拜)로 관심을 모았던 새만금 간척 사업 진행 과정에서 보았듯이 그 환경적 가치를 새롭게 인식하면서 개발보다는 보존이 더 중요하다는 시각이 차츰 확산되고 있다.

이름이 너무 많은 갯벌

일반적으로 갯벌은 갯가의 넓고 평평하게 생긴 땅을 말하는데, 이와 관련하여 우리가 흔히 사용하는 용어로는 갯뻘, 개펄, 펄(泥), 뻘, 간석지(干潟地), 간사지(干砂地) 등이 있다. 이러한 용어들은 의미가 모두 다르니 구분해서 사용해야 한다.

우선 사전적 의미를 살펴보면, '벌'은 넓고 평평하게 생긴 땅을 뜻하며 거센 말로 '펄'이라고 한다. '펄'은 또한 갯가의 개흙이 깔린 벌판을 뜻하는 '개펄'의 준말이기도 하다. 한편 '뻘'은 경상남도나 전라남도에서 개흙

갯벌이 드러날 때 내륙 쪽의 유수가 바다 쪽으로 흘러가는 석모도 해안의 갯골(왼쪽). 물이 빠져나간 경기도 안산시 탄도 일대의 갯벌(오른쪽)

을 뜻하는 방언이고, '갯펄'이나 '개뻘', '갯뻘' 등은 사전에 없는 말이다. 따라서 표준어인 개펄 또는 갯벌을 쓰는 게 옳은 표현이다. 그리고 갯벌은 조간대를 구성하는 퇴적물 입자의 크기에 따라 펄〔潟〕 갯벌을 뜻하는 간석지(干潟地)와 모래〔砂〕 갯벌을 뜻하는 간사지(干砂地)로 나뉘어 불리기도 한다.

갯벌 형성에 가장 적합한 자연 조건

황해안에 갯벌이 넘쳐나는 이유는 그곳이 갯벌 형성에 가장 적합한 자연 조건을 가지고 있기 때문이다. 갯벌이 형성되려면 우선 밀물과 썰물의 차인 조차(潮差)가 커야 한다. 동해안의 조차는 약 30cm, 남해안은 약 1.2m이지만 황해안은 보통 3~9m에 달한다. 구체적으로 목포 부근이 4m 정도이고, 북쪽으로 갈수록 점차 높아져 충청 이북 해안은 5m 이상, 그리고 인천 부근에서는 9.3m나 된다. 이와 같은 엄청난 조차 때문에 하천이 공급한 점토, 실트 등의 퇴적물이 해안을 따라 멀리까지 이동하여 광활한 갯벌이 형성될 수 있었다. 그리고 당연히 황해안 중에서도 조차가 큰 북쪽 해안에 더 큰 갯벌이 발달했다.

둘째, 갯벌은 주로 경사가 완만하고 주변에 강 하구가 발달하여 육지에서 끊임없이 토사가 공급되는 곳에 발달한다. 한강, 금강, 만경강, 동진강, 영산강 등 큰 강의 하구에 광활한 갯벌이 펼쳐져 있는 것은 이런 이유 때문이다. 예를 들어, 금강이 운반해오는 퇴적물은 1년에 6,000여 t으로 연평균 3~5mm가 쌓인다. 목포대학교 해양자원학과 장진호 교수(해양퇴적학)는 황해안 갯벌층의 두께는 지역에 따라 다르지만 일반적으로 간조선 부근에서는 10m 정도이며, 만조선인 해안선 쪽에 가까워질수록 얇아지다가 해안선에 이르면 완전히 사라져 쐐기 모양을 이룬다고 말한다.

셋째, 해안에서 침식된 물질과 육지에서 공급된 토사가 차곡차곡 쌓일 수 있을 만큼 파랑이 세지 않은 환경이 조성되어야 한다. 황해안은 해안선이 복잡하고, 섬과 크고 작은 만이 많아 자연적으로 이런 환경을 갖춘 셈이다. 한강 하구에 발달한 강화도 갯벌은 면적이 685km²로 남한 갯벌의 29%를 차지한다. 이곳은 우리나라에서 조차가 가장 큰 곳으로 최대 조차가 9m 이상이며, 밀물이 강할 때는 한강을 타고 50~65km에 이르는 서울 한복판까지 바닷물이 올라온다고 한다.

세계인의 축제, 보령머드축제

보령시의 머드축제가 외국인들의 참여로 세계인의 축제로 거듭나고 있다.

동양에서 유일한 조개껍질 백사장으로 잘 알려진 충청남도 보령의 대천해수욕장에서는 매년 여름철이면 진흙(mud)으로 즐길 수 있는 모든 것이 한자리에 모이는 머드 축제 한마당이 열린다.

축제에서는 대천해수욕장 주변에서 채취한 양질의 천연 바다 진흙에서 뒹구는 머드탕 체험을 비롯하여 머드 교도소, 머드 댄싱, 머드 바디페인팅, 갯벌 마라톤 대회 등 다양한 행사를 체험할 수 있다.

2006년에 9회를 맞은 보령머드축제는 매년 관광객의 발길이 늘고 있는데, 외국인 관광객들에게 이색적인 볼거리와 즐길 거리로 좋은 반응을 얻고 있다. 보령 머드 축제는 외국인 관광객의 참여로 점차 세계인의 축제로 발돋움하고 있다.

보령 주변에는 백제의 미소라 전하는 서산마애삼존불(국보 제84호)과 개심사, 신라의 고찰 성주사터의 낭혜화상백월보광탑비(국보 제8호) 등의 문화유적이 있다. 그 밖에도 모세의 기적으로 유명한 무창포 신비의 바닷길, 폐광을 이용하여 한여름에도 오싹한 냉풍욕장, 석탄박물관 등을 둘러볼 수 있어 여름 관광을 알차게 즐길 수 있다.

갯벌이라고 다 같은 것은 아니다

우리는 흔히 갯벌하면 허벅지까지 발이 푹푹 빠지는 진흙 펄만을 생각한다. 그러나 갯벌은 퇴적물 근원지의 지질과 바닷물의 흐름, 파랑 에너지의 세기에 따라 구성 성분이 달라져 크게 모래 갯벌, 펄 갯벌, 모래펄 갯벌로

모래 갯벌을 대표하는 백령도 사곶해빈. 비상시 비행장의 기능을 수행할 만큼 견고했지만 1995년의 간척 사업으로 점차 물러지고 있다.

구분된다.

  백령도의 사곶해빈과 대청도의 옥죽동 해안사구, 영광군 염산면 두우리 일대의 갯벌은 세립질 모래로 된 모래 갯벌이며, 모래질이 10% 이하이고 펄 함량이 90% 이상이어서 허벅지까지 푹푹 빠지는 강화도 갯벌과 순천만 벌교 갯벌은 펄 갯벌이다. 그리고 모래와 펄이 모두 90% 미만으로 섞여 있는 갯벌을 모래펄 갯벌이라고 하는데, 인천 송도 주변의 갯벌이 그 대표적인 예이다.

  이렇게 갯벌의 구성이나 퇴적 환경이 다르면, 그 안에 사는 생물의 종류도 달라진다. 모래 갯벌은 대체로 해안 경사가 급하고, 폭이 좁아 각종 조개류가 많이 산다. 반면에 펄 갯벌은 퇴적물의 간극이 좁아 바닷물이 펄 속으로 깊이 침투하기 어려워 주로 갯지렁이나 게 종류가 지표면에 구멍을 내거나 관을 만들어 서식한다.

해양 생명체의 보물 창고

  갯벌은 해양 생태계에서 가장 생산성이 높은 공간으로 온갖 생명체가 꿈틀대는 거대한 양식 창고라 할 수 있다. 갯벌에는 소라, 굴, 바지락, 홍합 등의 조개류와 새우, 게, 쏙 등의 갑각류, 낙지를 비롯하여 짱뚱어, 광어 등의 다양한 물고기들이 넘쳐난다. 보통 갯벌의 생산성은 육지보다 아홉 배

갯벌은 해양 생태계에서 가장 생산성이 높은 곳이다.

정도 높다고 하는데, 우리 식탁에 오르내리는 해산물의 3분 2이상이 갯벌에서 생의 일부 또는 전부를 보내는 종들이다.

진흙 벌판과 다를 바 없어 보이는 갯벌에 이렇듯 풍부한 생명체가 움틀 수 있는 이유는 갯벌이 육지와 바다가 만나는 점이적인 환경이기 때문이다. 갯벌은 대지 가운데 가장 낮은 지대이기 때문에 풍부한 영양분을 함유한 유기물이 뭍에서 모여들어 농축된다. 또한 주기적인 조석(潮汐)으로 산소 공급이 원활하게 이루어져 많은 생명체가 서식할 수 있다. 그리고 많은 해양 생물이 갯벌을 산란과 생육 장소로 이용하여 수산 자원의 보물 창고로 만들고 있다.

갯벌은 지구의 콩팥

갯벌에 서식하는 많은 생물들은 염생(塩生) 식물과 함께 하천에서 바다로 유입된 오염 물질을 분해하는 정화조와 같은 역할을 한다.

갯벌에 사는 규조강(硅藻綱), 박테리아와 같은 미생물과 고둥류, 조개류, 갯지렁이류 등을 포함하는 저생(低生) 동물은 정화 능력이 대단히 우수한 것으로 알려져 있다. 3cm 정도의 바지락 한 마리가 1시간에 평균 1ℓ의 바닷물을 여과하며, 500마리의 갯지렁이는 1인 1일 배설물량인 2kg을 정화한다고 한다. 그리고 펄 갯벌 1km²에 포함된 미생물의 분해 능력으로는 하루 생화학적 산소 요구량(BOD) 기준 2.17t의 오염물을 정화할 수 있는데, 이는 도시 하수 처리장 한 곳의 유기물 처리 능력과 맞먹는다.

황해안 지역에서 적조가 거의 발생하지 않는 것은 갯벌의 정화 능력이 매우 뛰어나다는 사실을 입증한다. 규조강과 같은 식물성 플랑크톤이 광합성으로 배출하는 산소량은 지구에서 만들어지는 산소량의 약 70%라고 한다. 숲을 지구의 허파에 비유하듯 갯벌을 지구의 콩팥에 비유하는 이유가 바로 여기에 있다.

이렇게 갯벌은 뛰어난 자정 능력을 가진 생태계로서 무한한 가능성을 지닌 곳이다. 이런 갯벌에 지속적으로 인위적인 힘을 가한다면 해양 생태계는 결국 파괴라는 운명을 맞을 수밖에 없을 것이다.

죽음의 땅으로 내몰리는 갯벌

갯벌의 가치가 널리 알려지기 전까지 간척 사업은 쓸모 없는 황무지를 옥토로 일구고, 국토를 확장하는 사업으로 인식되었다. 그 결과 황해 곳곳에 발달한 갯벌은 남양만지구, 아산만지구, 영종도 신공항지구, 시화지구, 새만금지구 등으로 이미 대부분 간척이 되었거나 간척 중에 있다.

해양수산부는 현재 간척 중인 갯벌까지 고려할 때, 최근 수십 년 동안 약 45.8%에 해당하는 갯벌이 사라졌다고 발표했다(1998~1999년 발표). 그리고 이런 추세라면 2006년에는 2,000km², 2020년에는 1,500km² 이하로 줄어들어 얼마 가지 않아 아예 자취를 감출지도 모른다고 전망했다.

경제 개발이라는 논리 앞에서는 갯벌도 결코 예외일 수 없었던 것이다. 그러나 최근 갯벌을 매립했을 때보다 그대로 두었을 때가 인간에게 돌아오는 혜택이 더 높다는 사실이 알려지면서 갯벌 보존 운동이 활발히 전개되고 있다.

시화지구 간척 사업에서 우리는 이미 뼈 아픈 교훈을 얻은 바 있다. 1994년 물막이 공사가 끝난 후 시화호는 곧 썩어 들어가기 시작했다. 그래서 1997년 방조제의 갑문을 열고 바닷물을 끌어들여 오염된 물을 희석해보았지만 별 효과가 없자, 2001년에는 아예 담수화 계획 자체를 포

갯벌은 해양 생태계의 먹이 사슬이 시작되는 곳이다. 갯벌에 사는 수많은 생명체는 바다의 오염 물질을 걸러내는 뛰어난 정화 능력을 지니고 있다.

새만금 갯벌 매립에 반대하는 구호가 적힌 현수막과 장승, 솟대. 갯벌의 중요성을 새롭게 인식한 미국, 영국 등의 선진국은 이미 1980년대 초부터 간척 사업을 중단했다. 네덜란드도 최근 둑을 터서 일부나마 원상회복을 시도하는 역(逆)간척 사업을 추진 중에 있다.

기하고 말았다.

그런데 지금 또다시 방조제 길이 33km에 여의도 면적의 140배에 달하는 1억 2,000만 평의 갯벌을 메우는 새만금지구 간척 사업이 진행되고 있다. 전라북도 갯벌 면적의 91%에 해당되는 2만ha의 갯벌이 한순간에 사라질 위기에 처한 것이다.

매일 잡아 올려도 끊임없이 자라나고, 손을 전혀 대지 않아도 먹을거리가 솟아나는 갯벌을 이 지역 사람들은 황금 벌판 또는 '금(金)이 살아 움직인다'는 뜻에서 생금밭이라 불렀다. 그런데 그들은 이제 이 생금밭을 떠나야 할 처지에 놓였다. 바다의 숨통을 끊는 간척 사업으로 갯벌이 생명의 땅에서 죽음의 땅으로 변해가고 있기 때문이다.

개발이냐 보존이냐

강화도와 인천 연안의 갯벌은 수도권과 인접한 까닭에 개발 압력이 높아 보존과 개발의 논리가 첨예하게 대립하는 곳이다. 1990년대 초반부터 영종도와 용유도 사이의 갯벌을 매립하여 만든 인천 신공항 건설(45km² 갯벌 매립), 신공항 연육(連陸)도로 건설, 제2강화대교 건설, 강화도 해안순환도로 공사 등의 대규모 사업은 강화도와 인천 연안 갯벌의 퇴적 환경에 많은 영향을 미쳤다. 그리고 현재 진행 중인 송도 신도시 건설(16km² 갯벌 매립)도 인천 연안 해류의 흐름과 퇴적상에 변화를 가져와 갯벌 지형을 크게 바꿔 놓을 것으로 예상된다.

갯벌의 가치와 중요성에 대한 국내외의 관심이 높아지자 정부에서는 1997년 영산강 제4단계 간척 사업 포기를 시작으로 갯벌 보전에 적극적 의

지를 드러냈다. 더 나아가 2000년 7월 강화도 남단과 석모도, 볼음도 등 주변 1억 3,600만 평의 갯벌을 천연기념물 제419호(강화 갯벌 및 저어새 번식지)로 지정하여 보호, 관리토록 했다. 그리고 2004년 8월 또다시 인천의 영종~무의~영흥도 주변 갯벌 1,670만 평을 습지보호지역으로 새롭게 지정했다.

이는 갯벌을 소중한 자연 유산으로 지키려는 발걸음으로 반가운 소식이 아닐 수 없다. 이러한 노력이 일부 지역에 국한되지 않고 황해안 전역에서 보다 광범위하게 이루어진다면, 우리는 갯벌 왕국의 명성을 계속 이어갈 수 있을 것이다.

■ ■ ■ 플러스 이야기 상자 ■ ■ ■

800년 간척의 역사를 지닌 섬, 강화도

강화군 삼산면 석모리 상봉산에서 본 해안 간척지 전경. 강화도에 간척이 시작된 시기는 몽골이 고려를 침입한 약 800년 전이다(왼쪽). 강화도 고려 궁터 안의 동종. 고려가 강화에서 39년간 몽골에 항거할 당시 사용했던 고려궁은 1270년 고려의 수도가 개성으로 옮겨진 뒤 모두 불타 없어지고, 지금은 동종만이 남아 있다(오른쪽).

강화도는 전국에서 다섯째로 큰 섬이며, 도서 지역 가운데 논이 가장 많은 곳으로 벼농사가 활발히 이루어진다. 옛날의 강화도는 지금보다 훨씬 작은 섬이었으나 오랜 세월 섬 주변의 갯벌을 간척하여 오늘의 모습이 되었다.

간척이 시작되기 전 강화 지역은 가도를 비롯하여 석모도, 매음도 등 수많은 섬으로 이루어져 있었다. 모든 섬은 해안선의 굴곡이 심했고, 넓은 갯벌이 그 주위를 둘러싸고 있었다. 하지만 장기간의 간척 사업으로 현재는 강화도, 교동도, 석모도 등 3개의 큰 섬만 남았다.

그렇다면 강화도에서 간척 사업이 시작된 것은 언제부터일까? 고려대학교 지리교육과 최영준 교수(역사문화지리학)는 약 800년 전 고려 말 몽골이 침입한 때로 거슬러 올라가야 한다고 말한다.

강화 지역은 한강과 임진강이 만나는 곳, 즉 큰 하천의 하구에 있기 때문에 막대한 양의 토사가 퇴적되어 넓은 갯벌이 발달했다. 게다가 해안선의 굴곡이 심하고 해수면이 잔잔한 만이 많아 갯벌 성장에 유리한 조건을 가지고 있다. 이 갯벌은 고려 말까지 거의 개간되지 않고 저습지로 남아 있다가 몽골의 침입으로 강화 천도가 이루어지면서 간척이 시작되었다. 시급하게 천도를 한 까닭에 함께 강화도로 들어온 백성들은 야산을 개간하고 해안 저습지를 간척하여 농지를 확보할 수밖에 없었다.

결국 좁은 섬에 많은 인구가 집중해 발생한 경제적 난관을 해결하기 위해 바다를 메우는 대규모 간척 공사가 이루어진 것이다. 이렇게 강화도의 간척 사업은 위기에 처해 있던 고려 조정이 펼친 국민 총력전의 결실이었다. 간척 사업은 한때 중단되기도 했으나, 조선 시대에 임진왜란, 병자호란을 겪으며 황폐해진 국토를 복구하기 위해 재개되었다.

그 뒤로도 간척 사업은 꾸준히 진행되어 오늘날 강화 지역의 간척지 총 면적은 약 130km^2에 달한다. 이는 강화도 총면적의 3분의 1에 해당되는 것으로 해발고도 10m 이하의 평지에 발달한 논 대부분이 간척 사업으로 이루어진 인공 평야인 셈이다. 쌀 맛 좋기로 소문난 '강화쌀'에는 이렇게 선조들의 피와 땀이 밴 800년에 가까운 간척의 역사가 고스란히 담겨 있다.

해안 생태계의 수호자
신두리 해안사구

　물이 빠져나간 해변에 끝없이 펼쳐진 백사장. 그 백사장 너머로 3~4km의 해변을 따라 모래 언덕이 이어지고, 다시 그 뒤로 왕릉과 같은 거대한 모래성이 곳곳에 나타난다. 이 모래성은 해안의 모래가 장구한 세월 동안 바닷바람에 실려 날아와 쌓인 해안사구이다. 먼지보다도 더 고운 금빛 모래가 쌓여 만들어진 해안사구는 사막에서만 볼 수 있는 특이하고 다양한 자연 경관을 연출한다.

우리나라 최대 규모의 신두리 해안사구는 오랜 세월 바닷바람에 날려온 해안의 모래가 쌓여 만들어졌다.

태안군 원북면 반계리 입구에 세워진 밀국낙지 유래비(왼쪽). 현재 신두리 해안 일대에서는 양식장과 골프장 조성을 둘러싸고 주민들이 첨예하게 대립하고 있다(오른쪽).

충청남도 태안에서 북서 방향으로 634번 지방도를 타고 가다가 원북면 반계리 입구에서 왼편으로 8km가량 들어가면 해변에 이른다. 그 해변 뒤로 나타나는 거대한 모래 언덕이 바로 신두리 해안사구이다. 신두리 해안사구는 우리나라 최대 규모의 사구로, 사구의 원형을 살필 수 있는 곳이다. 그리고 최근에는 계속적인 해안 개발로 사구의 훼손이 심각해지면서 크게 주목을 받고 있는 곳이기도 하다.

국내 최대 규모의 해안사구

해안사구는 해류와 연안류에 실려온 모래가 파도에 밀려 해변으로 올라온 뒤, 바닷바람에 의해 다시 내륙으로 운반되어 형성된 모래 언덕을 가리킨다. 일반적으로 오목한 해변 지역에서 해안선과 평행하게 만들어진다.

신두리 해안사구는 길이 3~4km, 너비 700m~1km 내외로 배후 산지 아래까지 드넓게 펼쳐져 있다. 이렇게 신두리에 해안사구의 발달이 현저한

해안사구의 형성 과정

바닷바람에 의해 해빈의 모래가 내륙으로 날아와 쌓이기 시작한다.

모래의 공급이 계속되면서 사구 표면에 식생이 안착하여 사구의 성장이 가속화된다.

식생의 안착으로 보다 많은 모래가 퇴적되어 전(前)사구가 형성되고, 전사구의 모래는 다시 배후 지역으로 날아가 쌓이기 시작한다.

계속적인 모래의 공급으로 전사구가 성장을 가속화하고, 새로운 식생이 안착되면서 2차 사구가 빠르게 성장한다.

이유는 그곳이 사구 형성에 최적의 조건을 갖추고 있기 때문이다. 먼저 신두리 해안은 밀물과 썰물의 차가 커서 썰물 때는 완만한 경사의 해빈이 넓게 드러난다. 또한 겨울철에는 모래를 실어나를 수 있는 탁월풍인 북서 계절풍을 맞으며, 해저와 해빈에 모래가 풍부하기 때문에 대규모의 사구가 형성될 수 있었다.

태안반도와 안면도 일대에는 이러한 해안사구가 널리 발달해 있지만 해수욕장 개발, 모래 채취, 해안도로 개발 등의 이유로 훼손되어 현재 해안사구의 원지형과 생태계를 제대로 보존하고 있는 곳은 찾아보기 어렵다. 그나마 신두리 해안사구는 1990년 초반까지 군사상의 이유로 출입이 제한되었기 때문에 그 형태를 유지할 수 있었다.

내륙 깊숙이 날아들어 쌓인 사구. 해안사구는 북서 계절풍이 강하게 부는 겨울철에 집중적으로 발달한다.

해안선을 지키는 파수꾼

해안사구는 해안 지역에서 다양한 기능과 역할을 통해 해안 생태계를 유

해안에서 날아오는 모래를 잡아두기 위해 모래사장에 박아 놓은 나무들(왼쪽)과 쌓인 모래의 양을 측정하기 위해 눈금 막대가 세워져 있다(오른쪽).

해안에 인공 구조물을 설치하면 해빈과 사구 사이의 모래 순환 시스템이 교란되어 해수욕장의 모래가 오히려 사라지게 된다.

지하는 데 기여하고 있다. 그 가운데 가장 중요한 기능은 사빈(沙濱)과 더불어 해안의 모래 저장고 역할을 한다는 것이다. 해안사구는 사빈에서 공급된 모래를 품고 있다가 태풍이 불거나 해일이 일어날 때 사구 지역의 충격을 완화해준다. 또한 품고 있던 모래를 다시 바다와 사빈에 공급해 해안선의 급격한 침식을 방지하여 그 배후 지역을 보호하는 역할을 한다.

해안에서는 조류와 해풍 등의 에너지가 끊임없이 공급되기 때문에 모래가 유실되는 자연적인 침식이 발생한다. 그래서 모래의 유실을 방지하고 해안의 토지를 보호하기 위해 해안사구에 옹벽을 설치하기도 한다. 그러나 해안사구에 옹벽과 같은 인공 구조물을 설치하면 곧바로 사구의 파괴와 사빈의 모래 유실이라는 심각한 결과가 초래된다.

1995년 안면도 꽃지해수욕장 뒤쪽의 사구에 해안도로를 건설하기 위해 옹벽을 설치한 적이 있다. 옹벽이 만들어진 이후 얼마 지나지 않아 이상한 현상들이 나타나기 시작했다. 해수욕장의 모래가 점차 사라지고 그 밑에 있던 자갈과 펄흙이 드러난 것이다.

이러한 현상은 인공 구조물을 설치했던 천리포해수욕장과 백사장해수욕장에서도 똑같이 나타나고 있다. 인간의 간섭에 의하여 육지와 사빈, 사구 사이의 모래 순환 시스템에 교란이 일어난 것이다.

정부는 뒤늦게야 해안사구가 지닌 환경적 가치와 생태적 중요성을 인정하게 되었다. 해안사구를 그대로 방치할 경우 영원히 사라질 것이라는 위기를 인식한 정부는 2001년 11월, 사구 원형이 잘 보존된 신두리 해안사구의 북쪽 지역 일부를 천연기념물 제431호(태안 신두리 해안사구)로 지정했다.

그 많은 모래는 모두 어디에서 왔을까?

약 1만 8,000년 전부터 최후 빙기가 물러가면서 지구의 기온이 높아지자 해수면이 점차 상승했다. 이 때문에 동해안과 황해안 깊숙이 바닷물이 밀려들어왔고 해안에서는 퇴적 작용이 활발하게 이루어졌다. 현재의 해수면을 유지하게 된 약 6,000년 전을 기점으로 이전보다 더 많은 모래가 바람에 실려 날아와 사구가 형성되었다.

서종철 교수에 의하면, 사구는 상층부를 덮고 있는 현생(現生) 사구와 그 하부에 놓인 고(古)사구로 구분된다고 한다. 현생 사구의 층 두께는 약 20m인 것으로 나타났으며, 연대 측정 결과 대략 1,000년 전에 형성된 것이라고 한다. 이는 우리나라 해안 전역에 분포하는 사구의 형성 시기와 비슷한 연대로 그 무렵 동일한 해양 조건에서 전국적으로 사구가 형성되었음을 알 수 있다. 그리고 그 하부에 쌓인 고사구는 약 6,000년 전이라는 연대 값이 나와 신두리 해안사구가 그 시기에 형성되기 시작했으리라 추정해볼 수 있다.

해안사구의 모래는 주로 하천에 의해 공급되기 때문에 하천이 잘 발달한 동해안에서는 모래를 안정적으로 공급받을 수 있었다. 그러나 황해안의 경우는 배후 산지의 해발고도가 낮고 해안으로 유입되는 하천의 규모도 매우 작을 뿐만 아니라 하계망의 발달도 미약해 유입되는 모래가 소량에 불과하다. 그런데도 신두리 해안에는 비교적 많은 양의 모래가 있다. 그 많은 모래들은 어디서 나온 것일까? 모래의 출처에 대해 서 교수는 다음과 같이 설명한다.

첫째, 해안사구는 빙하의 유산으로 현세(약 1만 년 전 이후)에 쌓인 신두리의 현생 사구 하부에

백령도 북부 해안에서 발견되는 사구층 노두. 옅은 색을 띠는 고사구층 위로 짙은 색을 띠는 현생 사구층이 형성되어 있다.

플라이스토세(약 1만 년 전 이전)의 퇴적물에서 기원한 적색 모래층이 두껍게 형성되어 있어 모래의 공급이 중단 없이 이어질 수 있었다.

둘째, 한강이나 금강과 같은 대하천에 의해 바다로 유입된 많은 모래가 해류와 연안류를 타고 태안반도 북서부 해저 일대로 운반되기 때문에 모래를 충분히 공급받을 수 있었다.

셋째, 신두리 해안사구의 연안과 배후 산지에서 지속적으로 모래가 공급되었다. 신두리 해안의 배후 산지는 선캄브리아대 서산층군(瑞山層群)에 속하는 변성 퇴적암으로 이루어져 있다. 이 변성 퇴적암의 운모 편암계 암석들이 강한 북서풍에 깎여 바다로 흘러 들어간 뒤 퇴적되었다가 파랑에 의해 마식되어 해저에 충분한 모래를 만들어냈던 것이다.

원청리 별주부 마을로의 여행

태안군 원청리에 있는 별주부전유래비(왼쪽)와 토끼샘(오른쪽).

천수만 간척지 방조제 길이 끝나는 삼거리에서 북쪽으로 꺾어지면 곧바로 태안군 남면 원청리가 나타난다. 그곳 바닷가 청포대 일대에는 조선 후기의 우화소설 《별주부전》에 등장하는 지명들이 전해온다. 토끼의 간을 널어 말렸다는 덕바위, 자라가 토끼를 찾기 위해 처음 발을 디딘 용새골, 토끼가 도망간 노루미재, 용왕이 사는 수궁 앞마을인 궁앞마을, 토끼가 간을 숨겨놓았다는 토끼샘, 수궁 앞마을 안쪽에 있는 안궁 등이 그것이다. 그래서 이 지역 사람들은 원청리가 《별주부전》의 배경 무대라 여기고, 관련 시설물이나 행사를 마련해 지역 이미지를 확립하는 데 적극 활용하고 있다. 우선 2003년 12월에 자라바위 앞에 별주부전유래비와 《별주부전》에 등장하는 지명 6개를 소개하는 안내석을 세웠고, 2005년에는 '별주부마을'이라는 명칭을 정식 상표로 등록했다. 현재 태안군에서는 농산물 판매나 체험 마을 조성 등에 이 상표를 활용해 지자체의 브랜드 이미지와 사업 경쟁력을 강화해가고 있다.

해안사구의 눈부신 활약

해안사구는 급격한 지형 변화, 강한 햇빛과 바람, 염분 등으로 동식물이 서식하기에 매우 열악한 곳이다. 그래서 이런 곳에는 특유의 생명력과 적응력을 지닌 희귀한 생명체가 많다.

신두리 해안사구에 올라서면 모래밭에 뿌리를 내린 다양한 식생이 눈에 들어온다. 색색으로 만개한 해당화 군락과 멸종 위기에 처한 갯방풍, 갯메꽃, 모래지치 등이 모래밭에 수를 놓은 듯 자리 잡고 있고, 이름 모를 작은 초목들이 숲을 이루고 있다. 그 밖에도 멸종 위기 종으로 알려진 쇠똥구리, 금개구리를 비롯하여 표범장지뱀, 무자치, 맹꽁이 등이 서식하고 있다.

여름철 사구의 금빛 모래밭에는 해당화가 만개한다.

또한 신두리 해안사구 남쪽에는 가로 150m, 세로 90m로 전체 사구 면적의 약 0.5%를 차지하는 두웅습지가 있다. 2002년 11월 사구 습지로는 처음으로 습지보호지역으로 지정된 이곳은 밑바닥이 가는 모래로 이루어져 있어 바닷물이 침투하지 않는다. 그래서 이곳에는 붕어마름, 금개구리, 표범장지뱀, 황조롱이 등 각종 희귀 야생동식물이 서식하고 있다.

해안사구는 모래만으로 이루어져 있어 언뜻 보기에 생명체가 살기에는 적합하지 않은 곳으로 여겨질 수 있다. 그러나 실제로는 이렇게 내륙과 해안 생태계의 중간지로서 양쪽 생태계를 이어주는 교량 역할을 한다. 즉 열악한 환경에서도 다양한 생명체가 살아 숨 쉴 수 있도록 어머니의 노릇을 톡톡히 해내고 있는 것이다.

그 밖에도 해안사구는 바닷물로부터 담수 생태계를 보호하고 물을 깨끗하게 걸러내는 탁월한 방어 및 정화 기능을 가지고 있다. 사구지대의 담수는 바닷물과의 밀도 차에 의해 바닷물이 육지로 침입하는 것을 막아 육상

사구의 담수 방어 시스템. 바다와 육지의 경계부에 해당되는 사구에서는 민물과 바닷물의 비중 차이 때문에 민물이 비중이 큰 바닷물을 아래로 밀어낸다. 이때 민물과 바닷물 사이에 방어막이 형성되어 육지의 담수가 보호되는 것이다.

의 담수 생태계를 보호하는 역할을 한다. 사구로 유입된 물이 지하수위를 해수면보다 높게 유지하여 바닷물이 육지 쪽으로 밀려들어오는 것을 막아주는 것이다. 이런 이유로 해안사구는 해안 취락의 주요 식수원 역할을 한다. 보통 민물이 해수면보다 1m 높을 경우 약 40m의 담수를 이룬다고 하니 사구의 담수 저장 능력은 실로 엄청나다. 그러나 사구가 파괴되면 이러한 방어막이 사라져 바닷물이 유입되고, 그 결과 지하수가 오염되어 식수와 농업 용수로 이용할 수 없게 된다.

또한 해안사구의 모래에는 빈틈이 많기 때문에 저수 함량이 높을 뿐만 아니라 물의 정화 능력도 매우 뛰어나다. 깨끗하게 정화된 물은 두꺼운 모래층에서 밀도 차에 따라 해수와 담수로 분리되어 지하수로 저장된다.

신두리 해안사구에서는 1m만 파고 들어가도 지하수가 나온다. 가뭄의 피해가 극심했던 지난 2001년에도 이곳에서는 파낸 웅덩이에서 쉼 없이 물이 샘솟았다고 한다. 신두리 해안사구에서 나오는 물은 세균에 오염되지 않은 깨끗한 물이기 때문에 주민들은 이 깨끗한 물을 관정(管井)을 이용하여 식수로 사용하고 있다. 전문가들은 국내 최대 규모의 신두리 해안사구를 포함하여 태안반도 일대와 전국의 다른 해안사구를 복원하면 대형 관정 수백 개를 뚫는 것보다 효과가 좋을 것이라고 말한다. 이는 그만큼 해안사구의 물 저장 능력이 뛰어나다는 뜻이다.

이렇게 눈부신 활약을 보이고 있는 해안사구가 차량의 무분별한 출입으로 식물들이 고사하고, 콘크리트 제방 등으로 규모가 점점 축소되고 있으니 안타까운 마음을 금할 수 없다. 쓸모없는 모래로만 보였던 땅도 우리의 삶에 이렇게 많은 도움을 주고 있으니, 이제 우리가 그에 보답해야 할 때이다.

모감주나무의 유래에 얽힌 이야기

나무의 열매가 염주의 재료로 쓰이는 모감주나무. 한여름 태안군 방포해수욕장 해변의 모감주나무 군락이 꽃을 피우면 금빛 찬란한 꽃물결이 너울댄다.

충청남도 태안군에는 신두리해수욕장을 비롯하여 만리포·천리포·꽃지·몽산포해수욕장 등 황해안의 대표적인 해수욕장들이 밀집해 있다. 그 중에서 방포해수욕장의 해변에는 국내에서 보기 드문 모감주나무가 군락을 이루고 있다.

모감주나무의 열매는 스님들의 염주를 만드는 데 사용된다. 방포해수욕장에는 높이 2m 정도의 모감주나무 350여 그루가 해변을 따라 길이 120m, 너비 15m로 빽빽하게 들어서 있어 방풍림 역할을 톡톡히 하고 있다. 한여름에 꽃이 만개할 때는 마치 황금비가 내리는 것처럼 꽃물결이 출렁인다. 이 때문에 서양에서는 모감주나무를 '금비 나무(golden rain tree)'라 한다.

불교에서는 복잡한 세상사를 '묘(妙)'라 하고 이를 깨우치는 것이 곧 성불하는 것이라 여긴다. 모감주나무는 이런 깨우침을 뜻하는 '묘각(妙覺)'에 '구슬 주(珠)'자가 붙어, 처음에는 묘각주나무로 불리기도 했다. 열매 또한 염주로 사용되고 있으니 이래저래 불교와 깊은 인연을 맺고 있는 것 같다.

세계적인 희귀종으로 보호 가치가 높아 안면도 승언리의 모감주나무 군락은 천연기념물 제138호(안면도의 모감주나무 군락)로 지정되었다.

중국과 달리 우리나라에는 모감주나무가 흔치 않았기 때문에 중국에서 가져온 모감주나무는 귀한 예물로 여겨졌다. 모감주나무의 겉껍질은 코르크질로 되어 있어 속에 들어 있는 씨앗은 절대 물에 젖지 않는다. 이 때문에 중국에서 떠내려온 모감주나무의 씨앗이 안면도에 착생하여 군락을 이루었다는 표류 불시착설이 오래전부터 이야기되었다.

우리나라 모감주나무의 자생지는 백령도와 덕적도, 태안 안흥과 안면도, 완도, 거제도, 포항 영일만 등 주로 도서 지역과 해안에 가까운 곳이다. 이것은 모감주나무가 중국에서 유래했을 것이라는 설을 더욱 뒷받침하고 있다.

그러나 최근 모감주나무가 월악산 송계계곡과 대구 내속동 등 내륙 지방에서도 자라고 있는 것으로 확인되었다. 그래서 경북대학교 임산공학과 박상진 교수(목재공학)는 모감주나무는 예부터 우리 땅에서 자라던 나무라는 자생설에 무게를 싣고 있다.

끝으로, 안면도 이외에 경상북도 포항 발산리(발산리의 모감주나무 군락(천연기념물 제371호))와 전라남도 완도 대문리(완도 대문리의 모감주나무 군락(천연기념물 제428호)) 일대의 모감주나무 군락도 천연기념물로 지정되었다는 사실을 밝혀둔다.

나는 새도 쉬어 넘는
조령산

이화령에서 조령으로 이어지는 조령산릉은 한강과 낙동강의 분수령이다. 산릉의 서쪽 사면으로 유입되는 물은 남한강으로 이어지고, 동쪽 사면으로 유입되는 물은 낙동강으로 흘러간다.

　소백산맥 가운데 충청북도 괴산군과 경상북도 문경시 사이에 있는 조령산(鳥嶺山, 1,025m)은 주변의 희양산, 마패봉, 월악산 등 해발고도 1,000m 이상의 높은 산들과 함께 어울려 험준한 첩첩산중을 이룬다. 조령산은 나는 새도 쉬어 넘는다는 새재(조령, 642m)를 품고 있어 조령산이라 불렸다. 정상 북쪽의 새재와 남쪽의 이화령(梨花嶺)을 연결하는 백두대간에 위치한 조령산에는 각기 다른 높이의 칼날 같은 암봉과 암릉이 넘쳐난다.

조령산 정상 북쪽으로 이어지는 능선길을 따라 여러 개의 암봉들이 푸른 소나무와 어울리며 솟아 있어 마치 설악산의 용아장성릉을 보는 것 같다. 기품 넘치는 암봉과 암릉이 매력적인 조령산과 그 동쪽에 있는 주흘산 사이에는 영남 지방에서 한양으로 통하는 관문인 새재가 있다. 선조들이 숱하게 넘나들며 삶의 애환과 숨결을 토해낸 이 새재 덕분에 조령산은 더욱 정감이 가는 산이다.

불타는 듯한 조령산의 바위 덩어리들

뭐니 뭐니 해도 조령산의 멋은 낙타등같이 오르락내리락하며 다양하면서도 험준한 암릉지대를 이루는 바위 덩어리에 있다. 조령산 정상에서 북쪽의 백두대간을 바라보면 그야말로 산이 불타는 모양새이다. 소나무 군락 사이로 하양고도 분홍색을 띤 육중한 바위 덩어리들이 곳곳에서 얼굴을 내민다. 이처럼 조령산은 남쪽의 속리산, 북쪽의 월악산과 함께 소백산맥을 대표하는 화산(火山)이다.

조령산은 커다란 바위 덩어리로 이루어진 암체이며, 이 일대의 바위 덩어리는 모두 화강암이다. 이 화강암은 9,000만~8,000만 년 전인 백악기 말에 관입한 불국사화강암이다.

희양산에서 조령산을 거쳐 신선봉~마패봉~부봉~주흘산~포암산~만수봉~월악산 등에 분포하는 화강암은 모두 같은 시기에 관입한 것으로, 이들을 함께 묶어 월악산화강암체라고 한다. 그리고 그 남쪽으로 백화산~희양산~대야산~조항산~청화

북쪽의 절골계곡(위)과 정상에서 바라본 남쪽 부봉(아래). 조령산 일대는 백두대간 가운데 가장 험준한 구간이다. 경상북도 지역에서 발생한 조난 사고의 90%가 이곳에 집중되어 있다. 멀리 계곡 아래로 조령의 제2관문인 조곡관이 보인다.

산~속리산 등으로 이어지는 화강암을 속리산화강암체라고 하는데, 이들 또한 월악산화강암체와 거의 같은 시기에 생겨난 것이다.

절리 작용으로 형성된 기암괴석과 거대한 암봉들

조령산과 속리산의 화강암은 비교적 얕은 지하 3~4km 부근에 관입하여 형성되었다. 화강암은 위를 덮고 있던 피복층이 지속적으로 깎여나간 뒤 지반의 융기로 지표 가까이에 올라오면 압력의 하중에서 벗어나 부피가 팽창한다. 이때 암석에는 수직 또는 수평의 절리가 발생한다. 이러한 절리면을 따라 수분이 침투하여 암석이 분해되고, 지표 물질이 모두 제거되면 나머지 암석이 지표에 모습을 드러낸다. 조령산은 이와 같은 과정으로 만들어진 것이다.

이화령에서 조령산 정상까지는 아기자기한 여성적인 코스인 반면, 정상

조령산의 이화령에서 정상으로 오르는 구간은 매우 완만한 능선으로 육산의 형태이다. 그러나 정상을 지나면서 전형적인 암산의 형태를 띤다. 멀리 월악산의 영봉이 보인다.

북쪽은 거칠고 험한 남성적인 코스이다. 이는 정상 남쪽의 화강암에 발달한 절리의 조직이 치밀할 뿐만 아니라 침식과 풍화가 고르게 진행되어 거석과 암봉을 형성하지 못했기 때문이다.

정상에 서면 신선암봉과 깃대봉, 제3관문 너머로 멀리 마패봉과 신선봉, 월악산이 한눈에 들어온다. 이 암봉들의 특징은 돔 모양의 거대한 단일암체라는 것이다. 이는 절리가 암석면과 평행한 방향으로 발달했기 때문이다. 이런 경우 암석이 양파 껍질처럼 벗겨져나가면서 북한산의 인수봉과 같은 돔 모양의 암봉이 만들어진다.

문경 일대의 기반암은 이곳이 바다였던 고생대에 퇴적된 석회암층이다. 중생대 백악기 말에 이 석회암층을 뚫고 화강암이 관입한 것이다. 충주와 문경을 잇는 3번 국도 변에 있는 수옥폭포는 화강암과 석회암층의 경계면에서 암질 간의 차별침식이 일어나 형성된 폭포이다.

이체불인 괴산 원풍리 마애불좌상

수옥폭포 맞은편의 산마루턱에는 높이 12m의 커다란 암벽을 뚫어 감실(龕室)을 마련하고, 그 안에 2개의 불상을 나란히 새긴 불좌상(佛坐像)이 있다. 둥근 얼굴에 가늘고 긴 눈, 넓적한 입에 떠오른 잔잔한 미소가 자애로운 느낌을 준다. 이 괴산군 원풍리 마애불좌상(보물 제97호)은 중국에서는 북위 시대, 특히 5~6세기에 크게 유행한 이체불(二體佛)로 국내에서는 보기 드문 불상이다.

전설에 따르면, 이 불상은 통일신라 말에 범어사의 고승인 여상조사(呂尙祖師)가 조성했다고도 하고, 고려 말 나옹대사(懶翁大師)가 이곳의 물을 맛본 뒤 절을 지으면서 만들었다고도 한다. 그러나 조각 기법으로 봤을 때 고려 중엽인 12세기에 만들어졌으리라는 게 전문가들의 일반적인 추정이다. 한편 화강암 벽에 새겨진 두 부처는 《법화경》에 나오는 다보여래(多寶如來)와 석가여래(釋迦如來)의 설화를 반영한 것으로 추정된다.

새재의 '새'는 '사이'로 보아야

파도치듯 넘실거리는 산줄기의 두 꼭지점 사이로 난 길을 고개라 한다. 이 고을에서 저 고을로 산을 넘어가는 고개에는 만남과 헤어짐, 기쁨과 슬픔이 공존한다. 그런 까닭인지 고개 이름을 들으면 왠지 모를 친숙함이 느껴진다.

모든 산에는 고개가 있다. 그 가운데서도 조령산은 유난히도 고개가 많아 충청북도와 경상북도를 잇는 교통의 요지 역할을 톡톡히 해왔다. 누구나 한번쯤은 들어보았을 문경새재(조령)를 비롯하여 계립령(鷄立嶺, 하늘재), 이화령(이우릿재), 고모령 등 오랜 세월 길손들의 사연을 들어주었을 수많은 고개가 조령산의 품에 안겨 있다.

문경새재는 나는 새도 쉬어 넘을 만큼 높고 험준하여 새(鳥)재라는 이름이 붙었다고도 하고, '새(띠, 억새)'가 우거져 있어 새재라 이름했다고도 한다. 《고려사》에서 새재를 풀이 많은 고개라는 뜻으로 '초점(草岾)'이라 기록했고, 새재를 끼고 들어선 마을의 이름이 상초리, 중초리, 하초리인 것을 보면 억새가 많아 새재라는 이름이 붙었다는 추정이 좀더 설득력 있게 느껴진다.

그 밖에도 땅이름학회 배우리 명예회장은 전국에 있는 새재의 대부분이 지름길을 의미하는 '샛길', 즉 '사잇(間)' 고개를 뜻하기 때문에 문경새재 역시 '사이'의 고개일 가능성이 높다고 한다. 즉 문경새재는 작게는 문경과 괴산 사이의 고개, 크게는 영남과 중부 지방 사이를 잇는 고개로 보아야 한다는 것이다.

새재는 차별침식의 결과

임진왜란 때 원군으로 왔던 명나라 장수 이여송(李如松)은 새재를 둘러보고 천연의 요새라 할

수옥폭포는 조령산 일대의 화강암과 석회암의 경계면에서 암질 간에 차별침식이 일어나 형성된 폭포이다.

새재의 협곡은 단층선을 따라 일어난 차별침식으로 골이 깊이 패여나가 형성되었다(왼쪽). 정상 바로 아래 조령 제1관문이 있는 곳에 드라마 〈태조 왕건〉의 촬영장이 보인다(오른쪽).

정도의 지세라며 감탄했다고 한다. 그러나 신립(申砬) 장군은 이런 조령의 지세를 이용하지 못하고 충주의 탄금대에 배수진을 치고 싸우다가 장렬한 최후를 맞았다. 만약 신립 장군이 조령 협곡에서 왜군을 맞았더라면 임진년 조선의 역사가 달라지지 않았을까?

조령은 동쪽의 주흘산(1,106m)과 서쪽의 조령산 사이를 흐르는 조령천과 나란히 이어지는 고갯길이다. 문경읍에서 서북쪽으로 깊은 협곡을 따라 들어가면 1708년(숙종 34년)에 쌓은 영남 제1관문인 주흘관이, 여기서 더 올라가면 제2관문인 조곡관과 제3관문인 조령관이 나온다.

협곡의 양안에는 층암절벽을 이룬 암석들이 연이어 나타나고 계곡 곳곳에는 크고 작은 암석과 넓고 큼직한 암반이 이어진다. 이런 깊은 협곡은 이곳에 발달한 단층선과 매우 밀접한 관련이 있다.

중생대 백악기 말 월악산과 조령산 일대에 화강암이 관입하는 과정에서 여러 단층선이 생겨났다. 그리고 신생대 제3기에 경동성 요곡 운동이 일어나 땅덩어리들이 서로 밀고 밀리며 융기, 침강하는 과정에서도 많은 단층선이 생겨났다. 이후 북동~남서 방향으로 발달한 주 단층선을 중심으로 높은 곳에서 낮은 곳으로 하천이 흐르기 시작했으며, 이 하천이 오랜 세월

문경새재에 세워진 제1관문인 주흘관. 사극 촬영지로 자주 이용되는 곳이다.

침식을 가해 깊은 하곡을 만들었다.

새재 길은 고려 시대 이전에 이미 열려

옛날에 영남 지방에서 한양으로 통하는 가장 짧은 길이자 가장 많이 이용되었던 길인 영남대로(嶺南大路)는 새재인 조령을 넘어야 갈 수 있었다. 영남(嶺南)이란 명칭도 새재(嶺)의 남쪽에 있다고 해서 붙여진 것이다.

일찍이 신라는 문경 관음리와 충주 수안보를 연결하는 계립령을 뚫어 고구려와 문물을 교류했고, 고려 시대에도 이러한 교류는 지속되었다. 새재가 새롭게 개척된 것은 조선 태종(1400~1418) 때라고 전하는데, 이를 전적으로 받아들이기는 어렵다. 고려 성종(981~997)이 편성한 10도를 살펴보면 경상북도 상주에 통치 중심을 둔 영남도가 포함되어 있으므로 이미 고려 시대 이전에 새재가 사람과 물자가 넘나들던 고갯길로 열려 있었다고 볼 수 있기 때문이다. 왕건이 고려를 개국하기 이전에 후백제의 견훤과 조령산성에서 싸웠다는 기록 또한 이를 뒷받침한다.

한양으로 과거를 보러가던 도령의 석상(왼쪽)과 제3관문에서 바라본 경상도 문경 땅(오른쪽). 제3관문은 충청과 영남의 문화를 가르는 경계선상에 있다.

새재에서 타임머신을 타고 과거로 넘어간다면 갓쓴 선비를 무수히 만나게 될 것이다. 제3관문인 조령관 입구에는 과거를 보러가는 도령의 석상이 있다. 영남에서 한양으로 가는 길에는 남쪽의 추풍령(秋風嶺)과 북쪽의 죽령(竹嶺), 가운데의 새재가 있었는데,

과거를 보러가던 선비들은 문경새재를 넘었다. 그 이유는 석상에 새겨진 다음의 문구에서 찾아볼 수 있다. "추풍령을 넘으면 추풍낙엽과 같이 떨어지고 죽령을 넘으면 미끄러진다는 선비들의 금기가 있어 영남의 양반집 자제들이 과거 급제를 위하여 넘던 과거길이다."

새재를 넘다 보면 과거와 함께 숨 쉬고 있다는 느낌이 든다. 제1관문 주흘관과 제2관문 조곡관 중간에는 나그네들의 숙소로 사용되던 조령원(鳥嶺院) 터가 있다. 또 조곡관 못 미친 곳에 신구(新舊) 경상도 관찰사가 관인을 주고받았다는 교귀정(交龜亭) 터가 있으며, 제3관문에는 그곳을 지키던 병사들의 거처로 사용되던 군막 터가 있다. 그리고 제1관문을 지나면 드라마 〈태조 왕건〉 촬영장이 나와 과거와 현재가 조화롭게 만나는 모습을 볼 수 있다.

조령산 중턱을 굽이굽이 돌아 넘어가던 옛 이화령 도로(①) 아래로 산허리를 관통하는 3번 국도(②)와 중부내륙고속도로(③)가 지난다.

고려 시대 이래로 하늘재에게서 주도권을 넘겨받아 1,000년 넘게 영남 지방과 중부 지방을 잇던 새재는 1981년 경상북도도립공원으로 지정되면서 아예 차가 다닐 수 없는 길이 되었다. 지금은 탐방객들만이 새재 길을 산책로 삼아 잠시 과거로 여행을 떠날 뿐이다. 이화령 또한 1998년 이화령 터널이 개통되면서 고개로서의 생명을 거의 잃어버렸다.

■■■ 플러스 이야기 상자 ■■■

백두대간을 뚫어 낙동강과 한강을 연결?

경부운하 계획도. 21세기에는 조령이 한강과 낙동강을 연결하는 지하터널 운하로 다시 연결되어 국토의 대동맥 역할을 하게 될지도 모르겠다.

월악산 아래 있는 충주호(왼쪽)와 월악나루터(오른쪽). 경부운하 건설은 송계계곡의 동달천과 조령계곡의 조령천을 연결한다는 야심찬 계획이다.

예부터 새재에는 영남의 선비들뿐만 아니라 보부상과 여행객, 영남의 각종 산물이 모여들었고 이 길을 통해 충주의 남한강 뱃길과 연결되어 한강 나루터에 닿았다. 즉 새재는 한강과 낙동강을 연결하던 교통의 요지였다.

지금의 새재는 고갯길로서의 기능은 이미 상실한 상태이다. 그런데 새재가 놓여 있는 백두대간을 뚫어 한강과 낙동강을 연결하려는 운하 건설 계획이 몇 해 전부터 논의되고 있다.

이는 물류비용 절감을 통해 국가 경쟁력을 강화하겠다는 의도에서 나온 아이디어이다. 우리나라는 산지가 많아 기본적으로 도로 운송 체계가 취약한 데다가, 현재 경부고속도로가 과포화 상태라 원활한 수송에 어려움을 겪고 있다. 도로 확장 계획이 없는 것은 아니지만, 그 보상비만 해도 엄청난 액수라 감히 엄두를 못 내고 있는 실정이다.

이러한 물류난을 극복하고 지속적인 경제 발전을 위한 대안으로 등장한 것이 한강과 낙동강을 잇는 경부운하 건설이다. 즉 한강 수계의 최상류인 월악산 송계계곡의 동달천과 낙동강 수계의 북쪽 끝자락인 조령천을 연결하는 운하용 터널을 뚫어 서울과 부산을 연결하자는 것이다.

경부운하가 건설된다면 물류비용 절감 효과는 크겠지만 문제점 또한 적지 않다. 험준한 산악 지형, 터널이 석회암지대를 관통해야 하는 난공사, 식수원이 수로로 사용되는 환경 문제 등이 그것이다. 그러나 국내 토목공학 기술진들은 유럽의 RMD(라인~마인~도나우) 운하의 예를 들며, 국내의 기술력으로 공사의 어려움은 충분히 극복할 수 있다고 말한다.

물 부족 국가로 분류되고 있는 우리나라의 현실에 비추어 볼 때도 운하가 건설되면 많은 양의 물을 확보할 수 있어 큰 도움이 될 것으로 보인다. 양쯔 강의 물을 베이징 쪽으로 끌어오는 중국의 야심찬 남수북조(南水北調) 공사를 눈여겨 볼 필요가 있다.

예나 지금이나 치산치수(治山治水)는 국가의 운명과 발전을 좌우하는 중대사이다. 그러므로 경부운하 건설 계획을 허무맹랑한 이야기로만 치부할 게 아니라 다각적인 조사와 분석을 통해 그 실현 가능성을 꼼꼼히 따져봐야 할 것이다.

한반도 산의 종갓집
속리산

 소백산맥의 산줄기가 남서쪽으로 내달리다 소백산과 월악산군을 품어내고, 한반도 남쪽 한가운데에 명산을 일구어냈으니, 그것은 바로 충청북도 보은과 괴산, 그리고 경상북도 상주와 문경 사이에 자리한 속리산(俗離山, 1,058m)이다.
 속리산은 일반인들에게 산 자체보다는 오히려 법주사와 정이품송(正二品松)으로 더 유명하다. 그러나 구병산(876m)에서 형제봉(803m)을 거쳐 속

거대한 수석 전시장과도 같은 속리산. 속리산의 능선과 계곡에 발달한 수많은 기암들이 불을 뿜어내는 듯하다.

우리나라를 대표하는 사찰 가운데 하나로 손꼽히는 속리산 법주사.

리산에 이르는 산군도 충청북도의 알프스로 통할 만큼 빼어난 경관을 자랑한다.

속리산은 최고봉인 천황봉을 중심으로 비로봉, 문수봉, 관음봉 등 1,000m 내외의 봉우리가 연이어져 있고 그 사이로 문장대, 신선대, 입석대 등의 기암괴석과 암릉이 울창한 산림과 어우러져 빼어난 풍취를 자아낸다. 그래서 속리산은 설악산, 월출산, 계룡산 등과 함께 남한을 대표하는 암산 중 하나로 손꼽는다.

속리산은 봄에는 산벚꽃, 여름에는 청송, 가을의 단풍과 겨울의 설경으로 계절마다 고유한 아름다움을 드러낸다. 그러나 그 아름다움의 진수는 역시 넘쳐나는 바위이다. 이 바위들은 지리산에서 출발하여 덕유산을 지나온 육산(肉山)과 토산(土山)의 백두대간 산줄기가 속리산에 이르러 골산(骨山)과 암산(巖山)으로 얼굴을 바꿔 솟구쳐 오른 것이다.

'속리'는 꼭대기를 의미하는 '수리'

속리산은 처음에는 천황봉, 비로봉, 길상봉, 관음봉, 수정봉, 보현봉, 문수봉, 묘봉 등 9개의 연속된 봉우리가 활처럼 휘어진 형상이라 하여 구봉산(九峯山)으로 불렸다고 한다. 또한 우리나라 팔경의 하나로 그 절경이 금강산에 맞먹을 만큼 뛰어나 소금강(小金剛) 또는 제2금강이라고도 했으며, 광명산(光明山)으로도 불렸다고 한다.

다른 한편으로 조선 선조 때의 시인 임제(林悌, 1549~1587)가 속리산을 찾았다가 읊었다는 다음의 시에서 속리산의 이름이 유래했다는 설도 있다.

바르고 참된 도는 인간을 멀리 하지 않는데,
인간은 그 도를 멀리 하려 드네.
그렇듯 이 산은 매양 세속을 떠나려 하지 않는데,
세속은 산을 떠나려 하는구나.

속리산에 관한 글 중에는 이 시를 신라 말 최치원이 지었다고 인용한 것들이 있는데 이는 잘못된 것이다. 〈현대불교신문〉의 윤재학 논설위원에 따르면, 위의 시를 《중용(中庸)》에 나오는 "도는 사람에게서 멀지 않으나, 사람이 도를 행한다면서도 사람을 멀리 하면 도를 이룰 수 없다"는 공자의 말에서 차운(次韻)한 것이라고 한다.

여기서 '속리(俗離)'를 세속을 떠난다는 뜻으로만 풀이해서는 안 된다. 그러한 뜻이라면 조어의 관행상 '이속(離俗)'이 더 올바른 표현이기 때문이다. 현재 우리가 쓰는 지명 가운데 상당수는 한자의 음을 빌려온 것이다. '속리(俗離)' 또한 음역된 지명으로 이를 우리 음으로 유추하면 '수리(首)'가 된다. '수리'는 꼭대기를 의미하는 옛말로, 정수리도 이 말에서 갈라져나온 것이다. '수리'를 음으로 취한 산으로는 경기도 안양시 부근의 수리산(修理山, 475m)이 있고, '수리'를 '수레(車)'로 본 차령(車嶺)산맥도 있다.

경상도와 충청도의 경계가 되는 속리산 문장대.

바위의 천국

속리산은 풍수지리를 연구하는 이들 사이에서 화산(火山)으로 통한다. 이는 꽃 같은 돌들이 불타는 듯한 모습으로 산 전체를 덮고 있기 때문이다. 관음봉, 칠형제봉, 묘봉 등 속리산을 가득 채우고 있는 기암들, 그리고 큰군자산(948.2m)과 칠보산(778m)을 끼고 발달한 쌍곡계곡, 도명산(643m)과 낙영산(740m) 아래로 발달한 화양구곡의 암반과 기암들은 속리산이 말 그대로 바위의 천국임을 여실히 보여준다.

속리산의 기반암은 이곳이 바다였던 고생대에 형성된 옥천누층군에 속하는 변성 퇴적암이 주를 이룬다. 백악기 말인 9,000만~8,000만 년 전 이 변성 퇴적암에 불국사화강암이 관입했다. 속리산에서 북으로 뻗어나간 지산(枝山)에 속하는 백화산, 칠보산, 대야산 등의 화강암들 또한 이와 같은 시기에 형성된 것으로, 이를 총칭하여 속리산화강암이라 한다. 그리고 북동쪽으로 더 멀리 주흘산, 조령산, 월악산, 제비봉, 금수산으로 이루어진 월악산군(월악산화강암)도 비슷한 시기에 형성된 화강암체로 속리산군과 연결되어 있다.

속리산을 이루는 담홍색 화강암은 9,000만~8,000만 년 전에 형성되었다.

소나무 부부, 정이품송과 정부인송 이야기

호서 제일의 가람(伽藍)인 속리산 법주사 초입에 고고한 기품이 넘쳐나는 삿갓 모양의 소나무 한 그루가 서 있다. 그것은 속리산의 상징이자 천연기념물 제103호(속리의 정이품송)로 지정되어 있는 정이품송이다.

소나무에 지금의 장관급에 해당되는 벼슬품계가 내려진 데에는 이런 사연이 숨어 있다. 조선 제7대 임금 세조가 1464년 속리산 법주사로 행차할 때, 임금이 탄 가마가 소

속리산 자락에 있는 정이품송(왼쪽)과 정부인송(오른쪽)은 부부 사이로 알려져 있다. 정이품송은 1993년 강풍으로 서쪽 가지가 부러지기 전의 모습이다.

나무 가지에 걸려 난감한 처지에 놓였다. 이에 세조가 "연(輦) 걸린다"고 외치자 신기하게도 소나무가 가지를 번쩍 들어올려 어가(御駕)가 무사히 지나갈 수 있었다. 그 일에 대한 고마움으로 세조가 소나무에게 벼슬을 내려 정이품송이라는 이름이 붙었다고 한다.

한편 정이품송이 있는 곳에서 조금 떨어진 서원계곡 진입로 옆에는 정이품송을 꼭 빼닮은 소나무 한 그루가 서 있다. 정이품송과 부부 사이로 알려져 정부인송(正婦人松, 천연기념물 제352호)이라 불리는 소나무인데, 정이품송만큼 유명하지는 않다. 정이품송이 외줄기로 곧게 자라 남성적이라면 정부인송은 밑둥에서 두 줄기로 갈라지면서 우산 모양으로 퍼진 모습이어서 여성적인 느낌이 든다.

높이 15m, 둘레 5m에 수령은 600년 정도로 추정되는 정이품송과 정부인송은 현재 '소나무 에이즈'라 불리는 소나무 재선충에 감염될 위기에 처해 있다. 1988년 부산 금정산에서 처음 발생한 소나무 재선충은 빠른 속도로 북상하며 우리나라의 대표 식생인 소나무를 초토화시키고 있다. 2005년에는 경상북도 안동까지 북상하며 백두대간의 소나무까지 위협해 나라 전체가 소나무 보호에 초비상이 걸렸다.

특별한 천적도 없고 뚜렷한 치료제도 개발되지 않아 재선충에 감염된 소나무는 100% 고사한다. 일본과 대만에서는 소나무 재선충을 막지 못하여 소나무가 거의 전멸했다고 한다. 정이품송, 정부인송을 비롯하여 소나무가 울창한 숲을 이루고 있는 충청북도 보은군에서는 지금 소나무 재선충과 힘겨운 전쟁을 벌이고 있다.

다양한 암괴는 절리의 작품

속리산에서는 마치 돌을 일부러 조각하여 쌓아놓은 듯 성곽 같기도 하고 비석이나 돌탑 같기도 한 다양한 형태의 암석 지형을 볼 수 있어 자연이 만들어낸 암석 예술의 진수를 만끽할 수 있다.

속리산 문장대에서 동쪽으로 바라본 상주 화북 지구 능선. 다양한 암괴들이 산릉을 가득 메우고 있다.

화강암으로 이루어진 모든 산지들이 그렇듯이 속리산 또한 화강암 재단의 마술사 절리의 작품이다. 화강암에 가해진 절리의 방향과 발달 정도에 따라 암괴의 모양이 아주 다양하게 나타난다. 수직 방향의 절리가 탁월할 경우 암주(巖柱) 모양의 기둥바위가 발달하는데, 입석대를 중심으로 문장대에 이르는 종주 능선에 이런 바위들이 주로 분포한다.

판상의 수평절리와 수직절리가 동일한 간격으로 형성된 격자상절리에서는 모서리 풍화가 진행되어 핵석(核石, core stone)이라고 하는 돌탑바위가 발달하는데 문장대에서 청법대, 칠형제봉으로 이어지는 능선에 주로 분포한다. 수직보다 판상의 수평절리가 탁월할 경우에는 너럭바위나 돔 모양의 바위가 발달하는데 경업대, 배석대, 봉황대, 산호대 등이 이에 속한다.

그런데 속리산의 주봉인 천황봉은 다른 봉우리들과 달리 평퍼짐한 육산의 형태를 띤다. 천황봉 일대의 화강암은 주변 암석에 비해 절리의 발달이 탁월하고 화학적인 풍화에 대한 저항력이 약해 침식과 삭박이 빠르게 진행되었기 때문이다. 그 결과 두꺼운 토양층이 암석을 덮어 비교적 평평한 봉우리가 만들어졌다.

삼파수의 분기점은 문장대가 아니라 천황봉

남한만을 두고 이야기할 때 백두대간의 산줄기가 속리산에서 한남정맥(漢南靜脈)과 금북정맥(錦北靜脈)으로 갈리기 때문에 속리산은 산들의 큰집 같은 역할을 한다. 천황봉을 기점으로 남한의 모든 산들이 뻗어나가고 모여들며 한강, 금강, 낙동강이 서로 다른 물길로 나뉘어 흐른다.

《동국여지승람》에서는 한강, 금강, 낙동강이 나뉘는 삼파수(三坡水)의 중심이 속리산 문장대라는 내용이 다음과 같이 상세하게 적혀 있다.

멀리 속리산의 정상인 천황봉이 보인다. **천황봉**은 다른 봉우리들과 달리 완만한 육산의 형태를 띤다.

> 속리산은 보은현 동쪽 44리 되는 곳에 있다. 아홉 봉우리가 우뚝 솟아 있는 가운데 산꼭대기에 문장루대가 있다. 문장루대는 천연적으로 돌이 포개진 형태로 힘차게 공중에 솟아 있는데, 높이가 몇 길이나 되는지 알 수 없지만 그 넓이는 3,000명이 앉을 만하다. 이 누대 위에 있는 가마솥 같은 구덩이에는 물이 철철 넘쳐서 가뭄에도 줄지 않고 장마철에도 불지 않는다. 이 물은 세 갈래로 나뉘어 흘러가는데, 동쪽으로 흐르는 것은 낙동강이 되고, 남쪽으로 흐르는 것은 금강이 되며, 서쪽으로 흐르다 북쪽으로 꺾어진 것은 달천(한강)이 된다.

그러나 실제로 답사를 하고 지형도를 판독해본 결과, 이는 잘못된 내용임이 밝혀졌다. 문장대에서 동쪽으로 흐르는 물이 낙동강으로 흘러든다는 설명은 맞다. 그러나 문장대에서 남쪽으로 흐르는 물이 금강에 이른다는 것은 잘못된 내용으로 한강에 이른다고 해야 맞다.

많은 사람들이 문장대 남쪽으로 파인 용바위골을 타고 법주사를 돌아 나온 물이 대청호로 흘러들어 금강에 이른다고 잘못 알고 있다. 그러나 이 물은 내속리면 상판리를 지나면서 물길을 갑자기 북쪽으로 돌려 남한강 지류인 달천(한강)으로 흘러든다. 아울러 문장대를 기준으로 서쪽으로 흘러가는 물도 달천으로 흘러들고, 북쪽으로 흐르는 물도 정낭골과 합산골을 타고 달천으로 흘러든다.

이를 통해 문장대가 삼파수의 분기점이 아니라는 사실을 알 수 있다. 금강의 물길을 설명하기 위해서는 그 분수령을 천황봉으로 옮겨와야 한다. 천황봉에서 남쪽으로 파인 대목골로 흘러내린 물이 삼가천을 타고 대청호로 흘러들어 금강에 이르기 때문이다. 이렇게 보았을 때 속리산의 문장대를 남한 땅의 삼파수로 단정 짓는 《동국여지승람》의 서술은 잘못된 것이다.

문장대 정상부에 패여 있는 웅덩이의 정체

속리산에 오르는 사람들이 가장 많이 찾는 곳은 문장대이다. 문장대 정상에 올라서면 30여 명이 앉을 수 있는 넓은 암반이 나타난다. 그런데 암반 바닥에는 축구공만 한 크기에서 욕조만 한 크기에 이르기까지 다양한 크기의 웅덩이들이 패어 있다. 강가나 계곡에나 있을 법한 웅덩이들이 이렇게 높은 산꼭대기에 보이는 이유는 무엇일까?

평탄한 암석면에 형성된 원형 또는 타원형의 풍

군자산 아래의 쌍곡 소금강(왼쪽). 속리산 천황봉은 한강, 금강, 낙동강이 나뉘는 삼파수의 중심이다(오른쪽).

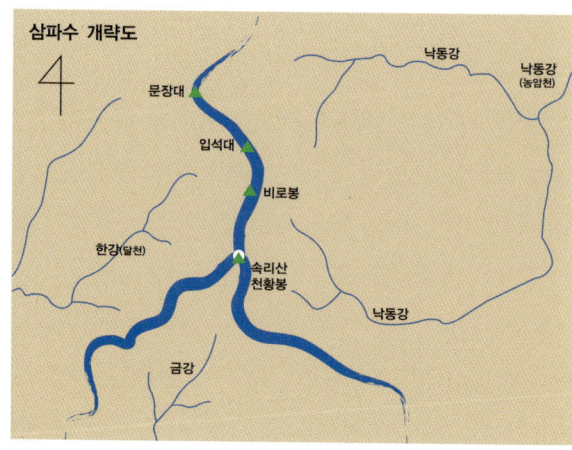

화혈(風化穴) 지형을 지형학 용어로는 나마(gnamma)라고 한다. 이 말은 '구멍'을 뜻하는 오스트레일리아 원주민의 언어에서 유래한 것으로, 우리말로는 가마솥처럼 생겼다 하여 가마솥바위라고 한다.

과연 나마는 어떻게 형성된 것일까? 지하 깊은 곳에 관입한 화강암이 땅속에서 수분이 많은 토양과 오랫동안 접촉하면 절리나 틈새로 수분이 침투해 풍화가 진행된다. 이때 이 특정 부분에 침식과 풍화가 집중되면 그곳을 중심으로 요지(凹地)가 생겨난다. 화강암반을 덮고 있던 표토가 침식과 삭박을 받아 제거되면 암반 표면의 요지에 빗물이 고인다. 고인 물이 동결과 융해를 반복하는 과정에서 팽창과 수축이 일어나 암석을 구성하는 광물 조각들이 조금씩 분해되고, 그에 따라 구멍은 점차 확대된다.

이러한 요지에 이끼나 초목 등의 식생이 자리를 잡으면 풍화가 보다 빠르게 진행되는데 식물이 내뿜는 유기산이 광물들과 화학적 풍화를 일으켜 암반이 보다 쉽게 붕괴되기도 한다. 문장대 암반에 발달한 풍화혈은 지금도 풍화와 침식이 계속되어 구멍의 폭과 깊이를 더해가고 있다.

풍화혈의 기본적인 모양은 한반도가 열대성 기후를 보였던 신생대 제3기

속리산 문장대(왼쪽), 설악산 권금성(가운데), 관악산 정상부(오른쪽)에 발달한 풍화혈.

에 갖춰졌을 것이다. 그때는 강수량이 많아 활발한 풍화가 이루어졌기 때문이다. 이후 제4기로 접어들면서 여러 차례의 빙기와 한랭한 기후에서 암석들이 얼고 녹기를 반복하면서 기계적 풍화가 일어났고, 그 결과로 풍화혈이 모습을 드러냈다.

매년 120만 명의 탐방객들로 몸살

속리산군은 남쪽의 덕유산군, 북쪽의 월악산군과 더불어 국토의 남부권과 북부권을 연결하는 길목에 있어 생물학적, 지리학적으로 매우 중요한 곳이다. 현재 속리산에는 정이품송과 정부인송이라 불리는 속리 서원리의 소나무, 백송(천연기념물 제104호), 망개나무(천연기념물 제207호) 등 672종의 식물과 보은의 상징인 까막딱따구리(천연기념물 제242호), 하늘다람쥐(천연기념물 제328호), 수달(천연기념물 제330호), 사향노루(천연기념물 제216호) 등 희귀 보호종을 비롯한 344종의 동물이 서식하고 있다.

한편 속리산은 수려한 산세를 지녔을 뿐만 아니라 암자가 많아 매년 120만 명에 달하는 탐방객이 찾아와 산 전체가 몸살을 앓고 있다. 경사가 급한 등산로 일대에는 등산객의 안전과 토양 침식을 방지하기 위해 계단을 설치해놓았으나 그 아래로 등산객들이 버린 온갖 쓰레기가 나뒹굴고 있다. 또한 문장대와 신선대의 정상부, 경업대에 이르는 안부 턱에 있는 매점들은 산경을 해쳐 안타까움을 자아낸다.

경상북도 상주시는 용화면 운흥리 문장대에 온천을 설립하는 허가를 얻어 이를 추진하다가 하류의 충청북도 괴산군이 오폐수가 흘러든다며 행정소송을 제기해 사업을 중단했다. 그리고 수년간의 공방 끝에 2006년 9월 괴산군이 최종적으로 승소함에 따라 사업이 전면 백지화되었다. 하지만

속리산 문장대 바로 아래에는 제법 큰 규모의 매점이 있다. 산이 산답기 위해서는 이 자리를 자연에 내주는 것이 좋지 않을까?

2010년까지 속리산 남단 구병산 자락에 대규모 휴양 단지를 조성하는 등 각 지자체별로 여전히 많은 개발 사업이 추진 중이다.

  중부 지역 산군의 맹주인 속리산의 문장대 바로 아래 온천을 개발하고, 산자락의 암반과 청송을 제거해 휴양지를 만들겠다는 계획은 인간의 편의를 위해 자연의 희생을 강구하는 행위로 결국 그 폐해는 다시 인간에게 돌아올 것이다. 이런 의미에서 상류 지역의 개발 이익보다 하류 지역 주민의 환경권을 우선시한 문장대 온천 개발 중지 판결은 모든 개발 주체가 참고해야 할 귀중한 선례라고 할 수 있다.

■■■ 플러스 이야기 상자 ■■■

잃어버린 옛 땅이름 찾기

계룡산 정상 천왕봉. 원래 천왕봉이었으나 일제에 의해 천황봉으로 바뀌었다.

식민지 시절 일제는 창씨(創氏)개명과 함께 전국의 땅 이름을 바꾸는 창지(創地)개명을 단행했다. 해방된 지 50년이 넘었지만 지금도 이 땅 구석구석에 그 흔적이 남아 있어 답답한 심정이다.

시민단체 녹색연합은 2005년 3월 백두대간 일대를 조사하여 일제가 바꾼 22개의 지명이 아직까지도 사용되고 있다고 밝혔다. 그러나 한편에서는 발표된 내용을 모두 받아들이기에는 무리가 있다는 반론도 제기되고 있다.

북한산(北漢山)도 일제가 삼각산(三角山)을 개명한 것으로 생각하는 이들이 있는데, 그런 주장을 받아들이면 북한산 비봉의 진흥왕순수비와 《삼국사기》〈김유신 열전〉에 나오는 북한산성에 대한 내용은 설명하기가 어려워진다.

녹색연합이 발표한 가장 대표적인 지명 왜곡 사례로는 속리산과 계룡산의 정상인 천황봉(天皇峰)을 들 수 있다. 이 두 봉우리는 원래 천왕봉(天王峰)이었지만, 일본 천황을 뜻하는 '황(皇)' 자를 넣어 천황봉으로 바뀌었다고 한다. 또한 '왕(王)' 자에 일본을 의미하는 '일(日)' 자가 더해진 지명으로 강원도 정선의 가리왕산(加里旺山), 설악산의 토왕성(土旺城)폭포를 들 수 있다.

그 밖에 서울 북한산의 최고봉인 백운대도 원래는 백운봉이었으나 일제에 의해 이름이 바뀌었다. 산봉우리를 뜻하는 '봉(峰)'과 달리 '대(臺)'는 산 아래를 바라볼 수 있도록 인공적으로 만든 평평한 땅을 일컫는다. 조령산의 이화령 역시 조선 시대 말까지 이우릿재로 불리며 공식 문헌에는 이화현이나 '이화이현'으로 기록되었으나, 일제 때 고개 위로 신작로가 나면서 일본식 지명인 '이화령'으로 바뀌었다. 대전의 계족산은 당초 봉황산이었으나 일제가 닭이란 뜻으로 격하시키기 위해 계족산으로 바꿨다고 전해진다.

그렇다면 왜 지금까지 이런 이름들이 그대로 사용되고 있고, 개명 움직임도 더디기만 한 것일까? 우선 국민적인 무관심이 큰 이유이겠지만, 구체적으로 자연 지명을 담당하는 시·군·구의 지명위원회가 유명무실한 데다가 중앙 부처의 노력도 한 곳으로 모아지지 않고 있다. 자연 지명은 국토지리정보원이, 행정 지명은 행정자치부가, 하천과 도로명은 건설교통부가, 군사 시설명은 국방부가 담당하다 보니 지명 관리에 일관성과 체계성이 없다.

녹색연합에서는 왜곡된 지명을 바로잡기 위한 몇 가지 방안을 제시했다. 그동안의 지명 변경 사례를 수집해 선례로 삼고, 지명 조사를 위한 예산과 인력을 확보하며, 국토 개발에 앞서 지명을 조사해 기록으로 남기는 '사전 지명 조사 의무 제도'를 도입해야 한다는 내용이었다. 여기에 통일 이후 지명을 어떻게 정비할 것인지, 우리 지명의 국제화를 위해 어떤 노력을 기울여야 할지에 대한 고민도 병행해야 한다고 덧붙였다.

바닷가에 쌓아놓은 수만 권의 책
부안 격포리 채석강

서해안고속도로를 타고 남으로 내려가다 부안나들목을 빠져나와 30번 국도를 타고 황해를 향해 줄곧 내달리면 변산반도 끝자락의 격포리 해안에 이른다. 동해의 정동진이 해돋이의 명소라고 한다면 황해의 격포는 해넘이의 명소로 잘 알려진 곳이다. 일찍이 육당 최남선은 부안 변산의 낙조를 포항 장기의 해돋이와 함께 조선십경 가운데 하나로 꼽았다.

격포리 해안에는 퇴적 예술의 걸작품이라 할 만큼 아름다운 채석강(彩石

병풍을 두른 듯 해안을 둘러싸고 있는 채석강은 자연의 퇴적 예술을 한눈에 조망할 수 있는 최적지이다.

채석강 닭이봉 바로 아래의 갯잔등(왼쪽 위). 매표소에서 바라본 채석강의 퇴적층(오른쪽 위). 격포항 방파제에서 바라본 닭이봉(아래). 채석강 앞바다에는 2003년 핵폐기물 처리장 부지 선정을 둘러싸고 전국을 떠들썩하게 만들었던 위도가 있다. 이 섬은 허균의 《홍길동전》에 등장하는 율도국의 모델로 알려지기도 했다.

岡)과 적벽강(赤壁岡)이 자리 잡고 있다.

격포항에서 바다로 길게 뻗은 방파제를 따라가다 보면 오른쪽으로 50m 높이의 닭이봉 벼랑이 모습을 드러낸다. 매표소를 지나 물 빠진 해안으로 내려서면 운동장만 한 크기의 갯잔등에 온갖 무늬가 새겨져 있다. 이곳에서 절벽을 올려다보면 수만 권의 책을 겹겹이 쌓아놓은 듯도 하고, 기왓장을 쌓아올린 모습 같기도 하다. 이와 같이 퇴적암과 바다가 만나 절경을 이루는 곳으로는 격포리의 채석강과 적벽강 이외에도 부산의 태종대, 고성 덕명리와 해남 우항리의 퇴적층, 제주도의 송악산과 수월봉 등을 들 수 있다. 그 가운데 채석강은 절벽에 퇴적 환경과 퇴적 과정이 입체적으로 잘 드러나 있고, 각 층이 역동적으로 변하는 모습을 관찰할 수 있어 좀더 특별하다.

산등성이 또는 언덕을 의미하는 '강(岡)'

채석강과 적벽강에 처음 온 사람들은 강도 바다도 아니고 층층이 퇴적된 해안 절벽이 서 있어 놀라곤 한다. 언뜻 들으면 강이라고 생각되는 이름이 해안에 붙여졌으니 당연히 어리둥절할 수밖에 없다.

채석강과 적벽강의 '강'은 '강(江)'을 의미하는 것이 아니다. 채석강은 당나라의 시성(詩聖) 이태백이 술에 취해 뱃놀이를 하던 중 강물에 뜬 달 그림자를 잡으려다 빠져 죽었다는 중국의 채석강에서, 적벽강은 송나라의 시인 소동파가 노닐었다는 적벽강에서 이름을 따왔을 뿐이다. 이 두 강에 쓰인 '강(岡)'자는 산등성이나 언덕을 뜻하는 것으로, 이 경우에는 해변에 드러난 퇴적암 절벽을 일컫는 말이다. 그러나 채석강을 알리는 안내판과 책자 가운데는 '강(江)'으로 표기한 것이 적지 않아 혼란을 불러일으키고 있다.

절리면에 집중적인 침식이 일어나 만들어진 해식동굴. 채석강 암벽에는 여러 개의 해식동굴이 발달해 있다.

중생대 백악기 말 호수에서 퇴적된 지층

격포리 해안의 채석강과 적벽강은 퇴적암 지층으로, 이는 과거에 이 일대가 바다나 육지의 호수였음을 뜻한다. 약 7,000만 년 전 중생대 백악기 말의 대규모 지각 변동으로 저지대를 이루는 분지가 여러 곳에 생겨났고, 이곳으로 물이 흘러들어 거대한 호수가 만들어졌다. 여기에 오랜 세월 동안 때로는 자갈과 모래가, 때로는 셰일과 진흙이 강물을 타고 내려와 여러 겹의 퇴적층이 형성되었다.

이후 신생대에 들어와 이 퇴적층은 지반의 융기로 지표에 드러나게 되었고, 제4기가 시작된 약 200만 년 전부터 수차례의 해수면 변동에 의해 깎이고 잘려나가면서 지금의 퇴적층 단면을 드러냈다. 지금도 채석강은 바다의 물결에 의해 육지 쪽으로 계속 침식을 받고 있다.

사람들은 채석강 하면 닭이봉 주변만 생각하지만 보다 기묘한 퇴적층을 볼 수 있는 곳은 격포항 남쪽에 있는 봉화봉(174m)과 궁항 쪽이다. 사투봉(169m) 아래의 궁항에서 적벽강이 있는 죽막동까지 약 6km의 해안은 이렇게 모두 동일한 퇴적층으로 이어져 있다.

전남대학교 지구환경과학부 전승수 교수(퇴적학)는 두께가 300m에 달하는 격포리의 중생대 백악기 퇴적층(격포리층)이 격포항 맞은편에 위치한 위도에서도 발견된다며 그 일대가 모두 같은 지질로 이루어져 있다고 말한다. 또한 약 7,000만 년 전에 있었던 호수와 그 주변의 환경을 다음과 같이 설명한다. 격포리 일대의 퇴적 규모는 중생대 백악기의 다른 호수들에 비해 작은 편이었지만, 호수는 길이가 대략 수십km, 폭이 수km, 최대 수심 200~300m에 이르렀을 것이다. 그리고 주변의 건조한 산지에서 공급된 많은 퇴적물을 머금고 빠르게 흘러가는 붉은 강들이 호수 주변에 여럿 분포했을 것이다.

변산반도국립공원의 1,000년 도량, 내소사

전라북도 부안군에 있는 변산반도국립공원은 산과 바다를 함께 보고 즐길 수 있다는 점에서 다른 국립공원과 구별된다. 변산반도국립공원은 크게 바다와 인접한 외변산과 내륙 산지를 이루는 내변산으로 나뉜다. 채석강과 적벽강이 외변산을 대표하는 경승지라면 내변산에는 백제 시대의 1,000년 고찰 내소사가 있다.

내소사는 633년(백제 무왕 34년)에 혜구두타(惠丘頭陀) 스님이 창건한 사찰로, 본래는 소래사라고 불렸으나 무슨 연유에서인지 100여 년 전에 내소사로 이름이 바뀌었다. 이 이름은 불교에서 말하는 '내자개소(來者皆蘇)', 즉 여기를 찾아오는 모든 사람

변산반도국립공원의 숨은 명소인 내소사. 단청을 하지 않은 대웅전(왼쪽)과 꽃문양 문살(오른쪽)이 시선을 모은다.

은 이 땅에 다시 소생하리라는 윤회전생설(輪廻轉生設)에서 유래했다고 한다.

내소사는 일주문에서 대웅전까지 약 600m의 울창한 전나무 숲길이 일품이다. 전나무 향기 가득한 숲길을 따라 대웅전 앞에 서면 아담하고도 소박하게 느껴지는 산사의 운치가 몸에 배는 듯하다.

관음봉과 세봉으로 이어지는 암릉을 병풍 삼아 자리한 대웅전(보물 제291호)은 못 하나 쓰지 않고 나무만으로 끼워 맞춘 건물이다. 여기서는 다른 사찰의 대웅전과 달리 단청을 찾아볼 수 없다.

그 이유에 관해 다음과 같은 전설이 전해온다. 대웅전이 완공된 후 한 단청장이가 찾아와 자신에게 단청을 맡겨달라고 청했다. 그런데 그는 100일 동안 누구도 그 안을 들여다봐서는 안 된다는 조건을 내걸었다. 약속한 100일이 다 되도록 인기척도 없고 단청할 기미도 보이지 않자, 100일째 되는 날 사미승이 문틈으로 안을 살짝 엿보았다. 놀랍게도 새 한 마리가 부리에 붓을 물고 제 몸에서 물감을 묻혀 단청을 하고 있었다고 한다. 결국 인기척에 놀란 새가 마지막 한 부분을 완성하지 못하고 날아가 지금도 법당 한 곳에는 단청이 빠져 있다고 한다.

내소사 주지 진원스님에게 단청의 보수 계획을 물으니, 단청 초안을 찾을 수 없어 나뭇결이 드러난 지금의 상태로 계속 둘 것이라고 말했다. 세월의 풍상에 다 벗겨져나간 지금의 고색창연한 모습이 더 정답고, 꾸밈없는 아름다움을 느끼게 하기 때문이다. 그 밖에 연꽃과 국화꽃으로 장식된 꽃문양의 문살에서는 정교한 조각 예술을 감상할 수 있다.

《정감록(鄭鑑錄)》에 의하면, 변산반도국립공원은 일찍이 큰 재난에도 화가 미치지 않는 십승지(十勝地) 가운데 한 곳이다. 주변에 비하여 산세가 높고 험한 곳에 자리한 내소사는 계절에 관계없이 꼭 가볼 만한 곳이다.

지질 변동의 역사가 기록된 해식 절벽

채석강의 해식 절벽에 노출된 퇴적암 층리를 보면 그것이 쌓일 당시의 호수 환경을 어느 정도 짐작할 수 있다. 현재 노출되어 있는 격포리 퇴적층은 하부에서 상부로 가면서 역암에서 이암으로 입자가 작아지는 경향을 보인다. 채석강 해수면 부근의 암석은 검은색의 이암과 실트암으로 되어 있어 얇은 책이 연상되지만, 윗부분은 층리가 두껍게 나타나는 사암 곳곳에 얇은 역암층이 끼어 있다.

퇴적 구조상 채석강의 아래층일 것으로 보이는 봉화봉 남쪽에는 큰 바위들이 포함된 역암층이 두껍게 나타난다. 이런 퇴적 구조로 볼 때 역암층이 쌓인 환경은 수심이 얕고 경사가 급한 수중 삼각주 사면과 평원이었으며, 퇴적은 비교적 단시간에 빠르게 진행되었을 것으로 추정된다. 반면 입자가 고운 이암과 실트암은 비교적 평온하고 깊은 호수 속에서 천천히 오랫동안 퇴적되었을 것이다.

호수의 퇴적 환경을 종합해보면 하부에서 상부로 가면서 먼저 호수 가장자리의 수중 삼각주 사면과 평원에서 퇴적이 시작되었고, 이후 분지가 침강하면서 수심이 깊어져 호수 바닥에서 퇴적이 이루어졌다는 것을 알 수 있다.

호수의 종말을 앞당긴 화산 폭발의 흔적

채석강의 퇴적암이 끝나는 지점에 위치한 격포 해수욕장을 돌아 야트막한 구릉으로 펼쳐지는 약 2km의 해안 절벽이 바로 적벽강이다. 적벽강은 채석강만큼 찾는 사람이 많지 않아 한적한 느낌을 주지만, 이곳 또한 채석강에 버금가는 절경을 자랑한다.

적벽강은 채석강과 같은 시기, 같은 곳, 같은

채석강의 노출된 해식 절벽에는 퇴적층이 쌓일 당시의 호수 환경을 짐작할 수 있는 다양한 지질 현상이 나타난다. 역암층 사이에 이암이 끼어 있는 것으로 보아 호수의 수심에 큰 변화가 있었음을 알 수 있다.

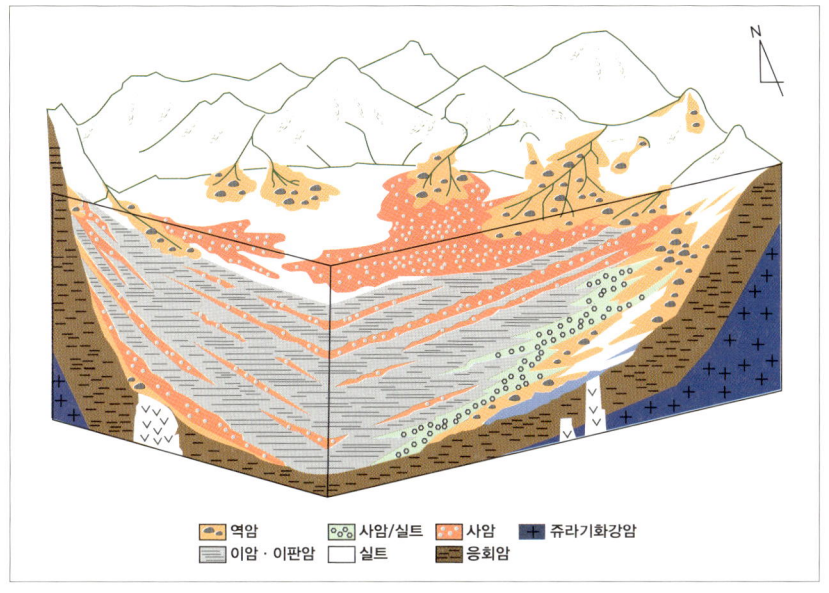

격포리층이 형성될 당시의 퇴적 환경 모델(자료 : 전승수). 여러 차례에 걸쳐 다양한 퇴적물이 교대로 쌓였다는 것을 알 수 있다.

조건에서 만들어진 퇴적암 절벽으로 역암과 황토가 뒤범벅된 채 퇴적, 산화되어 불그스름한 색조를 띤다. 두터운 적벽은 풍파에 씻기고 부서지면서 절벽 표면에 세로형의 줄무늬를 연이어 만들어놓았다. 그리고 해변에는 파랑에 침식되어 역암에서 떨어져 나온 형형색색의 둥근 자갈들이 파도에 휩쓸리고 있다.

적벽강에는 국제적으로도 희귀한 페퍼라이트(peperite)가 발견되고 있다. 물기가 많고 아직 고화되지 않은 퇴적물을 뜨거운 용암이 일시에 덮거나 그 속으로 파고들면 퇴적물 내부의 수분이 급격히 끓어올라 수증기의 폭발이 일어난다. 이 과정에서 퇴적물과 용암이 뒤섞여 굳은 퇴적암을 페퍼라이트라고 한다. 따라서 이 일대는 중생대 백악기 말의 화산 폭발에 의해 뜨거운 용암이 격포호수 안으로 흘러 들어와 맹렬하게 가스를 내뿜으면서 튀어올랐을 것이다. 채석강 일대의 해안을 제외한 변산반도국립공원의 산이 모두 화산 쇄설암인 것도 이를 뒷받침한다.

전 교수는 엄청난 열기를 지닌 화산 쇄설물이 물과 접촉할 때의 가공할

적벽강 일대에서 발견되는 페퍼라이트 단면. 페퍼라이트는 사람이 땅 위에 후추를 뿌려놓은 모양과 비슷하다고 하여 후추암이라 불린다. 검은색 부분은 진흙 성분이, 노란색 부분은 자갈 성분이 고열을 받아 식는 과정에서 암석화된 것이다.

적벽강에서 낚시를 즐기는 사람들(왼쪽)과 내변산 암봉들(오른쪽). 적벽강의 페퍼라이트와 내변산의 지질이 화산쇄설암이라는 사실은 퇴적 당시 격렬한 화산 활동이 있었음을 말해준다.

폭발력을 유지하기 위해서는 쉽게 냉각되지 않을 만큼 수심이 얕아야 하고, 분출구로부터의 이동 거리 또한 가까워야 한다고 말한다. 중생대 백악기 말 격포호수로 뜨거운 화산 물질이 유입될 때는 최대 수심이 70~80m 정도로 이전보다 얕았으며, 화산 분출구 또한 호수에 인접해 있었을 것으로 보인다. 전 교수는 이런 대규모의 화산 쇄설물이 곳곳에 쌓이면서 호수로 유입되는 퇴적물이 일시적으로 차단되거나 물길이 바뀌기도 하며 호수가 점차 얕아졌다고 설명한다.

결국 호수 가까운 곳에서 분출한 용암은 호수의 생명을 단축하는 역할을 한 것이다. 그 흔적을 격포리 퇴적층 위를 덮고 있는 유문암질 화산암에서 찾을 수 있다.

지형의 종합선물세트 같은 곳

격포리 퇴적층은 공룡 화석이 발견되는 경상남도 고성 덕명리와 전라남도 해남 우항리의 퇴적층과 거의 비슷한 시기에 형성되었다. 그런데 왜 이곳에서는 공룡 발자국 화석이 발견되지 않는 것일까?

격포리 퇴적층 위에 1~30m 두께로 쌓인 화산암의 층서(層序)로 보아 중생대 백악기에 이 일대는 화산 활동이 극심하여 공룡이 서식할 수 없는 환경이었으리라 추정된다. 공룡 알이나 뼈, 발자국 화석은 호숫가나 강가와 같은 얕은 층에서 발견되는데, 아직 이곳에서는 그러한 층이 발견되지 않았다. 그러나 어딘가에 하천의 범람원과 같은 조건에서 퇴적된 지층이 존재할 수도 있기 때문에 공룡이 밟고 지나가거나 공룡 시체가 홍수에 떠밀려와 퇴적된 흔적이 발견될 가능성을 완전히 배제할 수는 없다.

격포리 해안은 화산 활동의 흔적인 암맥(岩脈)과 페퍼라이트, 그리고 해식애, 해안단구, 해식동, 파식대, 습곡, 단층, 절리 등 지형학적, 지질학적 자료들이 넘쳐나 관련 연구자들이 반드시 다녀가는 답사 코스이기도 하다.

■■■ 플러스 이야기 상자 ■■■

위기에 처한 곰소만 젓갈의 명성

곰소만(위). 곰소염전(가운데). 곰소젓갈시장(아래). 값싼 중국산 소금이 들어오면서 국내에서 만들어진 양질의 천일제염을 찾아보기가 어렵게 되었다. 곰소젓갈시장에서는 곰소만의 소금으로 담근 각종 젓갈을 맛볼 수 있다.

격포에서 변산반도 남서쪽 모퉁이를 돌아가면 시원스레트인 곰소만이 펼쳐져 있다. '곰소'는 곰처럼 생긴 2개의 만(灣)과 앞바다에 깊은 소(沼)가 있어 붙여진 이름이다. 썰물 때 드러나는 곰소만의 드넓은 갯벌은 그야말로 장관이다. 이렇게 광활한 갯벌이 간척되지 않고 온전하게 살아남을 수 있었던 것은 곰소만으로 흘러드는 큰 하천이 없기 때문이다.

이곳은 원래 줄포만이라 불렸던 곳이다. 곰소만 안쪽에 위치한 줄포는 20세기 초 제물포, 군산, 목포와 함께 황해안의 4대 어항 가운데 하나였다. 그러나 줄포는 갯골이 펄로 메워지면서 어선의 출입이 어려워지자 어항의 기능을 바깥쪽에 있는 곰소에 넘겨주어야 했다.

곰소는 1920년대 염전 개발과 함께 조성된 어촌으로 줄포의 기능을 넘겨받아 큰 어장이 되었으며, 동시에 전국을 대표하는 젓갈 산지로 발전했다. 곰소만에 가면 사라져가는 풍경 중 하나인 염전을 볼 수 있다. 곰소에서 생산되는 천일염은 전국 으뜸의 품질을 자랑한다. 이 양질의 소금으로 곰소항의 명물인 젓갈이 탄생한 것이다.

젓갈 문화의 본산으로 다시 태어난 곰소에서는 새우젓을 비롯하여 꼴뚜기젓, 명란젓, 바지락젓, 갈치속젓 등 갖가지 젓갈류를 맛볼 수 있다.

황해의 풍성한 해산물과 곰소의 소금이 만나 2년 동안 발효되어 어우러진 젓갈의 맛은 가장 한국적인 맛으로 손꼽힌다. 얼마나 맛이 좋으면 전라도 음식 맛은 곰소에서 나온다는 말이 생겨났을까? 그러나 곰소도 갯골이 점차 펄로 메워지면서 어선이 드나들기가 어려워지고 있다. 그렇다면 곰소 또한 지금의 영화를 언젠가는 더 외곽에 위치한 격포에 넘겨주어야 할지 모른다.

너그러움이 흠뻑 묻어나는 어머니 산
덕유산

　소백산맥이 남으로 달리다가 추풍령에서 잠시 숨을 고른 뒤, 지리산으로 가는 길목에서 덕유산(德裕山)을 세상에 내놓았다. 덕유산은 주봉인 향적봉(1,614m)에서 시작하여 남으로 중봉(1,594m), 덕유평전(1,480m)을 지나 무룡산(1,491m), 삿갓봉(1,410m)을 거쳐 남덕유산(1,507m)에 이르는 장장 100리에 걸친 산이다.

　면적 229km²의 덕유산은 전라북도 무주군과 장수군, 경상남도 거창군과

덕유산 산세의 정수를 보여주는 덕유평전. 말 그대로 덕이 넘쳐날 정도의 넉넉함이 느껴진다.

덕유산 구천동계곡 상류에 자리 잡은 백련사(왼쪽). 사시사철 아름다움을 뽐내는 덕유산에 무주리조트가 들어서면서 더 많은 사람들이 찾고 있다(오른쪽).

함양군 등에 걸쳐 있으며 지리산, 소백산과 더불어 우리나라의 대표적인 육산이다. 또한 한라산, 지리산, 설악산에 이어 남한에서 넷째로 높은 산이기도 하다.

봄이면 드넓은 덕유평전에 빨간 철쭉이 만개하고, 여름이면 짙푸른 녹음이 더위를 식혀주며, 가을이면 오색 단풍이 불타오르고, 겨울이면 장쾌한 능선을 따라 피어난 설화가 넘쳐나 온 산을 고요한 평화로 덮는다. 이런 덕유산의 매력을 더 돋보이게 하는 것은 완만한 산릉으로 이어지는 유려한 산세와 무주구천동 33경의 경관이다.

덕이 넘치는 넉넉한 산세

향적봉에서 남덕유산까지 약 40km의 능선을 걷다 보면 육중하고 부드럽게 이어지는 산자락을 만나게 된다. 덕유산이라는 이름은 이처럼 덕이 넘쳐나는 듯 여유로운 산세와 모산(母山)과 같은 넉넉한 모습에서 나온 것이라고 한다.

덕유산이 이와 같은 유려하고도 장대한 산세를 갖게 된 것은 덕유산의 고산부를 이루는 지질이 선캄브리아대 변성암류인 편마암이기 때문이다. 덕유산의 편마암은 지리산의 편마암과 거의 같은 시기인 원생대 중기인

20억~18억 년 전에 형성된 것이다.

절리의 발달이 탁월한 화강암과 달리 수평으로 단단한 구조인 편마암은 절리의 발달이 저조해 다양한 암석 지형은 찾아보기 어렵다. 이런 편마암이 주를 이루는 덕유산 고산부는 표층에서 침식과 풍화가 수평으로 고르게 일어나 두터운 피복물로 덮여 있다. 그 결과 기반암의 노출이 적고 평탄한 산세를 띠게 되었다.

1,500m에 가까운 고지대에 드넓게 펼쳐진 덕유평전은 이런 완만하고 부드러운 느낌이 한층 더하다. '철쭉 꽃밭에서 해가 뜨고 진다'고 할 만큼 덕유산은 철쭉 군락지로도 유명하다. 특히 동엽령(1,320m)에서 중봉으로 이어지는 덕유평전 구간에서 가장 화려한 철쭉을 볼 수 있다. 1,000m 이상의

봄날 장쾌한 능선을 따라 피어난 철쭉은 덕유산을 천상의 화원으로 만든다.

높은 고도에 이런 구릉성의 평탄지가 생겨난 것은 고생대 이래 침식과 풍화로 평탄해진 구릉지대가 소백산맥이 형성되는 과정에서 높이 솟아올랐기 때문이다.

무주구천동계곡은 화강암계

덕유산에는 향적봉을 기점으로 무주구천동계곡, 칠연계곡 등 8개의 길고 큰 계곡이 발달해 있다. 그 가운데 가장 이름난 곳은 향적봉 기슭의 백련사에서 발원해 무주를 지나 설천에 이르기까지 약 28km를 흐르는 무주구천동계곡이다. 신선이 산다고 할 만큼 빼어난 절경을 뽐내는 이곳에는 13개의 대(臺)와 10개의 소, 그리고 여러 개의 폭포가 33가지의 신비경을 자랑하고 있다.

이와 같은 다양한 암석 경관은 무주구천동 일대가 고산부와 달리 화강암계열로 이루어져 있기 때문이다. 이 일대의 지질은 크게 외구천동 지역의 석영안산암과 내구천동 지역의 화강암질 편마암으로 나뉜다.

8,000만~7,000만 년 전 중생대 백악기 말 구천동 지역을 남북으로 양분하면서 관입한 석영안산암은 지표면 근처에서 냉각된 분출암으로 침식과 풍화에 강하여 주로 절벽 형태의 노출된 암상을 이룬다. 그리고 판상절리가 비교적 탁월하게 발달하여 수평에 가까운 하상 암반이 대규모로 발달한다. 제2경 은구암에서 제12경 수심대에 이르는 와룡담, 일사대, 학소대 등이 이에 속한다.

구천동 제13경 세심대에서 제30경 연화폭에 이르는 지역은 주로 화강암질 편마암으로 이루어져 있다. 이 일대는 절리가 불규칙적으로 발달하고, 석영암맥이 곳에 따라 습곡을 이루고 있어 담이나 소 등 다양한 하상 경관이 나타난다. 그 예로 수경대, 월하탄, 사자담, 호탄암, 구천폭포 등을 들 수 있다.

무주구천동 이름의 유래

심산유곡의 대명사인 무주구천동의 이름에 대해 여러 가지 설이 전해진다. 《박문수전(朴文秀傳)》에 의하면, 이 골짜기에 구 씨(具氏)와 천 씨(千氏)가 함께 살면서 집안 싸움을 하는 것을 어사 박문수가 해결해준 뒤부터 구천동(具千洞)이라 불리다가 지금의 구천동(九千洞)으로 바뀌었다고 한다.

그리고 조선 선조 때 이조판서를 지낸 임훈(林薰, 1500~1584)이 1552년에 덕유산을 직접 등반하고 기술한 《등덕유산향적봉기(登德裕山香積峰記)》에 다음과 같은 기록이 있다. "이곳은 이른바 구천둔(九天屯) 골짜기라고 한다", "옛날 이 골짜기에 성불공자(成佛功者) 구천인(九千人)이 있었던 까닭에 이같이 이름했는데, 그 터가 있는 곳은 알지 못하며 예부터 전해오는 말로는 '산이 신비해서 보이지 않을 뿐이다'라고 전한다."

그 밖에 '구(九)'라는 글자에는 아홉뿐만 아니라 구우일모(九牛一毛), 구척장신(九尺長身)에서처럼 '크다' 또는 '길다'는 뜻도 있기 때문에 '긴 골짜기'라는 뜻에서 '구'를 취하고, 이를 강조하기 위해 '천(千)'을 덧붙여 '구천'이라 했다는 이야기도 있다. 30km에 가까운 긴 골짜기를 단순히 '심곡(深谷)'이라 표현하기에는 뭔가 아쉬움이 남았을 테니, 이 또한 일리 있는 추측이라 하겠다.

무주구천동 일대에 다양하고 특이한 암석이 많은 것은 이곳이 화강암질 편마암으로 이루어졌기 때문이다.

히말라야가 연상되는 덕유산의 설경

겨울철 덕유산에는 히말라야가 연상될 정도의 아름다운 설경이 펼쳐진다. 특히 향적봉에서 중봉에 이르는 구간의 구상나무와 주목 군락에 피어난 눈꽃송이는 만지면 터질 듯 소담스럽다. 무주리조트의 스키장이 말해주듯이 덕유산 일대는 우리나라에서 눈이 많은 곳 가운데 하나로 손꼽힌다. 그 이유는 덕유산이 한반도 남부를 동과 서로 가르는 소백산맥에 자리하고 있기 때문이다.

겨울에는 시베리아 고기압의 확장으로 대륙의 찬 공기가 황해를 건너며

겨울철 황해를 지나며 수증기를 잔뜩 공급받은 대기가 내륙으로 진입하면서 덕유산의 산사면을 타고 강제 상승하여 많은 눈을 만든다.

수증기를 흠뻑 머금고 빠른 속도로 내륙으로 진입한다. 계속 이동하던 대기는 높이 솟아오른 소백산맥의 산사면에 부딪혀 강제 상승을 하게 되는데, 이 과정에서 단열팽창으로 냉각되어 눈으로 내리는 것이다. 무주의 적상산(1,034m)과 두문산(1,051m), 거창의 투구봉(1,274m), 대봉(1,300m) 등에 눈이 많이 내리는 것도 같은 이유 때문이다. 또한 이 지역에는 같은 이유로 비도 많이 내린다. 무주의 2,177mm(2003년), 1,339.5mm(2004년), 거창의 1,547.8mm(2004년), 1,244.9mm(2005년)는 우리나라 연평균 강수량 1,200mm를 훨씬 뛰어넘는 수치이다.

동과 서, 영남과 호남의 문화적 차이를 낳은 덕유산맥

소백산맥이라는 자연적인 장벽 때문에 무주를 중심으로 하는 서쪽의 호남 지방(전라도)과 거창을 중심으로 하는 동쪽의 영남 지방(경상도)은 언어와 생활 습관, 풍토 등에서 상당한 차이를 보이게 되었다.

이 일대는 과거 신라와 백제가 각축전을 벌이던 곳으로, 삼국 시대에도 이미 두 지역 간에는 문화적 차이가 적지 않았다. 그 경계에 위치한 석견산(404m)에는 소천리 설천과 현내리 무풍을 잇는 나제통도(羅濟通道)라는 고갯길이 있었다. 이 고갯마루를 경계로 동쪽의 무풍은 신라의 무산(茂山) 땅이었으며, 서쪽의 설천과 적상면은 백제의 적천(赤川) 땅이었다.

이 나제통도가 바로 오늘날 무주구천동 33경 가운데 제1경인 나제통문 (羅濟通門)이다. 이런 역사적 사실 때문에 나제통문이 삼국 시대에 만들 어졌다고 잘못 알고 있는 이들이 많다. 그러나 나제통문은 일제 강점기에 우마차의 통행을 위해 석견산 자락을 뚫으면서 생긴 것으로, 처음에는 설 천굴로 부르다가 1963년부터 나제통문이라 부르게 되었다.

개발과 보존의 기로에 선 덕유산

원시림에 가까울 만큼 풍성한 삼림을 이루고 있는 덕유산에는 검독수리, 까막딱따구리, 사향노루 등의 희귀종을 비롯해 약 600여 종의 동식물이 서 식하고 있다. 게다가 이곳은 한반도의 북방계와 남방계 식물이 서로 얼굴 을 맞대고 자라는 독특한 생태 구조를 가졌다.

특히 향적봉에서 중봉에 이르는 8부 능선에는 수령 300~500년인 주목과 구상나무가 1,000그루 넘게 천연 군락을 이루고 있다. 그래서 한국의 식생 경관 가운데 보존 가치가 가장 높은 고령의 극상림(極上林) 지구에 속한다. 이처럼 덕유산 일대는 생물학적, 지리학적으로도 매우 중요한 곳이다.

1997년 동계 유니버시아드 대회 개최를 위해 1988년부터 스키장, 골프

무주구천동 33경 가운데 제1 경인 나제통문은 신라와 백 제가 각축전을 벌였던 곳이 다(왼쪽). 덕유산 아래로 전북 장수와 경북 함양을 연결하 는 육십령고개가 놓여 있다 (오른쪽).

인간의 탐욕과 무지로 제자리를 잃어버린 자연의 모습은 너무나 처참하다. 설천봉 고사목이 끝내 죽고 말았다.

장 건설 등으로 시작된 무주리조트 개발은 덕유산의 자연 자원과 생태계를 크게 훼손했다. 이후 크고 작은 개발이 계속되면서 해발고도 850~960m 부근에는 골프장이, 향적봉 바로 아래인 설천봉 부근에는 1,480m까지 스키 슬로프가 건설되었다.

산꼭대기까지 파헤치며 스키장을 만드는 바람에 많은 동식물이 서식처를 빼앗기고 쫓겨갔다. 또한 설천봉 스키장 옆의 주목이 끝내 고사한 것처럼 건설 현장 주변의 많은 주목과 구상나무가 말라죽었다.

덕유산의 운명은 이렇게 바람 앞에 놓인 등불처럼 위태롭기만 하다. 인간의 탐욕과 무지에 오랜 시간 지켜온 생명의 터를 잃은 자연의 모습이 처참하고 안쓰럽다. '살아 천 년 죽어 천 년'을 간다는 의연한 주목 앞에서 백 년도 못 사는 인간이 저지르는 이 오만한 행태는 이제 그만 중지되어야 한다.

■■■ 플러스 이야기 상자 ■■■

적상산 산정호수 형성의 비밀

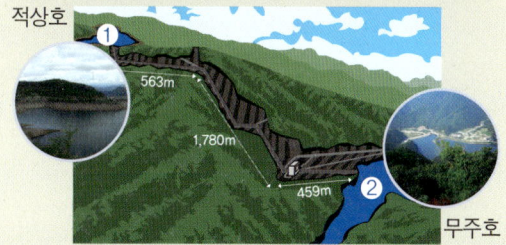

깎아지른 듯한 바위 절벽이 천연의 요새를 연상케 하는 적상산(위). 상부의 적상호(①)에서 떨어뜨려 발전한 물을 무주호(②)에 가두었다가 심야 전력을 이용해 다시 상부로 퍼올린다(아래).

이곳은 산세가 난공불락의 요새를 방불케 하여 일찍이 백성들이 난을 피해 많이 숨어들었다고 한다. 이런 곳에 산성이 없을 리가 없다. 해발고도 1,000m 부근에 적상산성이 자리 잡고 있는데, 고려 말 왜구의 빈번한 침입으로 백성들이 무참히 도륙당하는 가운데 이곳이 안전지대임을 간파한 최영 장군의 건의로 축조한 것이다. 산성으로 둘러싸인 정상부의 북서쪽 바로 아래 해발고도 860m 부근에는 깊게 파인 곡지(谷地)에 댐을 쌓아 물을 가둔 호수, 즉 적상호가 있다. 험준한 산의 정상부에 이렇게 호수를 만든 이유는 무엇일까?

이 호수에서 북동쪽으로 약 1.5km 떨어진 곳의 아랫부분, 즉 해발고도 271m의 높이에 적상호의 네 배 규모로 자리한 무주호와 함께 놓고 보면 그 해답을 찾을 수 있다. 이 두 호수는 양수 발전을 위해 만들어졌다. 전력 요금이 싼 심야에 하부의 무주호에 저장했던 물을 전동기를 이용해 상부의 적상호로 끌어올려 저장했다가, 전력 수요가 많은 시간에 다시 589m의 인공 낙차(지하도수 터널 길이 2.5km)로 발전기를 돌려 전력을 생산한다. 1995년에 완공된 무주양수발전소는 30평 아파트 약 400세대가 들어설 수 있는 거대한 지하공간을 갖추고 전력을 생산하고 있다.

한편 적상산은《조선왕조실록》을 보관했던 5대 사고(史庫) 가운데 하나였다. 임진왜란 때 많은 사료들이 불타 없어지자 지방 대도시에 있던 사고들이 마니산, 태백산, 묘향산 등 깊은 산중으로 옮겨졌는데, 적상산사고는 그 중 묘향산 사고가 후에 옮겨온 것이다. 적상산에는 사고 이외에도 1612년(광해군 4년)에 실록전(實錄殿)이, 1614년에 사각(史閣)이 세워졌으며 1641년(인조 19년)에는 왕실의 족보를 보관하는 선원각(璿源閣)이 세워졌다. 본래 사고가 있던 자리는 적상호를 만들 때 수몰되었고, 호수 위쪽에 있는 현재의 사고는 이후 복원한 것이다.

백두대간의 허리에 자리한 덕유산에서 북서쪽으로 뻗은 지맥 끝자락에는 덕유산에 버금가는 비경을 간직한 적상산(赤裳山)이 솟아 있다. '적상'은 깎아지른 듯한 바위 절벽이 산허리를 띠처럼 둘러싸고 있고, 또 그 주변을 붉은 단풍이 품에 안듯 감싸고 있는 모습이 마치 빨간 치마를 두른 듯하여 붙은 이름이다.

적상산의 지질은 약 9,000만 년 전인 백악기 말 주변의 높은 산지에서 하천을 타고 내려온 자갈, 모래 등이 무주분지에 퇴적된 후 굳은 역암이다. 두께 400m의 이 역암층은 융기한 뒤 단층선을 따라 오랫동안 침식을 받아 성곽 모양의 험준한 산세를 이루게 되었다.

말의 귀를 닮은 천연 콘크리트
마이산

마이산을 이루는 두 봉우리가 마치 한 쌍의 부부같다. 왼쪽이 수마이봉, 오른쪽이 암마이봉이다.

무주, 진안, 장수의 앞 글자만을 따온 무진장이라는 이름으로 잘 알려진 전라북도 진안군. 대전~통영 간 고속도로에서 무주나들목을 빠져나와 30번 국도를 타고 진안읍으로 가다 보면 말의 귀를 닮은 2개의 커다란 바위산이 우뚝 솟아 있다. 바로 마이산(馬耳山, 673m)이다.

마이산은 역사적으로 매우 다양한 이름으로 불렸다. 삼국 시대에는 서다산, 고려 시대에는 용출산, 조선 초기에는 속금산이라 했으며, 조선 태종

때부터 마이산이라는 이름이 붙었다. 그리고 계절에 따라 봄에는 돛대봉, 여름에는 용각봉, 가을에는 마이봉, 겨울에는 문필봉으로 부르기도 한다.

산태극, 수태극을 이루는 풍수명당

소백산맥과 노령산맥의 접경 지역에 넓게 펼쳐진 해발고도 400m 이상의 진안고원에 솟아 있는 마이산은 수마이봉(667m)과 암마이봉(663m)으로 이루어진 세계 유일의 부부봉(夫婦峯)이다. 웅천하는 기상과 위용이 넘쳐나는 수마이봉은 인간의 접근을 불허하지만, 지상의 기운을 포용하듯 온화한 자태의 암마이산은 등산객을 보듬어 안는다.

모양부터 범상치 않은 마이산에 전설이 없을 리 없다. 옛날에 산신 부부가 인간 세계에서 죄값을 다 치르고 하늘로 승천하려다 여신이 늦장을 부리는 바람에 사람들에게 들켜 그대로 굳어버렸다. 이에 남편 산신이 화를 냈고, 결국 부부는 옥신각신 다툼을 벌이다가 서로 등을 보이며 돌아앉은 형상이 되었다고 한다.

마이산은 풍수지리적으로 S자형의 산(山)태극과 수(水)태극의 한가운데 있기 때문에 영험한 기운이 움트는 곳이기도 하다. 마이산을 중심으로 북으로는 운장산, 대둔산, 계룡산으로, 남으로는 팔공산과 지리산으로, 서로는 만덕산과 모악산으로, 동으로는 덕유산과 민주지산으로 이어지는 산맥들이 십자형으로 산태극을 이룬다. 그리고 암마이봉과 수마이봉 사이에 있는 천황문을 분수령으로 하늘에서 떨어지는 빗줄기가 북쪽으로는 금강, 남쪽으로는 섬진강을 만들어 수태극을 이룬다.

거대한 천연 콘크리트 더미

마이산은 멀리서 보면 거대한 바위 덩어리가 마주보고 서 있는 것 같지만, 가까이 다가가 보면 수많은 자갈과 모래가 얽히고설킨 역암으로 이루어졌음을 알 수 있다. 이렇게 자갈과 모래가 섞인 역암 이외에는 흙 한 줌 찾아볼 수 없는 마이산은 흔히 거대한 천연 콘크리트 더미에 비유되곤 한다.

마이산은 거대한 수성 역암체로 자갈, 모래, 시멘트를 함께 버무려놓은 콘크리트와 같은 모습이다.

진안고원에 용의 뿔처럼 우뚝 솟아 있는 마이산은 그곳에 터를 잡고 살아가는 사람들의 영적 지주나 다름없다. ⓒ강태웅

수마이봉 중간부에 있는 화엄굴(사진 속 사진). 화엄굴의 샘물을 마시면 아들을 낳는다는 속설이 전해온다.

마이산 역암 속의 크고 작은 자갈들은 대개 둥근 모양으로, 이러한 자갈은 물에 의한 마식으로 만들어진다. 이는 현재의 마이산 자리가 아주 오랜 옛날에는 호수나 강가였다는 뜻이다.

이 일대는 중생대 백악기 말에는 거대한 호수였다. 그 당시 호수 바닥에 쌓인 퇴적층의 일부가 지반이 융기한 이후 오랜 기간 침식을 받아 지표에 모습을 드러낸 것이다. 30여 년 전 마이산 남부 입구에서 발견된 쏘가리를 닮은 민물고기와 조개껍질 화석이 이러한 사실을 증명해준다.

마이산 형성의 비밀, 진안분지

마이산은 중생대 백악기 말, 진안분지에서 형성된 퇴적암이 오랜 세월에 걸쳐 융기와 침강을 반복하면서 차별침식을 받아 지금의 모습으로 남은 것이다. 그러므로 마이산의 역사를 알기 위해서는 진안분지가 처음 만들어진 중생대 백악기 말로 거슬러 올라가야 한다.

중생대 백악기 말에는 전국적으로 대규모의 지각 변동이 일어나 여러 곳에 오목한 분지 지형이 생겨났다. 작게는 여의도의 20~100배, 크게는 경상도 전역을 포괄하는 엄청난 규모의 이 분지들은 당연히 주변보다 낮은 지대를 형성했고, 점차 그 안에 물이 흘러들면서 호수로 변해갔다. 그리고 호수로 흘러드는 물의 힘에 의해 다량의 퇴적물이 호수 바닥에 쌓였다. 이러한 퇴적물은 점차 매몰되어 지하 깊은 곳에 퇴적암층을 형성했다. 마이산의 역암은 이렇게 만들어진 퇴적암층이 지각 변동을 겪으며 융기하여 지표에 노출된 것이다.

진안분지는 영남육괴(소백산육괴)와 옥천조산대 사이에 북동~남서 방향으로 난 단층선을 두고 2개의 지각이 서로 반대 방향으로 움직여 사다리꼴 형태로 지반이 꺼져내린 후, 이곳에 만들어진 호수에 퇴적층이 두껍게 쌓여 형성되었다.

전북대학교 지구환경과학부 이영엽 교수(층서학)는 이곳에서 발견되는 식물 화석으로 볼 때 분지 내에 퇴적물이 쌓이기 시작한 것은 중생대 백악기 말인 1억~9,000만 년 전이라고 추정한다.

이 교수는 1992년 진안분지 내부의 퇴적암상이 크게 역암, 사암, 그리고 사암과 이암의 호층(互層)으로 이루어져 있음을 확인하고, 마이산 역암층이 고지대에서 호수로 이어지는 선상지, 삼각주 등에서 형성되었음을 밝혀냈다. 즉 호수 주변을 둘러싼 고지대의 선캄브리아대 변성 퇴적암과 중생대 화강암이 진안분지의 기원이 되었다고 할 수 있다.

따라서 마이산은 역암층의 일부로 과거 진안분지 주변의 고지대와 호수 사이에서 선상지의 일부가 퇴적되어 굳어진 후 융기한 것이다. 분지 중심으로 갈수록 입자의 크기가 작아지기 때문에 호수로 흘러드는 상류로부터 선상지 평원, 그리고 선상지에서 삼각주로 이어지는 지형이 함께 존재한 것으로 보인다.

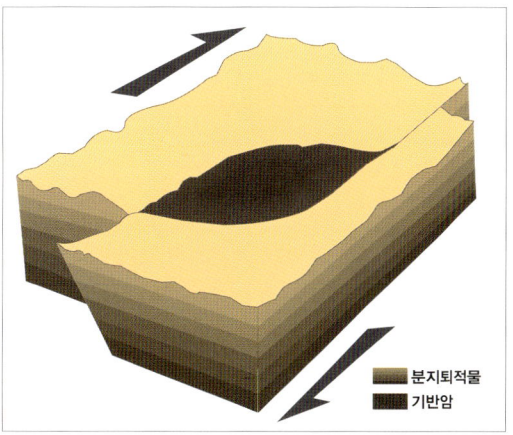

한반도 남쪽에 분포하는 중생대 백악기 퇴적분지(위). 진안분지 형성 모식도. 진안분지는 암반의 약한 틈을 따라 형성된 단층선 사이로 두 지각이 반대 방향으로 움직이면서 중심부가 내려앉아 형성되었다(아래, 자료 : 이영엽).

마이산의 형성 과정

　　마이산 역암층은 진안분지의 북동쪽 가장자리를 따라 북동~남서 방향으로 길게 분포하는 두께 약 2km의 퇴적층이다. 이 역암층은 거의 전 층이 역암으로 구성되어 있으나, 금당사와 동촌리 부근에는 두께 약 30m의 사암과 이암 및 셰일층이 층층으로 쌓여 있어 퇴적 환경이 호수였음을 알 수 있다.

　　마이산 역암층을 구성하는 역(礫, 지름 2mm 이상의 암석 파편)의 크기는 최대 1m나 될 정도로 거대하고, 모서리의 마모가 심하지 않은 편이다. 이는 지리산, 치악산 등과 같은 깊은 계곡의 상류에서나 볼 수 있는 것으로, 역이 상당히 먼 거리에서 이동해왔음을 뜻한다. 또한 역의 입도(粒度) 분포가 전반적으로 북동쪽으로 갈수록 커지고 남서쪽으로 갈수록 작아지는 것으로 보아 퇴적 당시 하천이 북동쪽에서 남서쪽으로 흘렀다는 사실을 알 수 있다.

　　마이산 역암층이 퇴적된 백악기의 기후는 온난하면서도 건조하여 큰 강을 이룰 정도의 비는 내리지 않았다. 그렇다고 소규모 하천이 이 거대한 역암들을 실어 날랐을 리는 없다. 따라서 간헐적으로 내린 폭우와 이로 인한 대홍수가 여러 차례 반복되면서 분지 주변의 고지대에 있던 화강암질 편마암과 규암 등을 쓸고 내려왔으리라 추정해볼 수 있다.

　　이 교수에 의하면, 진안분지는 지하 깊은 곳에서 굳은 후 약 4,000만 년 동안 지각이 양쪽으로 물러났다가 밀려들어오는 침강과 융기를 8회 이상 반복하면서 400m 이상 솟아올랐다고 한다.

　　상승 직후에는 비교적 평탄한 고원이었으나 암상별로 강도나 풍화의 특성이 달라 침식 정도에 차이가 생기기 시작했다. 이후 분지 내부의 퇴적암 지역보다 주변부의 화강암질 편마암 지역이 빠르게 깎여나가 거꾸로 진안분지가 높은 고도에 남게 되었다.

　　진안분지가 상승하면서 마이산 역암층도 함께 상승했다. 이 과정에서 다른 암상보다 침식에 강한 마이산 역암층이 덜 깎여나가 현재와 같은 높은

광대봉에서 바라본 마이산. 마이산 역암층군이 나옹암과 광대봉을 거쳐 내동산까지 길게 이어져 이를 '마이산~내동산 벨트'라고 한다.

봉우리들이 생겨났다. 또한 마이산 역암층은 분지의 모서리 부분에 있었기 때문에 단층의 이동에 따른 응력(應力)을 가장 많이 받아 여러 개의 단층선이 발달했다. 이 단층선을 따라 차별침식이 계속적으로 이루어져 현재의 마이산과 같은 돔 모양의 뾰족한 봉우리가 남은 것이다.

벌집 모양의 독특한 풍화혈, 타포니

마이산 암마이봉과 수마이봉 사이의 천황문에서 남쪽 계단을 따라 조금 내려가면 은수사와 탑사가 있다. 이곳에서 마이산 봉우리의 남쪽 사면을 올려다보면 바위 표면에 포탄 세례를 맞은 듯 군데군데 커다란 구멍들이 군집을 이루고 있는 모습이 보인다.

역암이 지표에 노출되어 풍화와 침식을 받으면 역 주위의 점토나 모래가 먼저 풍화되어 역이 그 자리에서 쉽게 빠져나가게 된다. 잇몸이 부실해지면 이가 쉽게 빠지는 것과 같은 원리이다. 이렇게 차별침식으로 생긴 벌집 같은 구멍을 타포니(tafoni)라고 부른다.

타포니는 주로 화강암류의 결정질 암석에 발달하는 미(微)지형으로 대부분은 과거의 지형과 기후 조건에서 형성되었다. 이화여자대학교 사회생활과 성효현 교수(지형학)는 마이산의 타포니는 신생대 제4기의 빙하기와 뒤이어온 한랭기와 같은 특수한 기후 조건에서 집중적으로 발달했다고 설명한다. 빙하기에는 기계적, 화학적 풍화 작용과 서릿발 작용이 활발해져 융해와 동결이 반복되는 과정에서 풍화가 급격히 진행되기 때문이다.

물론 오늘날에도 마이산에서 암괴나 암설의 낙하 현상이 관찰되고 있고, 타포니 내부의 암석이 변색되지 않고 있어 비록 속도는 느리지만 현재도 타포니의 형성이 계속되고 있는 것으로 볼 수 있다.

마이산 타포니의 특징 가운데 하나는 남쪽 사면, 그것도 60°이상의 급경사면에만 분포한다는 것이다. 그 이유는 북쪽 사면은 식생과 토양으로 덮여 있어 풍화가 덜하지만 남쪽 사면은 태양열에 의한 온도와 습도의 차가

암마이산 중턱 남쪽 사면의 타포니. 마이산 타포니의 형성은 일사와 건조, 안개 등 기상 환경과 밀접한 관계가 있다. 동계와 하계의 기상을 관측한 결과, 동일 조건의 지형면일지라도 남쪽 사면과 북쪽 사면 사이에는 10℃ 이상의 기온 차가 있다.

커 풍화가 잘 일어나기 때문이다.

세계적으로도 매우 드물게 대규모 군집을 이루고 있는 마이산 타포니는 역암 풍화의 전형으로 학계의 많은 관심을 끌고 있다. 또한 암마이봉과 수마이봉의 암체에서 떨어져 나간 크고 작은 암석들은 마이산 탑사의 돌탑을 쌓는 데 기초가 되어 또 하나의 신비를 빚어냈다.

중력을 거스르는 마이산 탑사 역고드름 현상의 비밀

마이산에 위치한 탑사에서는 중력의 법칙에 역행하는 역고드름 현상을 목격할 수 있다. 역고드름 현상은 물이 얼어 만들어지는 고드름이 아래로 자라는 것이 아니라 하늘을 향해 위로 자라는 것을 말한다. 마이산 탑사에서는 크기가 10~35cm까지 다양한 역고드름이 만들어진다. 어떤 원리일까?

접시에 담아 놓은 물은 기온이 영하권으로 내려가면 가장자리부터 가운데 쪽으로 언다. 물은 얼면서 점차 부피가 팽창하는데, 이때 가운데의 덜 얼어붙은 구멍의 표면으로 팽창한 물의 일부가 압력에 의해 밀려나와 얼음 위를 타고 밖으로 이동하면서 얼음 가장자리에 달라붙어 얼음기둥이 생긴다. 얼음기둥은 점차 위쪽으로 자라 마치 얼음이 하늘을 향해 거꾸로 자라는 것처럼 보인다.

마이산 탑사의 역고드름 현상. ⓒ진안군청

이러한 역고드름 현상은 기온이 급격히 떨어지고, 매우 건조한 환경에서 나타난다. 마이산 탑사는 내륙산간 고지대로 겨울철 기온이 급랭하기 쉽고 마이봉과 암마이봉 사이에 위치하여 바람의 영향을 덜 받아 역고드름 현상이 일어나기 유리한 조건에 있다. 진안군은 2011년부터 마이산 경내에 정화수 그릇 100여 개를 설치해 '마이산 역고드름 체험장'을 운영하고 있다.

■■■■ 플러스 이야기 상자 ■■■■

백 년 세월에도 변함없는 탑사 돌탑 축조의 비밀

탑사 돌탑군(왼쪽)과 천지탑(오른쪽). 탑사의 돌탑은 아무리 심한 바람이 불어도 결코 쓰러지지 않아 마이산의 명물로 알려져 있다. 주탑인 천지탑이 한 쌍의 부부처럼 탑사 한가운데 자리 잡고 있어 산세와 잘 어울린다.

마이산은 우리에게 탑사의 돌탑으로 더 잘 알려져 있다. 자연이 만든 신비의 극치가 마이산이라면 인간이 만든 신비의 절정은 탑사의 돌탑일 것이다.

마이산 남쪽 수마이봉의 허리를 끼고 있는 탑사의 돌탑은 100여 년 전 이갑용(李甲龍, 1860~1957) 처사가 쌓아 만든 것이다. 처음에는 속세의 백팔번뇌에서 해탈한다는 의미로 108기의 탑을 쌓았으나 현재에는 80여 기만 남아 있다.

100여 년의 풍상을 견뎌낸 돌탑의 축조 비법은 오랫동안 소문만 무성할 뿐 과학적으로 설명되지 않아 불가사의로 생각되었다.

이 처사가 돌탑을 쌓아 올리는 과정을 보면서 자랐던 장손 이왕선 씨는 평생을 바쳐 돌탑을 쌓은 이 처사의 숭고한 정신을 기리기 위하여 끝까지 비밀을 지키려 했다. 그러나 "이 처사가 염력으로 돌을 움직였다" 또는 "조성 기간이 200년이다" 등 상식적으로 받아들이기 어려운 소문이 진실로 굳어지는 것을 염려하여 1996년 1월 8일 그 비밀을 세상에 공개했다.

돌탑에는 외줄탑과 원추형 탑이 있다. 외줄탑은 맷돌만 한 크기의 돌들을 밑에서부터 차례로 쌓아 올린 것이고, 원추형 탑은 크고 작은 돌들을 포물선을 그리며 쌓아 올려 기단부를 만들고 그 위에 다시 외줄탑을 쌓아 올린 것이다.

외줄탑은 양쪽에서 두 사람이 사다리를 걸쳐놓은 뒤 바윗덩이를 등에 하나씩 짊어지고 올라가 차례대로 쌓아 올린다. 그리고 원추형 탑은 피라미드형 하단부를 먼저 쌓아 올린 뒤 경사가 급해지면 우물 정자형의 디딤대를 둘러 엮어 그것을 딛고 쌓아 올린다. 그리고 탑이 높아지면 기존의 디딤대 위에 보다 작은 크기의 우물 정자형 디딤대를 만들어 쌓아 올린다. 이 처사는 이런 방식으로 돌탑을 완성하고 맨 위에서부터 거꾸로 디딤대를 철거하면서 내려온 것이다.

하늘과 땅이 만나는 곳
호남평야

　목포행 열차에 몸을 싣고 남쪽으로 2시간 반가량을 내려가면 충청남도 논산으로 접어든다. 논산을 벗어날 때쯤이면 차창 밖의 풍경이 이전과 사뭇 다르다는 것을 느낄 수 있다.

　드넓은 벌판과 거대한 하늘 사이로 작은 구릉들이 간간이 모습을 드러낼 뿐 산이라고는 도무지 찾아볼 수가 없다. 특히 전라북도 함열을 지나 익산, 김제, 정읍에서는 눈이 시원해질 정도로 탁 트인 풍경을 만날 수 있다. 시

가도 가도 끝없는 호남평야. 추수가 끝난 가을 들녘에서 한적함이 느껴진다. 호남평야는 우리나라에서 유일하게 지평선을 볼 수 있는 곳이다.

베리아의 대평원을 보는 듯한 이곳이 바로 한반도 남서부에 자리한 호남평야이다.

하천의 하류에는 대개 상류에서 실려 내려온 토사가 오랜 세월 쌓여 충적평야가 발달한다. 한강 하류의 일산평야와 김포평야, 금강의 논산평야, 만경강의 만경평야, 동진강의 김제평야, 영산강의 나주평야, 낙동강의 김해평야가 그러한 예이다.

이 가운데 만경평야와 김제평야를 아울러 호남평야라 한다. 호남평야는 전주, 익산, 정읍, 군산, 김제의 5개 시와 완주, 부안, 고창의 3개 군에 걸쳐 있으며 남북 길이 약 90km, 동서 길이 약 50km, 면적 3,604km²로 한반도에서 가장 넓은 평야지대이다. 이곳에서 생산되는 쌀은 연 90만t 내외로 전국 쌀 생산량의 15%를 상회하여 우리나라 최대의 곡창지대라는 명성을 이어가고 있다.

징게 맹경 외에밋들

호남평야는 조정래의 장편소설 《아리랑》의 무대가 된 곳으로 그 광활함이 다음과 같이 묘사되어 있다.

> 그들 세 사람은 걸어도 걸어도 끝도 한정도 없이 펼쳐져 있는 들판을 걷기에 지쳐 있었다. 그 끝이 하늘과 맞닿아 있는 넓디나 넓은 들녘은 어느 누구나 기를 쓰고 걸어도 언제나 제자리에서 헛걸음질을 하고 있는 것 같은 착각에 빠지게 만들었다. 그 벌판은 '징게 맹경 외에밋들'이라고 불리는 김제평야와 만경평야로 곧 호남평야의 일부였다. 호남평야 안에서도 김제벌과 만경벌은 특히나 막히는 것 없이 탁 트여서 한반도 땅에서는 유일하게 지평선을 이루어내고 있는 곳이었다.

이곳 사람들은 김제와 만경을 '징게 맹경'이라 하고, 막힘없이 탁 트인 너른 들판을 '외에밋들'이라고 부른다.

호남평야는 하늘과 땅, 인간이 만나는 곳으로 우리나라에서 지평선을 볼 수 있는 유일한 장소이다. 또한 이곳은 흙이 기름진 넓은 평야지대일 뿐만 아니라 여름철 기후가 고온다습해 벼농사가 발달했다. 그래서 일찍이 농경 생활의 주요 무대가 되었는데, 삼한 시대에 축조된 김제의 벽골제는 이를 보여주는 한국 최고(最古)의 수리 시설이다.

구릉지에 자리 잡은 김제시 죽산면 죽산리 명량마을에서 바라본 호남평야 들녘. 일제 강점기 이전까지 주민들이 살던 곳은 들 주변의 구릉지였다. 이후 개간과 간척으로 평지에서 농사가 활발히 이루어지면서 들녘에 집이 하나 둘 생겨나자 구릉지에서 들로 삶의 터전이 점차 확대되었다.

호남평야의 호남은 어디인가

전라도를 가리키는 호남(湖南)이라는 말은 어디서 유래한 것일까? 호남 이외에도 호서(湖西), 기호(畿湖) 등 '호'자가 들어간 지역 명칭이 많은데, 호남의 '호'에 관해서는 제천의 의림지, 김제의 벽골제, 금강(錦江) 등으로 보는 견해와 중국의 지명을 따온 것으로 보는 견해가 있다. 동국대학교 지리교육과 오홍석 명예교수(역사·취락지리학)에 따르면, 호남의 '호'는 호수를 의미하는 것으로 중국의 양쯔 강 유역에서 호수의 북쪽을 호북, 남쪽을 호남이라 부르는 데에서 유래했다고 한다.

지리학계에서는 일반적으로 '호'를 금강으로 본다. 지금은 수리 사업으로 정비가 되었지만 과거에는 금강에 호수처럼 보이는 구간이 많았기 때문이다. 또한 금강을 호강(湖江)이라고도 했다는 《동국여지승람》의 기록도 이를 뒷받침해주고 있다. 이런 견해를 따른다면 호남은 금강 이남 지역을 뜻하는 말이 된다. 이는 전라남북도를 아우르는 실제 용례와도 일치한다.

화강암의 차별침식으로 생겨난 들녘의 언덕배기 구릉들

평야는 크게 하천이 실어온 토사가 쌓인 충적평야와 오랫동안 산지가 깎여나가 평탄해진 침식평야로 나뉜다. 호남평야는 충적평야와 침식평야가 함께 발달한 곳으로, 만경강과 동진강이 만든 충적평야 이외에 곳곳에 해발

호남평야를 만든 동진강(왼쪽)과 만경강(오른쪽)의 하구.

고도 5~25m의 작은 구릉성 산지가 산재한 침식평야가 발달해 있다. 이러한 저기복의 구릉성 산지를 저위평탄면이라 하는데, 대체로 작은 소나무 숲이 군락을 이룬 가운데 마을이 들어서 있다.

호남평야의 기반암은 중생대 쥐라기인 1억 8,000만~1억 3,000만 년 전에 관입한 대보화강암으로 충청남도 강경과 논산~전라북도 익산과 김제~전라남도 영광까지 남쪽으로 길게 뻗어 있다. 오랜 세월 지하 깊은 곳에서 심층 풍화를 받은 이 화강암은 표면의 풍화물이 제거되어 지표에 노출된 후 침식, 삭박(削剝)이 계속되어 평탄해졌다. 이 평탄해진 침식면이 주변의 여러 하천에 의해 차별침식을 받는 과정에서 군데군데 침식을 적게 받은 구릉지가 생겨났다. 즉 오늘날 호남평야 주변에 발달한 저기복의 구릉지들은 화강암이 깎여나가고 남은 잔류 지형으로 호남평야의 절반 가까이를 차지한다.

작은 하천들이 만들어낸 커다란 충적지

진안고원이나 모악산 등의 노령 산지에서 발원하여 호남평야를 가로질러 흐르는 만경강과 동진강, 그리고 그 지류인 부용천, 원평천, 탑천 등에는 해발고도 3~10m의 넓은 충적지가 발달해 있는데, 하천의 규모에 비해 충적지의 규모가 상당히 크다. 호남평야 일대의 작은 하천들이 어떻게 이

런 커다란 충적지를 만들 수 있었을까?

  호남평야의 충적지는 만경강은 삼례읍, 동진강은 신태인이 자리한 지점을 기준으로 상류와 하류 지역에서 동시에 퇴적이 진행되어 형성된 것으로 보인다. 상류에서는 만경강과 동진강이 실어온 토사가 하천 양안을 중심으로 퇴적되면서 충적지가 생겨났다. 이와 달리 하류에 발달한 충적지는 후빙기 해수면 상승과 관련하여 이해해야 한다.

  경북대학교 지리교육과 조화룡 교수(지형학)는 하류의 충적지는 상류에서 온 퇴적물뿐만 아니라 금강이 운반해온 퇴적물이 연안류에 의해 남쪽으로 이동했다가 다시 조류에 의해 해안 쪽으로 이동하면서 만경강과 동진강 하구에 진흙 펄을 만들어 형성되었다고 말한다. 즉 하류에서 충적지가 발달하는 데에는 상류 지역에서와는 달리 조류가 큰 역할을 했다는 것이다.

  현재는 만경강과 동진강 주변이 충적층에 매몰되어 있지만 최후 빙기의 최성기(最盛期)인 약 1만 8,000년 전에는 해수면의 하강으로 깊은 침식곡(侵蝕谷)을 이루고 있었다. 이 침식곡의 표고는 만경강 철교 부근에서는 -18m, 삼례읍 부근에서는 -10m였다고 하는데, 이는 거꾸로 현재 호남평야 충적층의 두께가 최고 18m임을 말해주는 것이다.

  이후 빙기가 물러가자 해수면이 상승하여 침식곡이 바닷물에 잠겼는데 만경강에서는 삼례읍 부근까지, 지류인 탑천에서는 황등리 부근까지, 동진

누렇게 익은 벼가 황금물결을 이루는 호남평야는 우리나라 최대의 곡창지대이다.

강에서는 신태인 부근까지 바닷물이 들어왔다. 시간이 흐르면서 만경강과 동진강 상류에서 온 퇴적물이 하구를 중심으로 쌓여갔고, 그 두께가 두꺼워지면서 갯벌 펄(mud flat)→염생 습지(salt marsh)→육지화(land)의 과정을 거쳐 하구에 충적지가 생겨났다.

충적은 먼저 만경강과 동진강 본류를 따라 육지 쪽으로 진행되었으며, 이후 지류가 메워지면서 광범위한 지역에서 일어났다. 조 교수는 탑천 일대에서 발견되는 토탄층(土炭層)을 그 근거로 제시하고 있다. 토탄은 분해가 불완전한 식물 유체(遺體)가 퇴적된 것으로, 습지 환경에서 형성된다. 탑천 일

호남평야 형성 과정

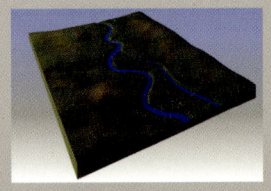

중생대 쥐라기에 관입한 화강암이 오랜 세월에 걸쳐 풍화되어 평탄 지형을 이루었다. 이 과정에서 일어난 차별침식으로 곳곳에 해발고도 50m 이내의 구릉지가 생겨났다.

약 1만 8,000년 전 최후 빙기가 극에 달했을 때, 저기복의 구릉지 사이를 흐르던 만경강과 동진강이 해수면 하강으로 하구에서는 18m, 중류에서는 10m 깊이의 침식곡을 이루었다.

약 1만 년 전 빙기가 물러가자 해수면이 상승하여 바닷물이 육지로 밀려들었다. 그 결과 만경강과 동진강 하구를 중심으로 퇴적물이 쌓이기 시작했다.

충적은 만경강과 동진강 본류를 따라 하구에서 육지 쪽으로 이루어졌으며, 이후 지류 하천 부근도 퇴적물에 의해 완전히 매립되어 현재의 넓은 충적평야가 되었다.

대는 침식곡이 메워지고 있던 만경강 본류 지역과 달리 주변부가 구릉지를 이루고 있어 퇴적물이 활발하게 공급되지 못했다. 그래서 상당히 오랫동안 습지 환경이 유지되어 토탄이 만들어졌다. 토탄의 생성 시기가 6,000~5,000년 전으로 나타나는 것으로 보아 적어도 1,000년 동안은 퇴적물이 공급되지 않는 상태에서 습지 환경이 유지되었으리라 추측해볼 수 있다.

하늘과 땅이 만나는 곳, 김제지평선축제

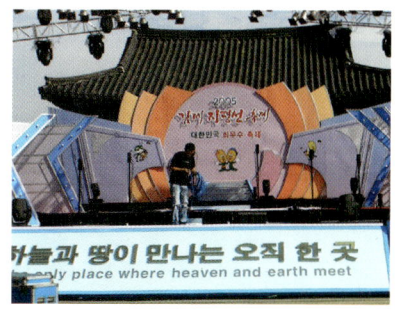 

전라북도 김제에서 열리는 김제지평선축제는 황금 들녘의 풍요로움을 맛볼 수 있는 농경 문화제이다.

벼 고을로 불리는 전라북도 김제에서는 하늘과 땅이 만나는 지평선에서 매년 가을 축제를 연다. 호남평야에서 벌어지는 이 지평선축제에서는 우리나라 농경 문화의 진수를 맛볼 수 있다.

축제 기간에는 풍년 굿인 '만경들노래'가 들녘에 울려 퍼지고, 정월 대보름에 하던 입석 줄다리기를 체험할 수 있다. 그리고 메뚜기 잡기, 허수아비 만들기, 황금벌판 우마차 여행, 지평선 연날리기 등 동심의 세계로 돌아갈 수 있는 다양한 놀이에 참여할 수 있다. 또한 김제 시내에서 벽골제광장으로 이어지는 코스모스 길과 지평선 논길을 가족, 연인과 함께 거닐며 가을의 정취를 느낄 수 있다.

김제에는 후백제의 견훤이 아들에 의해 유폐되었던 금산사와 광활한 황금 갯벌 위로 지는 해를 감상할 수 있는 심포항이 있어 여행의 묘미를 한층 더할 수 있다.

부족한 물 때문에 섬진강 물길을 황해로 돌려

호남평야 일대는 해발고도 50m 미만의 지역이라 수원(水源)이 적고 하천의 발달이 미약하여 늘 물이 부족하다. 또한 평야의 크기에 비하여 만경강과 동진강의 규모가 작아 호남평야 전 지역에 물을 공급하는 데 어려움을 겪는다. 그래서 일찍이 삼한 시대부터 김제의 벽골제를 비롯하여 정읍의 눌제, 익산의 황등제 등과 같은 저수지가 만들어졌다.

과거에는 호남평야 가운데 만경강과 동진강 하류의 해안 평지와 중하류에 발달한 범람원은 경작이 거의 불가능한 소택지와 습지로 덮여 있었다. 그리고 조선 후기까지는 소규모의 관개 시설과 배수 시설이 가능한 일부 저지대에서만 경작이 가능했다. 조선 시대에 이용되었던 보(洑)는 하류의 물을 막아 저장하던 시설인데, 부족한 관개 용수를 확보하기에는 역부족이었다.

일제 강점기에 들어서 근대적 관개 시설과 배수 시설이 갖추어지면서 호남평야는 오늘날과 같은 우리나라 최대의 곡창지대로 변모했다. 그 도약의 한가운데에는 일본인 지주들이 운영하던 수리조합이 있었다. 1920년에 조직된 익옥수리조합은 만경평야의 하류에 물을 공급하기 위해 1922년에 대아저수지를 건설했는데, 중국인 노동자까지 동원할 만큼 엄청난 규모였다.

1924년에 조직된 동진수리조합은 1927년 섬진강 상류의 임실군에 운암제라는 저수지를 건설하고 그 물을 지하수관을 통해 산 너머 동진강 유역으로 전달하여 김제평야 전역에 물을 공급했다. 수로가 벽골제를 통과하여 둑이 잘리기도 했지만 이러한 방식은 당시 관개 체계에 일대 혁신을 가져와 해안 평지를 간척하고 범람원지대를 수리안전답으로 개간하는 데 결정적인 역할을 했다.

이후 운암제는 1965년에 섬진강댐으로, 대아저수지는 1988년에 대아댐으로 확장되어 물 사정은 더욱 좋아졌다. 섬진강에서 보다 많은 물을 공급받을 수

임실군의 칠보댐은 남해로 흘러가는 섬진강의 물길을 동진강으로 강제로 돌려 계화도와 광활 간척지에 농업 용수를 공급한다. 그리고 이 과정에서 낙차를 이용하여 전력을 생산한다.

김제시 죽산면 간척지에 조성된 평야지대. 인근 광활면은 수평선을 지평선으로 바꾼 개땅쇠들의 애환과 설움이 묻혀 있는 곳이다.

있게 되자 1968년에 이 물을 끌어들여 광복 후 최초의 대규모 간척 사업인 계화도 간척지를 건설했다. 계화도 간척지 안의 청호지는 남해로 흘러가는 섬진강의 물을 강제로 황해 쪽으로 끌어와 담아둔 저수지이다.

개땅쇠의 설움과 애환이 묻혀 있는 광활면 벌판

호남평야의 역사는 간척의 역사라고 할 수 있다. 1925년 일제는 산미증식계획에 따라 군산과 김제 해안의 갯벌을 메우는 대규모 간척 사업을 단행했다. 가장 대표적인 곳이 옥구군 미면(米面)과 김제 동진강 하구의 광활면(廣活面)에 조성된 간척지이다.

이들 간척지를 건설하기 위해 전국 각지에서 수많은 조선인 소작인들이 동원되었다. 그들 대부분은 소작인으로 눌러앉아 일본 지주들에게 혹독한 착취를 당했는데, 인고의 삶을 살아온 자신들을 개펄 땅, 즉 '개땅'에 뿌리 내리고 사는 서민이라 하여 개땅쇠라고 불렀다.

넓디넓은 '광활한 면'이라는 뜻의 광활면을 비롯하여 죽산면, 동진면, 진봉면 일대의 간척지들은 모두 일제 강점기 개땅쇠들의 피와 땀으로 조성된 곳들이다.

플러스 이야기 상자

김제 벽골제는 저수지를 만들기 위해 쌓은 둑이 아니었다?

김제지평선축제 기간에 풍년과 안녕을 기원하는 제례가 행해지는 벽골제의 장생거(왼쪽). 벽골제 월승리 쪽의 수문(오른쪽). 벽골제에는 이러한 수문이 여러 개 있다.

'벽골'은 백제 시대 김제군의 이름으로 벼의 고을이란 뜻이다. 이름에서 알 수 있듯이 김제에서는 일찍부터 벼농사가 활발하게 이루어졌다. 벼농사에서는 물을 어떻게 확보하느냐가 최대의 관건이다. 따라서 넓은 김제 벌판에 물을 대기 위해서는 방대한 저수지가 필요했을 것이다. 330년(백제 비류왕 27년)에 벼농사에 필요한 물을 확보하기 위한 관개 시설이 등장했는데, 이것이 바로 '벽골의 둑'이라는 뜻의 벽골제였다.

동진강의 지류인 원평천의 물을 가두어 만든 벽골제는 길이 3.4km, 높이 4.4m에 달하며 수문도 5개나 있다. 그러나 일제 강점기 당시 섬진강 물을 끌어들이는 수리 사업으로 둑이 잘리고 수문이 소실되기도 했다.

현재 벽골제는 김제시 부량면 용성리의 포교(갯다리)마을에서 남쪽의 월승리 초승마을까지 약 2.5km 구간과 장생거, 경장거 두 수문의 돌기둥만 남아 있다.

벽골제는 제천의 의림지, 밀양의 수산제와 함께 삼한 시대의 3대 수리 시설일 뿐만 아니라 최초의 수리 시설이라는 점에서 역사적 가치가 매우 높다. 그런데 고려대학교 지리교육과 권혁재 명예교수(지형학)는 수리 시설로서 벽골제가 지닌 의미는 그리 대단하지 않다고 말한다.

권 교수는 벽골제의 지형적 조건을 참작하여 축조 목적을 이해할 필요가 있다며, 벽골제는 저수지를 만들려고 쌓은 둑이 아니라 방조제로 쌓은 둑이라고 주장한다. 그러면서 벽골제가 동진강 만입에서 7km밖에 떨어져 있지 않다는 점, 이곳은 해발고도 50m 미만의 지역으로 물을 가둘 만한 커다란 하천의 발달이 미약하다는 점, 벽골제의 충적 토양이 갯벌의 개흙으로 이루어진 것으로 보아 백제 시대에는 그 앞의 땅이 갯벌이었을 것이라는 점 등을 그 근거로 들었다.

원래 저수지는 배후의 들에 물을 대기 위해 조성하는 것으로 일반적으로 좁은 골짜기의 하천을 막아서 만들지 해안에 인접한 넓은 평지에는 만들지 않는다. 평야지대이기 때문에 수원(水源)이 부족할 뿐만 아니라 둑을 길게 쌓아야 하고, 무엇보다 농토가 물에 많이 잠기기 때문이다.

그러므로 벽골제는 물을 가두기 위해 쌓은 저수지 제방이라기보다는 만조 시 해수의 역류를 막기 위한 방조제의 역할을 했을 것이라는 해석이 가능하다. 그러나 권 교수는 둑을 왜 그렇게 높게 쌓았는지, 그리고 수문은 또 왜 그렇게 크게 만들었는지에 대해 완벽하게 답하지 못하고 있어 추가적인 연구가 필요할 듯하다.

한반도 남녘의 지붕
지리산

　백두대간의 산줄기가 소백산, 속리산, 덕유산을 만들고 남해 앞에서 마지막 여세를 몰아 지리산으로 용솟음쳤다. 여인네의 치마주름처럼 아름답게 휘감아 도는 능선을 타고 끝없이 펼쳐진 산자락, 유장한 세월 속에서도 태고(太古)의 생기를 잃지 않은 원시림, 선계를 드러내듯 장엄하게 펼쳐지는 운해(雲海). 이렇게 지리산은 중후하고 장엄한 대자연의 파노라마를 연출한다.

지리산은 어머니 품과 같은 너그러움과 자애로움으로 모든 것을 포용할 듯한 넉넉함이 넘쳐난다.

천왕봉에서 바라본 남쪽 능선. 지리산은 백두산에서 출발한 백두대간 산줄기의 종착점이다.

지리산은 영남과 호남의 경계 지역, 즉 경상남도 함양군, 산청군, 하동군, 전라북도 남원시, 전라남도 구례군 등 3개도와 5개 시·군에 걸쳐 있으며, 산지 둘레가 300km를 넘고, 면적이 485km²에 달하는 광대한 산이다. 또한 남한 내륙의 최고봉인 천왕봉(1,915m)에서 노고단(1,507m)까지 장장 100리에 걸쳐 있는 주 능선은 하나의 산맥을 이루고 있고, 해발고도 1,000m가 넘는 준봉을 20여 개나 거느려 남녘의 지붕이라 할 만하다. 1967년 우리나라 최초로 국립공원으로 지정된 지리산은 이 땅의 정기를 한 몸에 안은 채 오늘도 남도의 땅을 지키고 있다.

'지이산'이라고 쓰지만 '지리산'이라 불러

지리산은 '지이산(智異山)'이라 쓰지만 '지리산'이라 부른다. 그리고 예부터 금강산, 한라산과 더불어 삼신산(三神山)의 하나인 방장산(方丈山)이라 불렸다. 또한 백두산의 산맥이 남으로 뻗어 여기에 이르렀다 하여 두

류산(頭流山)이라고도 하며, 남해 앞에서 잠시 멈추었다 해서 두류산(頭留山)으로 적기도 한다. 산세가 험하지 않고 두루뭉술한 육산이라 이를 뜻하는 우리말 '두루', '두리'가 한자로 표기되는 과정에서 '두류'가 되었다는 주장도 있다.

지리산에 관한 최초의 기록은 887년에 최치원이 쓴 〈쌍계사 진감선사 대공탑비〉에서 찾을 수 있다. 여기에는 '지이산(知異山)'으로 씌어 있으나 《삼국사기》에는 '지리산(地理山)'으로 되어 있고, 《삼국유사》에는 '지이산(智異山)'으로 나와 있다. 이렇듯 여러 가지 표기가 혼용되기는 했어도 그 어원은 불교에서 유래했다는 견해가 지배적이다.

지리산에는 노고단 골짜기의 화엄사와 천은사, 피아골의 연곡사, 반야봉 아래의 쌍계사, 천왕봉 아래의 법계사와 대원사 등 여러 고명한 사찰들이 자리 잡고 있다. 고대 불교에서는 지리산을 문수도장(文殊道場)이라 불렀다. 지혜의 보살인 대지문수사리보살(大智文殊師利菩薩)이 이 산에 머물면서 불법을 전하고 중생을 깨우치는 도량으로 삼았기 때문이다. 처음에는 '지(智)'와 '리(利)'자를 따서 지리산(智利山)으로 부르다가 이후 문수보살이 중생을 제도하기 위해 갖가지 형상으로 나타나 지혜(智慧)로운 이인(異人)의 산이란 뜻에서 '지리산(智異山)'으로 부르게 되었다고 한다.

암산의 대명사 설악산의 공룡능선(왼쪽)과 육산의 대명사 지리산의 바래봉 능선(오른쪽).

거대한 육산 형성의 비밀

지리산의 산세는 기암괴석이 즐비한 화강암 산지의 산세와 확연히 다르다. 전체적으로 완만한 산릉이 이어져 마치 어머니의 품과 같이 부드럽고 편안하다.

이중환은 《택리지》〈복거총론〉편 〈산수〉조에서 다음과 같이 말했다.

> 지리산은 흙이 두텁고 기름져서 온 산이 모두 사람살기에 적당하다. 산속에는 백리나 되는 긴 골이 있어, 바깥쪽은 좁으나 안쪽은 넓어서 사람의 발이 미치지 못하는 곳이 있고, 나라에 세금도 바치지 아니한다. 지역이 남해에 가까우므로 기후가 온난하여 산속에는 대나무가 많고 또 감과 밤이 매우 많아 저절로 열려 저절로 떨어진다. 기장이나 조를 높은 산봉우리 위에 뿌려두어도 무성하게 자란다. 평지의 밭에도 모두 심으므로 산중에는 섞여 산다. 중이나 주민들이 대나무를 꺾고, 감이나 밤을 주워서 그렇게 노력하지 않아도 생활의 이익을 얻을 수 있으며, 농부와 공장(工匠)이 노력하지 않아도 살 만하다. 이리하여 이 산에 사는 백성은 풍년과 흉년을 모르므로 지리산을 풍요로운 산, 즉 부산(富山)이라 부른다.

지리산이 이처럼 육산의 모양을 하게 된 이유는 지리산의 대부분을 구성

수굿이 이어지는 지리산 능선. 주 능선에서 뻗어내린 곁가지 능선과 계곡의 방향이 주로 북동~남서 방향인 것은 이 일대에 발달한 단열선의 방향과 관련이 있다.

하는 편마암 때문이다. 편마암은 수평적으로 매우 치밀하고 단단한 구조이기 때문에 수분이 쉽게 침투하지 못한다. 즉 앞서 살펴본 덕유산에서와 마찬가지로 편마암으로 이루어진 지리산에서는 침식과 풍화 작용이 활발하지 못해 다양한 암석 경관을 찾아볼 수 없는 것이다.

지리산 일대의 편마암은 20억~18억 년 전에 형성된 것으로 우리나라에서 가장 오래된 땅 가운데 하나인 영남지괴의 일부이다. 이 편마암이 오랜 세월에 걸쳐 표층에서 수평으로 고르게 침식과 풍화를 받으면 산지 전 사면에 일정한 두께의 피복물이 쌓인다. 그 결과로 기반암이 적게 노출되어 전체적으로 밋밋하고 평탄한 느낌의 육산이 형성되는 것이다.

이러한 특징 때문에 지리산 일대는 식생이 안착하기 쉽고 그 밀도와 영속성이 높아 울창한 삼림지대가 될 수 있었다. 그러나 예외적으로 화강암이 관입한 악양과 청학동 지역은 심층 풍화를 받은 기반암이 부분적으로 노출되어 다양한 암석 지형을 띤다.

능선과 골짜기가 북동~남서 방향으로 발달한 이유

지리산의 주 능선에는 15개의 곁가지 능선이 펼쳐져 있고, 그 사이에는 여러 개의 크고 작은 계곡이 발달해 있다. 그런데 북으로 달궁계곡, 심원계곡, 뱀사골계곡 등과 남으로 피아골계곡, 천은사계곡, 화엄사계곡 등이 하나같이 북동~남서 방향을 향하고 있다.

지리산의 곁가지 능선들과 그 사이의 계곡들이 약속이나 한 듯 모두 같은 방향을 향하는 이유는 다음과 같은 원리로 설명할 수 있다. 어떤 물체에 강한 충격을 가하면 그 표면에 금이 가는 것처럼, 한반도 대륙 지각에는 해양 지각인 태평양판의 횡압력 때문에 여러 개의 단열선이 생겼다. 이때 그 선의 주된 방향이 북동~남서 방향이었는데, 지리산의 깊은 골짜기들은 이 단열선 위로 흐르던 하천이 점차 산자락을 깎아내 만들어진 것이다.

다른 한편으로 2,300만 년 전의 대대적인 습곡 및 요곡 운동으로 생겨난 소백산맥도 골짜기의 발달에 결정적인 영향을 미쳤다. 세석평전(細石平

田)과 같은 고위평탄면을 통해 알 수 있듯이 소백산맥은 그 끝자락에 위치한 지리산도 함께 끌어올렸다. 즉 지반의 융기로 하천의 침식력이 강해져 골짜기가 더욱 깊어진 것이다.

지리산의 이색지대, 청학동과 삼성궁

지리산 남쪽 묵계골 깊은 곳에 자리 잡은 청학동(왼쪽)과 삼성궁(오른쪽).

천왕봉에서 세석평전을 거쳐 남으로 이어진 삼신봉(1,284m) 아래에는 지리산의 이색지대 청학동과 삼성궁이 자리하고 있다.

경상남도 하동과 진주를 연결하는 2번 국도에 있는 횡천에서 청학동마을 표지판을 따라 1014번 지방도를 타고 구불구불한 산길을 오르면 장승목에 도착한다. 이곳에서 오른쪽 길로 오르면 청학동마을이고, 왼쪽 길로 오르면 삼성궁이다.

청학동은 유불선합일갱정유도(儒佛仙合一更正儒道 : 유불선이 하나로 합쳐져 다시 유도로 바르게 돌아옴)를 믿는 사람들이 모여 사는 마을이다. '있으면 쓰고 없으면 참는다'는 생각으로 살아온 청학동 사람들은 한복 차림에 댕기를 드리고, 상투를 틀거나 비녀를 꽂는 등 옛 생활 방식을 고수한다. 또한 정규 교육을 받지 않고, 한시와 한학을 익히는 데 힘써 이곳을 도인촌(道人村)으로 부르기도 한다.

일반적으로 청학동은 수백 년 역사를 지닌 마을로 알려져 있으나, 실제로는 한국전쟁 이후 지리산 공비 토벌로 소개(疏開)된 사람들과 전라도 사람들이 모여 살면서 조성된 마을이다. 마을 주민들은 1970년대까지는 농사를 지어 식량을 자급자족하거나 양봉, 축산, 약초 재배 등으로 생계를 유지하다가 최근에는 더 이상 농사를 짓지 않고 민박, 서당, 찻집 등을 운영하며 수입을 얻는다. 국제통화기금(IMF) 지원 이후 옛것에 대한 관심이 고조되어 마을 소득은 전국 농촌 소득의 평균을 웃도는 수준이라고 한다.

삼성궁은 환인, 환웅, 단군왕검을 모신 궁이라는 뜻으로, 단군이 천신에 제사를 지내던

성역인 소도(蘇塗)를 7만여 평의 대지에 복원한 선원(仙園)이다. 삼성궁에는 돌과 돌, 돌과 맷돌, 맷돌과 맷돌, 돌과 단지로 쌓은 2,000여 개의 솟대가 있다. 이 솟대는 1980년대 초부터 삼성궁을 복원한 한풀선사와 수행자들이 원력(願力)으로 세운 것으로, 돌탑이 아니라 홍익인간의 세계를 구현하는 한민족의 성지를 의미한다.

1970년대부터 외부에 알려지기 시작한 청학동은 옛 모습을 많이 잃어버렸지만, 1994년에야 일반에 개방한 삼성궁은 엄격한 수행과 규율로 선도의 맥을 잇고 있다.

주 능선을 경계로 한 남북 간의 차이

지리산은 주 능선을 경계로 기후, 식생, 지형 등에서 남쪽과 북쪽이 큰 차이를 보인다. 먼저 주 능선을 분수령으로 북쪽과 동쪽의 물은 낙동강으로, 남쪽과 서쪽의 물은 섬진강으로 흘러들어 수계가 구분되고, 기온과 강수량에서도 차이가 난다. 연평균 기온은 남쪽이 13℃, 북쪽은 12℃이다. 그리고 여름철 평균 기온은 남북 모두 24℃인 반면 겨울철 평균 기온이 북쪽은 영하, 남쪽은 영상을 기록해 남쪽의 기온이 더 높다.

지리산의 연 강수량은 약 1,200mm로 여름에 연 강수량의 60%가 내린다. 또한 여름에는 남해를 통과하면서 수증기를 잔뜩 머금은 대기가 주 능선의 남쪽 사면에 부딪히며 지형성 강수를 일으켜 1,600~1,800mm나 되는 엄청난 양이 내리기도 한다. 그래서 이 지역은 우리나라에서 강수량이 가장 많은 곳 가운데 하나이다. 반면 북쪽 사면에서는 여름철 비의 양은 적지만 겨울에는 북서 계절풍 때문에 남쪽에 비해 월등히 많은 눈이 내린다. 칠선계곡과 한신계곡의 적설량은 1~2m 정도이며 이 눈은 이듬해 5월경에야 완전히 녹는다.

일조량 또한 남쪽이 북쪽보다 많아 지리산의 식생 분포에 큰 영향을 주었다. 지리산의 삼림은 해발고도 1,300~1,400m에서 온대림과 한대림으로 나뉘는데 북쪽 사면은 1,300m에서, 이보다 따뜻한 남쪽 사면은 1,400m에서 그 경계가 형성된다.

남북 간의 기후 차이는 식생뿐만 아니라 지형에도 큰 영향을 미쳤다.

여름철 강수량이 많은 남쪽 사면에서는 지표의 토양 침탈이 빨리 일어나 암괴가 많이 드러날 뿐만 아니라, 일조량도 많아 기계적 풍화가 활발하게 일어난다. 그래서 골짜기에 암설과 바위 덩어리 등이 집중적으로 분포한다. 특히 화강암 분포 지역인 피아골과 청학동 등지에 이런 바위 덩어리가 많다.

반면 북쪽 사면은 겨울에 눈이 많이 내려 봄까지 수량이 풍부하고, 수분 침투가 어려운 편마암으로 이루어져 있어 풍화가 전 사면에 고르게 진행되었다. 그 결과 토양의 두께가 일정해져 식생 발달에 유리한 조건을 갖추게 되었다. 또한 기반암이 적게 노출되어 계단형의 남쪽 사면과 달리 산꼭대기에서 골짜기까지 거의 직선을 이루고 있다.

비극의 근현대사를 증언해주는 지리산 제석봉. 공비 토벌 과정에서 불타버린 이곳의 고사목 군락은 파괴된 자연 회복이 얼마나 어려운지를 잘 보여주고 있다.

지리산 종주 달성보다 더 중요한 것

지리산은 반만년의 역사 속에서 우리 민족과 숱한 고난을 함께 해왔다. 가장 최근의 일로는 1948~1955년에 군경 토벌대와 좌익 빨치산 간의 치열한 전투를 들 수 있다. 두 세력이 피비린내 나는 싸움을 계속하는 동안, 지리산에는 생사를 넘나드는 아우성과 절규가 그치지 않았다. 당시 2만 명에 가까운 군경과 빨치산이 이름 모를 계곡과 능선에서 사라져갔고, 그 와중에 무고한 양민들이 수없이 목숨을 잃었다.

다행히도 지리산은 한국전쟁 이후로는 비교적 인간의 손을 덜 타 건강한 생태계를 유지하고 있는 편이다. 토질이 비옥하고 수량이 풍부하여 1,300여 종의 다양한 식물이 서식하고 있으며 80%에 가까운 천연림이 울창하게 들어서 있다. 특히 세석평전에 수십만 그루의 철쭉이 만개할 때면 지리산은 천상의 화원이 된다. 반야봉 일대는 구상나무 군락이 독특한 양태를 띠고 있으며, 경상남도 산청군 삼장면 유평리의 해발고도 1,000m 부근에는 고층 습원인 양등재가 있다.

이런 울창한 삼림은 야생동물에게는 낙원 같은 곳으로, 이들이 안정된 먹이사슬을 유지하고 살아갈 수 있게 한다. 현재 지리산에는 포유류 41종, 조류 95종을 포함하여 870여 종의 다양한 곤충과 양서류, 파충류가 서식하고 있다. 특히 우리의 관심을 끄는 것으로는 반달가슴곰(천연기념물 제329호)을 비롯하여 사향노루(천연기념물 제216호), 하늘다람쥐(천연기념물 제328호), 수달(천연기념물 제330호) 등을 들 수 있다.

최근 지리산은 인간의 발 아래서 또다시 신음 소리를 내고 있다. 백두대

산청군 시천면 반천리 일대 산 사면 붕괴 모습. 지구온난화로 강수량이 많아지면서 지리산 곳곳에서 많은 산사태가 발생하고 있다(위). 운이 좋으면 지리산을 등반하다가 국립환경과학원에서 방사한 반달곰을 만날 수도 있다(아래).

간 종주 붐을 타고 천왕봉에서 노고단까지 수많은 사람들이 오가면서 곳곳에 심한 상처가 났기 때문이다. 등산로 주변의 식생이 파괴되었을 뿐만 아니라 희귀 수목과 초본이 함부로 베이고 꺾여나가고 있다. 또한 고로쇠나무 수액을 채취하기 위해 설치한 파이프라인이 골짜기마다 어지럽게 널려 있고 산 곳곳에는 반달곰, 노루 등 야생동물을 잡기 위한 덫과 올가미가 수없이 깔려 있다.

지난 반세기 이 땅의 어두웠던 과거를 묵묵히 참아내며 우리와 함께해온 지리산이 다시금 우리 손에 의해 고통받는 일이 일어나서는 안 될 것이다.

■■■ 플러스 이야기 상자 ■■■

남도의 젖줄인 두꺼비 강, 섬진강의 교훈

전라도와 경상도를 가르는 남도의 젖줄 섬진강.(왼쪽) 섬진강변에 위치한 화개장터.(오른쪽)

　마이산 자락에서 발원하여 지리산을 끼고 흐르는 섬진강(蟾津江)은 212.3km에 이르는 물줄기로 일명 남도의 동맥이라고 불린다. 섬진강의 물줄기는 경상남도 하동군 화개면 탑리에 이르러 전라도와 경상도를 가르는 자연적인 경계선이 되는데, 그런 까닭에 이 일대에서는 두 지방의 정취를 함께 느낄 수 있다. 그러한 어우러짐이 가장 생생하게 드러나는 곳이 영남과 호남의 사람들이 각자의 산물을 가지고 모이는 화개장터이다. 박경리의 대하소설 《토지》도 이 근처의 하동군 평사리를 무대로 근대사의 격동을 담아냈다.

　본래 섬진강은 고운 모래로 유명하여 모래가람, 다사강(多砂江), 사천(砂川) 등으로 불렸다. 섬진강은 '두꺼비 섬(蟾)', '나루 진(津)' 자를 써서 뜻을 그대로 풀면 두꺼비나루가 되는데, 이는 섬진강 일대에 전하는 두꺼비 이야기에서 유래한 것이다.

　먼저 다압면 섬진마을 근처의 폭 5m가량의 바위가 두꺼비가 헤엄치는 듯한 모습이라 섬진이라 불렀다는 설이 있다. 또 옛날에 어떤 처녀가 홍수에 떠내려가는 두꺼비를 구해주었는데, 후에 그 처녀가 물에 빠지자 두꺼비가 그녀를 구하고 죽어 그 의로움을 기리는 뜻에서 섬진이라 했다고도 한다. 끝으로 1385년(고려 우왕 11년) 왜구가 섬진강 하구에 침입했을 때 다압면 꽃나루에서 수십만 마리의 두꺼비 떼가 몰려나와 울부짖자 왜구가 달아났다고 하여 섬진이라 했다는 전설도 있다.

　섬진강은 다른 하천들과 달리 북서~남동 방향으로 좁고 길게 이어진 하곡을 보인다. 이 일대의 기반암이 풍화에 강한 편마암이어서 유수에 의한 변형이 적은 가운데 기반암에 발달한 주(主) 구조선을 따라 하도가 형성되었기 때문이다. 또한 섬진강이 다른 하천에 비해 맑은 상태를 유지할 수 있는 것은 물에 뜬 상태로 이동하는 실트류나 점토류가 적었기 때문이다.

　그러나 섬진강도 개발을 위한 파괴라는 시련에서 자유로울 수 없었다. 예를 들어, 무분별하게 이루어진 골재 채취로 하상이 낮아지면서 바닷물이 역류하는 바람에 하구의 재첩, 황어, 은어 등이 점차 자취를 감추고 있다.

　문제가 심각해지자 1999년 섬진강을 끼고 있는 11개 지방자치단체가 섬진강에서의 모래 채취를 일시 중단하는 휴식년제를 도입하기로 합의했다. 이후 섬진강을 살리자는 목소리가 점차 힘을 얻게 되자 2004년 '섬진강의 모래 채취를 영구히 금한다'는 보다 진전된 합의가 이루어졌다.

　그러나 최근 하동군이 재첩종패 산란지와 송림공원 백사장 복원을 위해 다시 모래를 채취하면서 문제가 야기되고 있다.

나주평야에 우뚝 솟은 수석 전시장
월출산

백두대간의 지맥인 호남정맥에서 다시 분기한 땅끝기맥 산줄기가 너른 남도 들녘 한가운데 솟아올라 월출산을 만들었다.

백두대간 산줄기가 남해에 이르러 운명을 마감하기 아쉬운 듯 남도의 너른 들녘에서 용틀임을 했다. 전라남도 광주에서 나주를 지나 13번 국도를 따라 내려가다 보면 영암 땅 앞에서 거대한 산체 하나가 눈에 들어온다. 바로 월출산(月出山)이다.

봄에는 진달래와 철쭉이 만발하고, 여름에는 신록과 어우러진 기암괴석이 위용을 뽐내며, 가을에는 골짜기를 단풍으로 불태우고, 겨울에는 수줍은 새색시처럼 산봉우리마다 흰 눈이 내려앉는다. 이처럼 월출산은 계절마다 그 아름다움이 달라 산 좋아하는 이들은 물론 예술가들에게 많은 사랑을 받는다.

> 월출산이 높더니마는 미운 것이 안개로다.
> 천황 제일봉을 일시에 가리었다.
> 두어라 해 퍼진 후면 안개 아니 걷으랴.
> – 고산 윤선도,《산중신곡(山中新曲)》〈조무요(朝霧謠)〉

드넓은 나주평야 한가운데 우뚝 솟은 월출산은 해발고도 808.7m의 잔구(殘丘) 형태로 그리 높지 않고, 면적 또한 약 42km²로 지리산의 10분의 1에도 못 미친다. 그런데도 월출산이 많은 사람들에게 사랑받는 이유는 산 전체에 천태만상의 기암괴석이 넘쳐나고 거대한 암봉과 장쾌한 암릉이 자태를 뽐내고 있기 때문이다.

월출의 '월'은 '달(月)'이 아닌 '산(山)'

월출산이라고 하면 보통 달(月)을 연상하지만, 실제로 그 이름의 유래는 달과 무관하다. 월출산은 삼국 시대에는 월나악(月奈岳)이나 월나산(月奈山)으로, 고려 시대에는 월생산(月生山)으로 불렸고, 조선 시대에 들어서 지금의 월출산이라는 이름을 얻었다. 이름이 계속 바뀌기는 했지만, '월(月)'은 줄곧 따라온 글자이고 '나', '생', '출'은 모두 '나다(出=生)'를 뜻해 결국 다 비슷한 이름이라고 할 수 있다. 그렇다면 이 돌림자와도 같은 '월'은 무엇을 일컫는 말일까?

'달'은 원래 고구려어로 '산(山)'을 의미하는 말이었다. 예를 들어, 달래꽃(진달래꽃)은 '달(山)'과 '외(오이)'와 '곶(꽃)'이 합쳐진 달외곶이 변형된 말이다. 즉 우리말로 산을 뜻하는 달을 한자로 옮기는 과정에서 '월' 자가 쓰이게 된 것이다. 이와 같은 예로 '달(達)'이 있는데, 마찬가지로 산을

달구봉과 사자봉 너머로 수굿한 남도의 산자락이 이어진다.

뜻하는 말이다. 경기도 수원의 팔달산(八達山), 충청북도 영동의 박달산(朴達山), 전라남도 목포의 유달산(鍮達山) 등 우리나라 산 이름 중에 '달'자가 들어간 것이 유독 많은 이유는 바로 이 때문이다.

월출산이 있는 영암의 옛 이름이 월나 또는 월생이기도 했으니 '달ㅇ > 달아 > 달나 = 달(月) + 나(生) = 월출산(月出山)'의 과정을 거쳤다고 해석하는 데에는 무리가 없을 것이다. 그러므로 월출산은 '달나뫼'를 한자로 옮긴 말로 단순히 산을 뜻한다.

그러나 일부에서는 '달'을 백제 지명에 많은 '돌(石)'을 고구려 지명의 '달(山)'과 같은 뜻으로 받아들여 돌이 많은 바위산으로 풀이하기도 한다. 충청북도 제천의 월악산(月岳山), 전라남도 담양의 추월산(秋月山), 경상북도 영양의 일월산(日月山) 등 '월(月)'자가 들어가는 산의 대부분이 바위가 많은 산이라 이 또한 설득력이 있다. 특히 월출산은 최고봉인 천황봉(808.7m)을 비롯하여 향로봉, 구정봉, 달구봉 등 수많은 암봉과 기암절벽으로 이루어져 있어 이러한 견해가 한층 더 그럴 듯하게 들린다.

월출산의 다양한 화강암 지형

월출산의 수많은 봉우리와 지천에 널린 크고 작은 바위 덩어리, 갖가지 모양의 기암괴석이 수직의 계곡과 함께 만들어내는 절경은 가히 남도의 금강산이라 할 만하다.

이처럼 월출산을 바위들의 천국으로 만든 주인공은 중생대 백악기 말인 약 9,000만 년 전 지하 3~5km의 비교적 얕은 곳에 관입한 홍색 장석(長石)화강암으로 폭 20km, 길이 100km의 저반(底盤, base)상의 기반암을 이루며 영암에서 광주의 땅속을 연결하고 있다.

화강암 지역이 독특한 지형을 이루는 이유는 절리 작용에 의해 바위 덩어리들이 금이 가고 잘려나가 다양한 형태를 이루기 때문이다. 월출산은 수평과 수직 방향의 절리가 고루 발달하여 다양하고 복잡한 암석 경관을 펼쳐낸다.

화강암에 생겨난 수평 또는 수직의 절리면에 수분이 침투하면 이곳을 중심으로 침식과 풍화 작용이 진행되어 그 사이가 풍화 물질인 새프롤라이트로 채워진다. 이후 빗물 등에 의해 새프롤라이트가 모두 씻겨나가면 풍화되지 않은 기반암이 지표 위에 모습을 드러낸다. 월출산의 기암괴석은 기본적으로 이와 같은 과정으로 생겨났는데, 절리의 패턴과 풍화 정도에

원추형으로 높게 솟아오른 월출산의 거대한 암봉들은 암석이 양파 껍질처럼 벗겨지는 박리 현상에 의해 만들어졌다(왼쪽). 바람골 공중에 설치된 월출산 최고 명물인 구름다리. 1978년에 만들어진 구름다리가 2006년 5월 현대식 다리로 교체되었다(오른쪽).

따라 각기 다른 모습을 띠게 된 것이다.

수직절리와 수평절리가 직교하는 암석의 모서리 부분은 물과 자주 접촉하기 때문에 풍화를 심하게 받아 둥근 핵석의 형태를 띤다. 지표에 나타난 기둥 모양의 암주가 이에 해당되는데 지형학 용어로는 토르(tor), 우리말로는 돌탑 또는 돌알바위라고 한다. 월출산에서는 구정봉 근처에 있는 동석(動石)에서 토르를 확인해볼 수 있다.

이러한 돌탑 가운데 모양이 성곽을 닮은 것을 성곽코피(castle koppie)라고 하는데, 그것이 붕괴되어 사면을 타고 흘러내려 돌강 혹은 암괴류(block stream)를 형성한다. 구정봉에서 바람골의 장군봉과 사자봉 사이로 이어지는 동북 능선과, 대동폭포로 이어지는 계곡 능선에는 이러한 암괴류가 집중적으로 발달해 있다.

천황봉, 장군봉, 달구봉 등은 높이 50~100m의 거대한 돔 또는 원추형

사자봉을 지난 능선에서 바라본 정상부 암릉군. 멀리 정상인 천황봉이 보인다.

월출산은 영산강이 500리 물길을 돌아 입속에 머금었다가 다시 토해낸 알토란 같은 보석이다. 절리면을 따라 암석이 갈라진 모습이 마치 성을 쌓아놓은 듯하다.

첨봉으로, 이러한 형태의 단일 암봉을 보른하르트라고 한다. 뾰족하게 솟은 암봉의 사면은 암설(巖屑)과 빈약한 풍화토로 덮여 있어 식생이 안착하기 어렵기 때문에 암석의 형태를 뚜렷하게 살펴볼 수 있다. 그러나 월출산의 보른하르트는 북한산의 인수봉이나 백운대에서 볼 수 있는 전형적인 돔 모양은 아니다. 이는 판상절리의 발달로 암석이 양파 껍질처럼 벗겨지는 박리(剝離) 현상과 수직절리의 작용이 동시에 일어나 개석(開析)이 심하게 진행되었기 때문이다.

정상에 9개의 물웅덩이가 있어 구정봉

천황봉에서 주 능선을 따라 남서 방향으로 가면 월출산에서 둘째로 높은 향로봉(743.1m)이 나타난다. 향로봉으로 오르기 전에 오른쪽 길을 따라 조금 올라가면 산 정상에 우물이 9개 있다 하여 이름 붙여진 구정봉(九井峯)

구정봉 정상 바닥에는 강가나 계곡에 있을 법한 물웅덩이가 9개나 있다.

이 나타난다. 구정봉 정상에는 20여 명이 앉을 수 있는 넓은 암반이 있는데, 바위 표면에는 다양한 크기의 물웅덩이가 패어 있다.

이 9개의 물웅덩이에는 흥미로운 전설이 전해온다. 옛날 영암군 구림에 살던 동차진이라는 사람이 이곳 구정봉에서 하늘에 오만과 만용을 부리다가 옥황상제의 노여움을 사 아홉 차례의 번개를 맞아 죽었는데, 번개가 떨어진 땅에 9개의 조그마한 웅덩이가 생겼다는 것이다. 그 밖에 이 9개의 웅덩이에서 용이 살았다는 이야기도 전해진다.

전설은 어디까지나 전설이고, 이렇게 평탄한 암석면에 형성된 구멍의 정체는 풍화혈의 일종인 나마이다. 월출산의 나마는 속리산 문장대 암반에 새겨진 나마와 같은 과정을 거쳐 생겨난 것으로 사자봉 주변과 구정봉 위쪽에 집중되어 있으며, 평균 직경이 10~40cm인 것들이 대부분이다.

남도 영암 문화의 뿌리를 형성

월출산은 지리산, 덕유산, 무등산, 백운산 등 남도의 산들이 대부분 부드

월출산 자락에는 신라 말 도선국사가 세웠다는 도갑사가 있다(왼쪽). 경내에는 맞배지붕을 얹은 주심포 양식의 도갑사의 해탈문(국보 제50호)과 도선국사비각(가운데), 승려들이 물을 담아 쓰던 석조(石槽, 오른쪽)가 있다.

러운 흙산인 데 반해 설악산이나 북한산처럼 바위 덩어리로 가득 찬 암산이다. 영암 문화를 대변하는 〈영암아리랑〉이 말해주듯이, 나주평야에 터를 잡고 사는 영암 사람들은 일찍부터 월출산에 기대어 살아왔다. 탁 트인 나주벌판 위에 솟은 월출산은 영암 사람들이 태어나서 죽을 때까지 그들과 삶의 희로애락을 함께 했다. 그래서 그들은 영암의 문화와 예술, 삶의 방식은 모두 월출산에서 비롯되었다고 말한다.

월출산 도갑사 들머리에 있는 구림마을은 일본에 《천자문(千字文)》과 《논어(論語)》를 전수한 왕인(王仁, ?~?) 박사와 우리나라 풍수지리의 시조인 도선국사(道詵國師, 827~898)가 태어난 곳이다. 그리고 일제 강점기 우리나라 가야금 산조의 창시자인 김창조(金昌祖, 1856~1919) 명인 또한 월출산 자락에서 태어나 월출산의 풍광을 열두 줄 선율에 담았다. 그 밖에도 수많은 문인과 예인이 장쾌한 월출산의 기백과 위용을 글과 그림, 노래로 표현했다. 이처럼 월출산을 빼놓고 영암 문화를 이야기하기란 어려운 일이다.

플러스 이야기 상자

공룡 발자국이 생각나는 봉포항 너럭바위

너럭바위에 발달한 풍화혈과 풍화혈 속에서 자라고 있는 이끼(왼쪽). 강원도 고성군 봉포해수욕장의 너럭바위에 발달한 구멍들은 공룡 발자국이 아니라 풍화혈이다(오른쪽).

강원도 속초에서 7번 국도를 타고 북쪽 고성 방향으로 올라가면 곧바로 봉포해수욕장이 나타난다. 이곳 해수욕장의 남쪽에는 봉포항과 활어회장이 있고, 활어회장으로 들어서는 방파제 왼쪽으로 다양한 모양의 시커먼 바위들이 군락을 이루고 있다.

이 바위들은 설악산의 화강암과 궤를 같이하는 암석으로 약 7,500만 년 전 관입한 속초화강암의 일부이다. 고래를 닮았다고 하여 고래바위, 물개를 닮았다 하여 물개바위, 들마루마냥 널따란 너럭바위 등 다양한 모양의 바위들이 밀려오는 파도를 맞으며 꿋꿋이 자리를 지키고 있다.

바위의 표면에는 농구공만 한 구멍들이 열을 지어 나타나고 있어 혹시 공룡 발자국 화석은 아닌가 하는 궁금증이 생기기도 한다. 하지만 이것들은 월출산 구정봉에서 볼 수 있는 풍화혈의 일종인 나마이다.

땅속에서 먼저 그 초기 형태가 만들어지는 나마는 지하의 풍화 기저면에서 암석 표면의 특정 부분에 차별 풍화가 집중적으로 이루어져 요지(凹地) 모양이 된다. 이후 표토가 제거되어 지표에 모습을 드러내면 이 요지에 물이 고이고, 그 물이 얼고 녹기를 반복하면서 암석을 구성하고 있는 광물 조각들이 하나 둘씩 분리, 파괴된다.

이때 풍화를 많이 받는 가장자리 부분을 따라 구멍이 점차 확대되는데, 특히 해안에 위치한 이곳 바닷물의 염분이 광물 입자 사이에 집적하여 입자 간의 틈을 더욱 벌리기 때문에 풍화가 빨리 진행된다.

또한 구멍에 해초가 들러붙어 기생하면서 암반의 균열된 부분에 침입하여 광물 입자들이 보다 쉽게 떨어져 나간다. 식물체에서 분비되는 유기산이 암석의 광물들과 화학적 풍화를 일으켜 나마가 확대되는 것이다.

과거에는 나마를 화학적 풍화 작용인 용식에 의해 만들어진 팬 모양의 구멍이라는 뜻에서 솔루션 팬(solution pan)이라고 불렀다. 그러나 한랭 지역에서는 물의 동결과 융해에 의한 물리적 풍화에 의해 형성되고, 반건조 지역에서는 식물의 성장에 의한 화학적 풍화에 의해 형성된다는 사실이 밝혀진 이후부터는 형태만을 뜻하는 나마라는 용어가 쓰이게 되었다.

여권 없이 맛보는 이국땅의 풍광
제주도

제주도에 발을 내딛는 순간 우리는 낯선 말투와 이국적이면서도 아름다운 풍경을 만나게 된다. 짙푸른 바닷가에 난 해안도로를 따라 야자수와 바나나 나무가 줄지어 서 있고 그 사이로 시커먼 돌하르방이 넉넉한 미소로 찾는 이를 반갑게 맞는다.

제주도의 이런 독특한 풍경은 지역 특유의 기후와 지형이 낳은 것이다. 한반도 최남단에 위치한 제주도는 1월 평균 기온이 6℃일 정도로 온화한

제주도 동쪽 해안에 있는 성산일출봉. 제주도는 100만 년 이상 계속된 화산 활동의 결과물이다.

성산일출봉을 등지고 말 한 마리가 여유롭게 풀을 뜯고 있다. 우리나라 관광 일번지인 제주도에서는 낯선 말투와 이국적인 풍경을 만날 수 있다.

기후이며 난류의 영향으로 전형적인 난대성 해양 기후를 띤다. 특히 쾌청한 여름날의 제주도는 마치 하와이의 어느 곳을 옮겨놓은 것 같은데, 이는 두 섬 모두 다양한 화산 지형을 볼 수 있는 곳이기 때문이다.

제주도는 신생대 제3기 말부터 현세에 걸친 화산 활동에 의해 형성된 섬으로, 한반도에서 가장 젊은 땅에 속하며 형성 당시의 원형을 거의 그대로 유지하고 있다. 백록담의 분화구를 비롯하여 함몰구인 산굼부리, 산방산 용암돔, 수성(水性) 분화에 의한 성산일출봉의 응회구와 송악산의 응회환, 만장굴과 협재굴을 비롯한 수많은 용암굴 등 갖가지 화산 지형을 품고 있는 화산 박물관인 동시에 화산 연구의 보물 창고라고 할 수 있다.

동서 길이 74km, 남북 길이 32km, 면적 1,825km²로 세계적으로도 큰 규모의 화산섬인 제주도는 어떤 과정을 거쳐 형성되었을까?

제주도는 열점화산

화산 활동은 지구를 덮고 있는 여러 개의 판과 판이 만나는 경계부에서 활발하게 일어난다. 일본에 화산 폭발과 지진이 많이 일어나는 이유도 일본이 유라시아 대륙판과 태평양 해양판이 부딪히는 경계에 있기 때문이다. 반면 우리나라는 환태평양 조산대에서 뒤쪽으로 밀려나 있어 화산과 지진의 영향을 비교적 덜 받는다.

제주의 상징 돌하르방(왼쪽)과 오름 자락에 조성된 초지대에서 흔히 볼 수 있는 말(오른쪽). 제주도의 학술적, 경관적 가치가 세계적으로 인정받아 2007년 6월 27일 한라산의 천연보호구역, 성산일출봉, 거문오름 용암동굴계가 유네스코(UNESCO) 세계자연유산으로 등재되었다. 또한 2010년 10월 4일 한라산, 성산일출봉, 만장굴, 서귀포층, 천지연폭포, 대포동 해안 주상절리, 산방산, 용머리, 수월봉 이상 9개의 지질 명소가 세계지질공원으로 등재되었다.

제주도에서 화산 활동이 시작된 시기는 대략 120만 년 전으로, 더 길게는 200만 년 전 이상으로 보기도 한다. 그런데 이 시기에 제주도는 판의 경계부에 있지도 않았는데, 왜 화산 활동이 활발하게 일어났을까? 이에 대해서는 당시 제주도 지각의 깊은 곳에 있었던 열점(熱點, hot spot)으로 설명할 수 있다.

열점이란 지각 내부에서 고립적으로 화성 활동이 일어나는 지점을 말한다. 이곳에서는 마치 바람이 없을 때 담배 연기가 곧장 위로 피어오르듯 맨틀 하부 깊은 곳에 있던 마그마가 굴뚝 모양으로 수직 상승하여 분출한다. 제주도는 하와이와 마찬가지로 열점에 의해 생겨난 화산섬으로 방패를 엎어 놓은 듯한 순상화산이다. 다만 하와이가 태평양 한가운데의 해양 지각을 뚫고 올라온 마그마가 만든 화산섬이라면 제주도는 대륙 지각을 뚫고 올라온 마그마가 만든 화산섬이라는 차이가 있을 뿐이다.

지하 깊은 곳의 맨틀은 1,500°C의 고열에도 녹지 않는 초(超)염기성 암석인 감람석과 휘석 등으로 구성되어 있어 열점을 통해 화산이 폭발할 때 종종 이런 암석의 일부가 섞여 나오기도 한다. 제주도의 현무암에 포획된 노란색 감람석 덩어리가 바로 그런 예이다.

야자수가 늘어진 제주도의 이국적 풍경(왼쪽)과 순박하고 해학적인 얼굴을 한 무덤의 수호신 동자석(오른쪽).

제주도 형성사 다시 쓰기

제주도는 섬 중앙에 우뚝 솟은 한라산(1,950m) 정상부를 제외하면 3~5° 이내의 완만한 경사의 순상화산체이다. 그리고 지표면의 대부분이 현무암이고 전체적인 지형 또한 방패를 엎어놓은 모양이어서 그동안 한라산체 부근에서 막대한 양의 현무암질 마그마가 연차적으로 흘러나와 형성되었다고 여겨졌다.

그러나 지하 심층부를 시추하여 용암류의 절대 연령을 측정하면서 제주도 형성사는 다시 씌어지게 되었다. 한라산의 암석이 해안에서 정상으로 갈수록 젊어지는 것도 아니고, 지하 깊은 곳의 용암류도 지역에 따라 암질과 형태가 다르다는 사실이 확인되었기 때문이다.

그동안 제주도는 적어도 4~5단계의 화산 분출기(기저 현무암 분출기→서귀포층 퇴적기→용암대지 형성기→한라산 화산체 형성기→기생화산 활동기)를 거쳐 형성되었다는 것이 거의 확인된 사실처럼 받아들여졌다. 그러나 경상대학교 지구환경과학과 손영관 교수(화산지질학)는 최근 새롭게 발표된 자료들을 토대로 새로운 견해를 제시했다.

손 교수는 제주도의 수천 곳에서 시추를 했지만 기저 현무암은 발견되지 않았다면서 그것은 상상 속의 암체일 뿐이니 이제 제주도의 형성사에서 영

천지연폭포 인근 해안에서 발견되는 서귀포층 노두. 산호와 패류 화석이 산출되는 서귀포층은 제주도 형성사를 연구하는 데 매우 중요한 정보를 제공한다.

원히 사라져야 한다고 말했다.

흔히 제주도에서 가장 오래된 현무암으로 알고 있는 산방산 아래의 용머리 응회암에 포획된 현무암편은 약 120만 년의 절대 연대값을 나타낸다. 이 측정 결과에 힘입어 제주도의 화산 활동이 약 120만 년 전에 시작되었다는 견해가 주류를 이루게 되었다. 그러나 최근 북제주군 한경면 판포리의 시추 자료 가운데 약 220만 년 전에 분출된 것으로 보이는 현무암편이 발견되어 제주도의 형성 시기가 더 이전으로 거슬러 올라가게 되었다.

서귀포 일대에서는 약 100만 년 전 무렵에 거대한 수성 화산 활동이 있었는데, 지하에서 뜨거운 마그마가 솟아올라 물과 접촉하면서 거대하고 맹렬한 폭발이 일어났다. 이때 엄청난 양의 화산 쇄설물과 화산회가 쏟아져 나와 쌓이기 시작했는데, 천지연 해안을 따라 약 1km가량 절벽에 노출된 서귀포층이 바로 그것이다. 역질사암, 사암, 사질이암과 쇄설암으로 이루어진 이 층에서는, 패류 화석을 비롯하여 유공충, 완족류 등의 해양 생물 화석이 산출되어 화산회와 쇄설물이 얕은 바다에서 퇴적되었음을 보여준다.

손 교수에 의하면, 제주도의 지표에서 발견되는 화산암 가운데 용머리, 당산봉, 군산에서 발견되는 응회암은 약 70만 년 전에 형성된 것으로 비교적 오래된 편에 속한다고 한다. 이를 통해 서귀포가 위치한 제주도 남서부 지역이 다른 지역보다 앞서 형성되었음을 알 수 있다. 그리고 당시의 용암 분출이 남부 해안 일대에 국한되어 있는 것은 서귀포에서 모슬포를 잇는 구조선을 따라 분출이 이루어졌다는 것을 뜻한다. 그렇다면 약 100만 년 전 제주도의 모습은 지금과 사뭇 달랐을 것이다.

섬 속의 섬 기행, 우도

우도는 제주의 꽃이자 진주로 제주도가 거느리는 61개의 섬 가운데 가장 큰 '섬 속의 섬'이다. 성산포에서 북동쪽으로 3.5km 정도 떨어진 이 섬은 마치 소가 물속에 드러누워 있는 모습과 같다 하여 우도(牛島)라고 불린다. 우도는 약 5,000년 전 얕은 해

우도팔경 가운데 하나인 검멀래 해안에서 본 해식 절벽. 제주도의 옛 모습을 그대로 간직하고 있는 우도는 섬 속의 섬으로 볼 것이 아주 많은 곳이다. 사진 속 사진은 우도 등대의 모습이다.

면상에서 폭발적인 수중 분화에 의해 분화구가 생겨나고, 분화구 중앙에서 또다시 용암이 분출하며 분석구와 알봉이 생겨나 만들어진 이중 구조의 기생화산이다.

성산포항에서 10분이면 닿는 이곳은 우도팔경이라 불리는 빼어난 경관과 제주도의 옛모습을 그대로 간직하고 있어 제주도를 찾는 사람들에게 잊지 못할 풍경을 선사한다.

우도의 소머리오름 정상인 우도봉(132m)에는 우도등대가 있다. 오름 전체가 고운 잔디로 덮여 있는 우도봉에서 남쪽 끝으로 가면 깎아지른 듯한 해안 절벽이 나타나고, 멀리 바다 건너 성산일출봉의 신비한 모습이 눈에 들어온다. 해안으로 내려와 동쪽으로 조금 돌아가면 현무암이 풍화되어 쌓인 검멀래 모래사장이 있고 절벽으로는 간조 때만 모습을 드러내 일명 '고래콧구멍'이라 불리는 동안경굴(東岸鯨窟)이 나타난다. 우도봉에서 북서쪽으로는 넓은 초지가 완만하게 이어지는데, 그 가운데 작은 알오름 하나가 봉긋하게 솟아 있어 밋밋한 지세를 달래주는 듯하다.

서쪽 해안에 다가서면 서빈백사(西濱白沙)가 보이는데, 옥빛 바다와 하얀 모래사장이 조화를 이뤄 마치 남태평양 산호섬에 온 것 같다. 서빈백사는 홍조단괴의 부스러기가 쌓여 이루어진 것으로 우도 제일의 명물로 손꼽힌다. 이 밖에 버스로 우도를 한 바퀴 도는 약 2시간 정도의 섬 여행은 곳곳에 볼거리가 넘쳐나 눈이 즐거운 시간이다.

우도에 사람이 살기 시작한 것은 1697년(숙종 24년), 국유 목장이 설치되어 말을 사육하기 시작하면서부터이다. 우도에는 '아들을 낳으면 엉덩이를 쳐 때리고 딸을 낳으면 돼지를 잡아 잔치한다'는 속담이 있는데, 이는 여성의 역할이 그만큼 중요했다는 것을 뜻한다. 동천진동 포구에 세워져 있는 '해녀노래비'에는 고립된 섬에서 억척스럽게 삶을 이어갔던 우도 여성들의 애환이 잘 드러나 있다. 이 비는 1932년에 우도 해녀들이 일본 상인들의 수탈과 착취에 대항한 일을 기리는 뜻에서 세운 것이라고 한다.

하늘에서 내려다본 제주도의 용암대지. 지각의 갈라진 틈을 타고 분출한 점성이 작은 용암이 멀리 해안까지 이동하여 넓은 평원을 만들었다(왼쪽). 서귀포와 중문 일대의 조면암질 안산암층 일부가 해식을 받아 멋진 풍광을 연출하는 씨스택 외돌개(가운데). 외돌개 앞바다에 떠 있는 범섬의 주상절리 해식동(오른쪽).

용암대지와 한라산의 형성

 제주도의 산록에는 널따란 평원이 펼쳐져 있다. 평원에 형성된 초지대에서 말과 소가 풀을 뜯는 모습을 볼 수 있는 곳은 오직 제주도뿐이다. 이 드넓은 평원이 형성된 시기는 그동안 60만~30만 년 전으로 추정되었으나 최근 20만 년 전 이하임을 지시하는 새로운 현무암들이 발견되어 그 형성 시기가 더 앞당겨져야 한다는 주장이 제기되었다.

 약 30만년 동안 수십 차례 분출한 용암은 점성이 작고 유동성이 컸기 때문에 멀리 해안까지 이동하여 동부와 서부에 넓은 용암대지를 형성했다. 그래서 이 당시 화산이 분출한 양상은 폭발적인 중심 분화가 아니라 지각의 벌어진 틈을 타고 용암이 잇따라 조금씩 흘러나오는 열하(裂罅) 분출 방식이었던 듯하다.

 이 당시 분출한 용암이 표선(表善)을 중심으로 제주도 동서해안에 넓게 분포하여 이를 표선현무암이라고도 한다. 이 표선현무암의 용출로 현재의 제주도 해안선과 완전히 일치하지는 않아도 어느 정도 비슷한 윤곽이 형성되었을 것으로 보인다. 만장굴, 김녕굴, 협재굴, 쌍용굴 등 제주도에 분포하는 용암동굴은 표선현무암이 용출되어 용암대지를 이루는 과정에서 형성된 것이다.

서귀포와 중문 일대에서는 조면암질 안산암이 분출하여 서귀포층을 덮고 있는데, 이 시기는 대략 55만~40만 년 전일 것으로 추정된다. 산방산을 비롯하여 서귀포 앞바다의 범섬, 숲섬, 문섬 등의 용암 원정구(lava dome)가 생성된 시기는 대략 이때인 것으로 보인다. 이때까지 한라산은 아직 모습을 드러내지 않았다.

용암대지의 형성이 어느 정도 마무리되어갈 무렵, 제주도 중앙부를 중심으로 여러 차례 거대한 화산 폭발이 일어났다. 한라산이 이제 서서히 모습을 드러내기 시작한 것이다. 이 시기는 30만~10만 년 전으로, 이때는 폭발적인 중심 분화 방식으로 점성이 크고 유동성이 작은 용암이 분출해 멀리까지 흘러가지 못하고 분화구 주변에 높이 쌓여 높이 1,700m 이상의 한라산 화산체가 만들어졌다.

그리고 약 10만 년 전 용암이 또 한 차례 분출하여 백록담 서북벽과 영실 병풍바위 등이 생겨났다. 이후 2만 5,000년 전 무렵에 정상부에서 또다시 수차례의 화산 폭발과 함께 거대한 분화구가 생겨났으며 이곳에 빗물이 고여 백록담이 모습을 드러냈다. 드디어 한라산이 완전한 모습을 갖춘 것이다.

오름왕국 제주도

제주도 형성사에서 결코 빠져서는 안 될 것이 있다. 한라산 정상부에서 해안에 이르기까지 동서 방향의 산록을 따라 봉긋하게 솟아오른 360여 개의 분석구(scoria cone), 즉 기생화산이라 부르는 오름이 바로 그것이다. 그동안 오름은 제주도가 형성되는 과정에서 용암 분출이 모두 끝난 후 10만~2만 5,000년 전 최후의 화산 활동을 통해 형성된 것으로 알려졌다.

그러나 손 교수는 이는 제주도 형성사와 관련하여 가장 먼저 폐기되어야 할 잘못된 지식이라고 지적한다. 그는 오름은 용암대지, 한라산체의 형성기와 때를 같이하며 약 60만 년 전부터 현세에 이르기까지 지속적으로 분

한라산 기슭에 봉긋하게 솟아오른 수많은 오름은 제주도에 오름왕국이라는 별명을 선물했다.

화하면서 형성되었다고 설명한다.

오름은 중심 화도의 곁가지에 있는 작은 화도를 타고 올라온 마그마가 곳곳에서 하늘 높이 솟아올라 그 주변에 쇄설물이 쌓인 것으로, 특정 시기에 집중적으로 형성된 것이 아니라 오래전부터 지속적으로 분출하여 지금의 모습이 되었다는 것이다.

약 3만 년 전 해수면이 지금보다 130~150m 정도로 낮았던 최후 빙기에 화산 폭발로 협재해수욕장 앞바다에 있는 오름인 비양도가 생겨났다. 이후 빙하기가 물러가고 해수면이 현재와 비슷해진 6,000~5,000년 전, 제주도의 해안을 따라 여러 곳에서 화산이 분출했다. 이때의 분화로 성산일출봉과 우도, 송악산 등의 특이한 오름이 생겨나고 100만 년 이상 계속된 제주도 탄생의 대자연사가 막을 내렸다.

제주도는 사화산이 아닌 휴화산

그러나 제주도의 화산 활동이 여기서 완전히 끝난 것은 아니다. 《고려사》 권55 〈오행지(五行志)〉에는 다음과 같은 기록이 있다.

고려 목종 5년(1002) 6월에 바다에서 산이 솟아나왔다. 산에 4개의 구멍이 뚫려 붉은 물이 흘러나오더니 모두 기와같이 검은 돌로 변했다. 7일간이나 사방이 구름에 가려 어두웠는데 땅은 지진이 일어난 것처럼 진동했다. 산의 높이는 100여 장인데 40리 남짓했다. 산에는 초목이 하나도 없고 연기만 자욱했다. 바라보기에는 돌이나 유황처럼 보였다. 사람들이 두려워하여 가까이 가지 못하매 전공지가 가까스로 아래에 이르러 산의 모습을 그려서 임금께 올렸다.

또한 조선 시대 들어와서도 1455년과 1570년에 화산 분출과 지진이 발생하여 많은 피해를 입었다는 사실이 기록되어 있다. 그러나 이때의 분출 장소가 어디인지는 아직 정확히 알려진 바 없다. 그 후 최근 수백 년 간 제주도에서는 별다른 화산 분출의 징후가 보이지 않았다.

일반적으로 화산은 활화산과 사화산으로 나뉘는데, 최근 1,000년 사이에 화산 활동이 있었다면 휴화산으로 분류하기도 한다. 제주도는 지난 1,000년간 화산 활동의 기록이 있고, 그 근원이 되는 열점이 1억 년 가까이 거의 동일한 지점에서 활동했다고 하니 백두산과 마찬가지로 언제든 분화할 가능성이 있는 휴화산이라고 할 수 있다.

제주도 사람들이 해안에 모여 사는 이유

제주도는 연평균 강수량이 1,500mm로 우리나라에서 비가 가장 많은 지역이다. 그런데도 제주도의 하천이나 계곡에서는 물을 찾아보기가 쉽지 않다. 그것은 제주도의 땅이 대부분 다공질의 현무암으로 이루어져 있으며, 특히 암석 내에 발달한 무수한 균열인 절리 때문이다. 제주도에서 흔히 볼 수 있는 현무암의 표면에는 구멍이 숭숭 뚫려 있다. 이는 마그마가 지표 밖으로 나온 후 식는 과정에서 가스가 빠져 나가지 못하고 안에 갇혀 있었기 때문이다. 다공질 현무암은 물을 잘 빨아들이는 특성이 있다. 즉 비가 많이 온다 해도 빗물이 곧장 현무암의 구멍과 갈라진 틈을 타고 땅속으로

남제주군 성읍 부근의 건천(乾川, 왼쪽). 북제주군 삼양 큰물 용천수원지의 노천탕(가운데). 물을 긷는 물허벅과 나무아래로 떨어지는 빗물을 받기 위해 놓아둔 촘항(오른쪽).

스며들기 때문에 지표수를 찾아보기 어려운 것이다.

지하로 스며든 빗물은 수백m 아래의 지하수 물길을 따라 흐르다가 해안가에서 샘물처럼 솟는데, 이를 용천대(龍泉帶)라고 한다. 이 때문에 제주도의 마을은 대개 물을 구할 수 있는 용천대를 중심으로 형성되었다. 해발고도 200m 이상에서 마을을 찾기 어려운 것은 이와 같은 이유 때문이다.

이렇게 평상시에 물을 구하기 어려웠던 제주도에서는 갈대 묶음을 나무에 매달고 그 밑에 항아리를 놓아 빗물을 받았는데, 이를 촘항이라고 한다.

죽은 자와 산 자가 공존하는 곳

제주도는 돌, 바람, 여자가 많은 곳이라 하여 삼다도(三多島)라 불리는데, 화산 활동으로 생겨난 섬인 만큼 가는 곳마다 돌이 넘쳐난다. 흙을 조금만 걷어내도 바위들이 그득하게 있어 그것으로 집을 만들고, 집과 집, 밭과 밭 사이를 구분 짓는 돌담을 만들었다. 이런 제주도 특유의 풍광은 다른 한편으로 척박한 환경에서 제주도 사람들이 얼마나 고달프고 힘들게 살아왔는가를 엿볼 수 있는 부분이기도 하다.

또한 돌은 제주도를 삶과 죽음이 공존하는 공간으로 만들었다. 제주도를 여행하다 보면 수시로 무덤을 만나게 된다. 집 뒤뜰에서, 밭 한가운데서, 바닷가 언덕에서 가까운 이웃을 만나듯 쉽게 무덤을 볼 수 있다. 모질었던 삶을 이어갔던 이승에서 차마 발을 떼지 못하는 것일까? 이렇게 제주도 사

산담은 제주도가 삶과 죽음이 공존하는 공간임을 보여주는 민속 유산이다.

람들은 죽음을 삶의 일부로 여기고 오늘도 죽은 자와 어우러져 살아가고 있다.

이런 어우러짐 안에도 산담이라는 경계가 존재한다. 산담은 육지에서 볼 수 없는 제주만의 독특한 돌담으로 보통 장방형이나 타원형이고, 영혼의 영역을 구분하는 역할을 한다고 믿어진다. 또한 소나 말의 출입을 막고, 불이 났을 때 산불이 무덤으로 넘어오지 못하게 하는 구실도 한다. 산담에는 영혼이 드나드는 출입구인 신문(神門)이 있는데, 이는 죽은 자와도 소통할 수 있다는 제주도 사람들의 의식 세계를 반영하고 있다. 제주도 사람들이 죽어서만 갈 수 있다는 피안의 섬 이어도를 꿈꾸는 것도 같은 이유 때문이 아닐까?

■ ■ ■ ■ 플러스 이야기 상자 ■ ■ ■ ■

서귀포에서 벼농사가 가능한 이유

삼매봉 맞은편에서 바라본 하논(위)과 삼매봉에서 바라본 하논(아래). 하논은 과거 수성 화산 활동으로 형성된 응회환의 바닥 부분으로, 지하에 물길의 침투를 가로막는 서귀포층이 있어 벼농사가 가능하다.

제주도는 우리나라에서 강수량이 가장 많은 곳이지만, 지표면의 대부분이 다공질 현무암이라 비가 올 때만 물이 흐르고 보통 때는 말라 있는 건천이 하천의 주를 이룬다.

이러한 점 때문에 제주도에서는 벼농사가 사실상 불가능하다. 그런데도 서귀포시 호근동에 있는 하논의 약 3만여 평과 서건도와 마주보는 강정동 일대의 약 1만여 평의 토지에서는 벼농사가 이루어지고 있다.

이들 지역에서는 어떻게 벼농사가 가능한 것일까? 그 비밀은 바로 제주도 지하를 흐르는 물인 지하수에서 풀 수 있다. 지하로 스며든 물은 지하수의 물길을 따라 저지대로 이동하여 해안에서 샘물처럼 솟아오른다. 이를 용천대라고 하는데, 이곳의 물을 이용하여 벼를 재배할 수 있는 것이다.

용천수가 솟아 나오려면 지하수가 더 깊은 곳까지 스며들지 못하도록 막아주는 지질대가 있어야 하는데, 서귀포 지역의 지하에는 치밀하고 견고한 암질의 서귀포층이 넓은 범위에 존재하는 것으로 조사됐다.

서귀포층은 제주도 형성 초기인 약 100만 년 전에 현무암질 암편과 화산 쇄설물이 운반되어 조개화석과 함께 굳은 지층을 말한다.

이 서귀포층이 제주도 남쪽 해안 일대에 널리 분포하고 있기 때문에 지하로 복류하던 지하수 물길은 더 이상 밑으로 내려가지 못하고 한곳에 모여 샘물처럼 솟아났다. 즉 이 일대에서 벼농사가 이루어지는 것은 그 아래에 서귀포층이 깔려 있기 때문이다.

또한 이 지역에 천지연폭포, 천제연폭포, 정방폭포 등 폭포가 집중되어 있는 것도 지하수가 응회암층에 막혀 절벽을 타고 누출되었기 때문이다.

특히 응회환으로 추정되는 하논 분화구에서는 500여 년 전부터 벼농사가 행해졌다고 하는데 이곳에서는 하루에 1,000~5,000 l 의 용천수가 뿜어져 나온다. '큰 논(大畓)'이란 의미의 '한 논'에서 하논이란 이름이 나온 것으로 보아 이곳은 오래 전부터 큰 논이었으리라 추측해 볼 수 있다.

서귀포 포구 안쪽에 있는 높이 22m의 천지연폭포.

한반도의 어머니 산
한라산

한반도의 남쪽 끝에서 태평양을 굽어보는 한라산은 제주도 사람들의 숨결과 역사를 간직한 신산(神山)이다.

　남한의 최고봉(1,950m)인 한라산은 백두산, 금강산과 더불어 우리나라를 대표하는 3대 명산이다. 백두산이 우리나라 육지부를 호령하는 아버지 산이라면, 한라산의 남녘의 지킴이를 자처하며 태평양을 아우르는 어머니 산이라고 할 수 있다.
　시시각각 표정과 자태를 달리하는 한라산은 우리에게 계절의 변화를 실감하게 한다. 봄에는 진달래와 철쭉이 온 산을 붉게 물들이고, 여름에는 짙

한라산 북쪽 사면 왕관릉으로 가는 눈길. 하얀 눈에 갇힌 한라산의 모습은 형언할 수 없는 아름다움을 선사한다.

은 녹음이, 가을에는 만산홍엽이 온 산을 뒤덮고, 겨울에는 찬란한 은빛 눈세계가 시선을 사로잡는다.

망망대해를 베개 삼아 제주도 한가운데 솟아오른 한라산은 방패를 엎어놓은 듯한 모양에 백록담을 기준으로 동서로 길게 뻗어 있으며, 남쪽은 급경사를 이루는 반면 북쪽은 완만한 경사를 이룬다. 중산간지대의 울창한 자연림과 고산지대에 드넓게 펼쳐진 초원, 그리고 산록 여기저기에 옹긋옹긋 피어난 오름 사이로 솜사탕 같은 안개가 피어나는 광경은 그 자체로 선경(仙境)이라 할 만하다. 한라산을 '꿈 없이는 갈 수 없는 산(山)사람의 이어도'라고 표현하는 것은 이러한 신비하고 오묘한 기운 때문일 것이다.

은하수를 머금을 만큼 높은 산

한라산의 '한(漢)'은 '천하(天下)' 또는 '은하수'를 의미하고, '나(拏)'

는 '손을 들어 잡는다'는 뜻이다. 따라서 '한라(漢拏)'는 '손을 들어 은하수를 잡아당긴다'는 뜻으로, 하늘에 닿을 듯 높이 솟아 있는 모습을 형용하는 말이다.

예부터 영주산(瀛州山)이라 하여 금강산, 지리산과 더불어 3대 영산(靈山)의 하나로 꼽혀온 한라산은 이외에도 두무악(頭無岳), 탐라산(耽羅山), 원산(圓山), 부악(釜岳) 등 20여 개의 이름을 갖고 있다. 이 가운데 두무악은 말 그대로 '머리가 없는 산'이라는 의미로 산봉우리가 평평하기 때문에, 탐라산은 탐라(제주도의 옛 이름)에 유일하게 솟아오른 산이기 때문에, 원산은 산세가 활이나 무지개 모양으로 둥글게 굽은 모양이기 때문에, 부악은 산 정상에 가마솥 모양의 넓은 분화구가 있기 때문에 붙여진 이름이다.

제주도 사람들은 한라산 자락에서 태어나 자라고, 농사를 짓고, 사냥을 하고 가축을 기르며, 그 산에 기대어 살다가 죽어 그곳에 묻힌다. 그들은 섬에 살지만 바다보다 산에 더 의지한다. 그러므로 흔히 하는 말처럼 한라산이 제주도의 모든 것이라 해도 그리 심한 과장은 아닐 것이다.

천의 얼굴을 가진 산

한라산은 멀리서 보면 높은 산이란 느낌이 들지 않을 정도로 산세가 완만하고 부드럽지만 결코 보이는 것처럼 만만한 산은 아니다. 평지와 정상부의 온도 차가 10°C 이상이고, 사시사철 바람이 강하게 분다. 또한 비가 오면 삽시간에 계곡 물이 불어 자칫하면 급류에 휩쓸리고, 수시로 피어오르는 짙은 안개에 길을 잃기 십상이다. 게다가 고도에 따라 날씨가 달라져 등산에 어려움을 겪는 것은 물론 매년 계절을 가리지 않고 조난 사고가 일어난다.

지난 30년 동안의 한라산 날씨를 살펴보면 맑은 날이 연중 33일 정도밖에 되지 않는다. 그러니 정상에 올라도 푸른 바다와 드넓은 초원, 산자락에 피어오른 오름을 제대로 둘러보기란 쉽지 않은 일이다. 그래서 제주도 사람들은 한라산의 매력을 충분히 만끽하며 산에 오르기 위해서는 하늘이 도와야 한다고 말한다.

어떤 사람들은 백두대간의 정기가 호남정맥을 타고 땅끝을 거친 후 돌맥을 따라 바다 건너 제주도까지 이어져 한라산을 만들었다며 한라산과 육지의 연관성을 애써 강조한다. 하지만 제주도는 해저에서 솟아오른 화산섬으로 육지의 지맥과는 전혀 관계가 없는 양도(洋島, 육지와 연결되지 않은 섬)이다. 그러므로 한라산을 백두대간의 산자분수령(山自分水嶺) 개념을 끌어와 설명하는 것은 전혀 타당성이 없는 이야기이다.

제주도가 한라산이요, 한라산이 제주도이다

제주도 사람들은 흔히 "한라산이 곧 제주도요, 제주도가 곧 한라산이다"라고 말한다. 이는 한라산이 제주도 사람들에게 그만큼 특별한 대상이라는 뜻이지만, 다른 한편으로 어디까지를 한라산으로 봐야 할지 그 경계를 정하기가 쉽지 않다는 뜻이기도 하다. 한라산의 경계를 굳이 이야기하자면, 현재 국립공원으로 지정된 구역에서 남서쪽으로 약 1,000m 고지, 북동쪽으로 650~750m 고지를 연결하는 산세로 한정하면 큰 무리가 없을 듯하다.

오설록 녹차밭에서 바라본 한라산. 제주도 사람들은 흔히 "한라산이 곧 제주도요, 제주도가 곧 한라산이다"라고 말한다. 그만큼 한라산과 제주도를 구분하기란 쉽지 않은 일이다.

쉽게 오를 수 없는 한라산은 꿈 없이는 갈 수 없는 산(山)사람의 이어도라고 불린다. ⓒ강태웅

완만한 경사로 이어지다가 정상부에 이르러 갑자기 솟구쳐 오르는 한라산체는 언제, 어떻게 형성되었을까? 약 100만 년 전에 서귀포층이 퇴적된 이후, 수십 차례 화산 폭발이 일어나면서 그 위로 용암이 분출했다. 점성이 작고 유동성이 컸던 이 용암은 멀리 해안까지 이동해 넓은 용암대지를 형성했다. 이 시기는 대략 60만~30만 년 전으로 추정된다.

이와 달리 한라산의 정상부는 섬 중앙에서 일어난 폭발적인 분화로 점성이 크고 유동성이 작은 용암이 분출하여 분화구 주변에 높게 쌓인 결과이다. 그 높이는 해발고도 1,700m 이상이며, 시기는 대략 30만~10만 년 전으로 추정된다.

이와 같은 시기에 오름이 생겨나기 시작했다. 한라산국립공원 안에 있는 성널오름, 어승생오름 등이 바로 그것들이다. 그리고 마지막으로 약 2만 5,000년 전 정상부에서 대규모 화산 폭발이 몇 차례 더 이어지면서 백록담이 만들어졌다.

고원지대를 지나면서 높아지는 한라산체를 오르는 등산객들. 해발고도 1,700m 이상의 한라산체는 점성이 크고 유동성이 작은 용암이 분출하여 분화구 주변에 높게 쌓인 결과이다.

제주인의 성스러운 못, 백록담

신선이 하늘에서 흰 사슴을 타고 내려와 물을 마셨다는 백록담(白鹿潭)은 제주도 사람들의 성지로 동서 길이 700m, 남북 길이 500m, 면적 약 0.33km², 화구의 능선 둘레 1.72km, 깊이 111m에 달하는 거대한 화구호이다.

백록담이 있는 한라산 정상부의 동쪽은 완만한 경사를 이루는 반면, 서쪽은 급한 경사를 이루고 있어 대조적이다. 이는 양쪽이 서로 다른 시기에 분출한 다른 암질로 이루어져 있기 때문이다.

10만~2만 5,000만 년 전 백록담 정상부 남서쪽에서 커다란 불길이 솟아오르며 조면암질 용암이 분출했다. 이때 분출한 용암은 점성이 매우 크고 유동성이 작아, 냉각되면서 경사가 급한 종 모양의 돔을 형성했다. 정상부 남서쪽의 암벽이나 영실기암은 이때 분출한 조면암이다. 이후 북동쪽 귀퉁이에서 돔의 일부를 부수면서 또다시 용암이 분출했는데, 이때 흘러나온 용암은 점성이 작고 유동성이 커 백록담 동쪽인 성판악 방면으로 흘러내리며 진달래밭까지 이어졌다.

그 후 깊게 파인 분화구에 서서히 빗물이 고여 백록담이 생겨났다. 지하수가 솟아나 1년 내내 마르지 않는 천지와 달리 백록담에서는 지하수가 용출되지 않기 때문에 한여름철 가뭄이 계속되면 바닥을 완전히 드러내기도 한다.

만약 남서쪽에서 조면암이 분출한 이후 2차 분출이 없었다면 한라산 정상은 백록담이 없는 거대한 돔 모양이었을 것이다. 한라산을 달리 부악(釜岳)이라 부르는 이유는 깊게 팬 분화구에 물이 고인 모습이 마치 가마솥에 물을 담아둔 것과 같다고 한 데서 비롯된 것이다.

한라산이 만든 제주도의 남과 북

한라산은 남북을 가르는 자연 장벽이 되어 남북 간에 기후와 언어, 풍속 등에서 차이를 만들었다. 먼저 기온과 강수량을 보면, 북제주는 연평균 기

세계자연유산으로 등재된 800m 이상의 한라산 천연보호구역. 한라산 정상의 백록담은 화산 폭발 후 분화구에 물이 고여 형성된 산정호수로 한여름에 가뭄이 계속되면 바닥을 드러내기도 한다.

온이 14.7°C, 남제주는 16°C로 남쪽이 더 온난하다. 이는 한라산이 차가운 북서 계절풍을 막아주기 때문이다. 그리고 강수량은 한라산 북쪽이 연평균 약 1,500mm이고 남쪽은 약 1,600~1,800mm로 남쪽의 강수량이 월등히 많다. 이는 여름철 태평양을 지나오면서 수증기를 잔뜩 머금은 대기가 한라산에 부딪히며 지형성 강수를 일으키기 때문이다. 한라산 남쪽의 서귀포시는 우리나라 최고의 다우지이기도 하다.

또한 제주도의 문화와 풍속을 연구해온 제주대학교 지리교육과 송성대 교수(문화지리학)에 따르면, 한라산 이남과 이북은 언어, 관혼상제, 음식, 가옥 구조 등 생활 풍속 전반에 걸쳐 어느 정도 차이를 보인다고 한다.

그 가운데 특히 주목해볼 만한 것은 언어이다. 잘 알려져 있듯이 제주도 방언은 표준어는 물론 육지의 다른 어떤 방언보다도 낯선 느낌을 준다. 실제로 제주도 토박이들이 주고받는 말 중에는 육지 사람들이 전혀 알아들을 수 없는 것도 많다. 그런데 흥미롭게도 이런 제주 방언 안에서도 지역 차가 존재한다. 즉 산남과 산북의 말은 어휘에서뿐만 아니라 억양에서도 차이를 보인다. 산남의 말은 부드럽고 다소 느린 반면 산북의 말은 거칠고 속도가 빠른 편인데, 이를 두고 산북이 육지의 전라도와 가깝기 때문이라고 말하는 이들도 있다.

그 밖에 산남에서는 한라산을 등진 남향집을 선호하는 데 반해, 산북에

한라산 북쪽의 제주시 전경(왼쪽). 한라산은 제주도를 남북으로 가르는 자연적인 장벽이 되어 그 남쪽과 북쪽의 언어나 생활 풍속에서 많은 차이가 나타난다. 도표는 《한국의 발견-제주도》에서 부분 발췌한 것으로 산남과 산북의 언어 차이를 보여준다(오른쪽).

산남	산북	표준어
불근놀	노란알	노른자
물꾸럭	문게	문어
산전발락	심방말축	방아깨비
쳉이	쥥이	쥐
강벼리, 간비역	멘주기	올챙이
썰거리낭	아까시낭	아카시아
바우	엉덕	바위
수둠주다	굿올리다	북돋우다

서는 시각의 안정감을 찾기 위해 바다가 보이는 북향을 선호하는 등 일상의 크고 작은 예를 통해 산남과 산북의 차이를 살펴볼 수 있다.

┤ 언어학의 보물 창고, 제주도 ├

"혼저옵서, 하영봅서, 쉬영갑서예." 이 말은 "어서 오십시오, 많이 구경하십시오, 쉬다 가십시오"를 뜻하는 제주도 방언이다. 왜 제주도 방언은 다른 지방의 방언과 달리 알아듣기가 어려운 것일까?

전라도와 경상도가 말투나 생활 방식에서 큰 차이를 보이는 것은 두 지방 사이를 가로막고 있는 소백산맥 때문이다. 제주도 역시 섬이라는 지리적 특성 때문에 오랜 기간 독립적인 지역으로 살아온 데다가, 몇 가지 역사적 상황이 더해져 여느 지역과는 다른 독특한 방언을 갖게 되었다. 여기서 말하는 역사적 상황이란 고려 시대에 100년 가까이 제주도를 통치한 몽골인들과 이후 일제 강점기 일본인들의 영향, 그리고 한국전쟁 당시 이곳으로 몰려든 전국 각지의 피난민들이 쓰던 다양한 방언들을 뜻한다.

그러므로 제주도 말의 변천 과정을 자세히 살펴보면, 우리나라 여러 지방의 옛말뿐만 아니라 몽골어나 일본어의 흔적까지도 발견할 수 있는 셈이다. 즉 제주도 방언은 언어의 상호 영향과 변화, 전승의 원리를 연구할 수 있는 언어학의 보물 창고라고 할 수 있다.

희귀 식물의 전시장

한라산에는 아열대, 온대, 한대 등 다양한 기후군이 고루 분포한다. 그래서 저지대의 난대성 식물부터 고산지대의 한대 식물에 이르기까지 고도에 따라 다양한 식물을 볼 수 있다. 또한 우리나라에서 자라는 4,500여 종의 관속(管束) 식물 가운데 1,800여 종이 한라산에 있다고 하니 생태학의 교과서와 같은 곳이라 할 수 있다.

해발고도 1,400m 이상에는 추위와 바람에 강한 구상나무, 주목 등과 같은 아한대 고산 식물이 울창한 침엽수림대를 이룬다. 그 아래로 500m까지는 벚나무, 참나무, 단풍나무와 같은 난대림과 온대림이 자란다. 다시

한라산의 해발고도 1,800m 이상에서만 자생하는 돌매화나무. 최근 지구온난화 현상으로 이런 고산 식물들이 멸종 위기에 처해 있다.

500m 이하의 중산간지대에는 광대하게 펼쳐진 초원이 나타나는데, 이곳에는 목장이 조성되어 있어 말과 소가 한가롭게 노닌다. 이와 같이 고도에 따라 다양한 식물이 자라는 한라산은 우리나라 식생의 수직적 분포가 가장 전형적으로 나타나는 곳이다.

한라산에는 육지에서는 볼 수 없는 섬바위장대, 섬매발톱나무, 한라장구채 등의 식물과 모주둥이노린재, 제주풍뎅이, 등줄메뚜기, 제주은주둥이벌 등의 동물처럼 제주도만의 희귀하고 독특한 생태계가 나타난다. 한라산의 대표적인 동물은 노루이며, 현재 멧돼지나 대륙사슴은 전멸했기 때문에 제주도에는 맹수가 없다. 이처럼 한라산에는 멸종 위기를 맞은 동식물 또한 많아서 1966년에 해발고도 800~1,300m 이상의 몇몇 계곡과 특수한 식물상이 발달한 일부 지역이 천연기념물 제182호(한라산 천연보호구역)로 지정되었다.

최근 지구온난화 현상으로 구상나무와 주목을 비롯하여 돌매화나무, 시로미, 눈향나무 등과 같은 고산 식물이 멸종 위기를 맞았다. 한라산 정상에서 자라는 고산 식물은 빙하기 때 동북 아시아에서 유입된 식물 가운데 일부가 후빙기에 기온이 상승하면서 한랭한 피난처를 찾아 고지대로 이동한 것이다. 그런데 최근 지구온난화로 증발량이 급격히 증가하여 광합성에 필요한 수분 공급이 감소하고 있어 생존을 위협받고 있다.

그러나 경희대학교 지리학과 공우석 교수(생물지리학)에 따르면, 한라산의 고산 식물을 위협하는 것은 지구온난화보다는 폭증하는 등반객과 최근에 개체수가 급격히 늘어난 노루라고 한다. 특히 한라산의 상징인 노루는 1980년대 이후 범도민운동을 벌여 보호한 결과 개체수가 급격히 증가해 여러 가지 부작용을 낳고 있다. 생존을 위해 앞 다투어 고산 식물을 먹어치우기도 하고, 영역 싸움에서 밀린 노루들이 저지대까지 내려와 농작물에 피해를 주고 있기 때문이다.

한라산의 고산 식물은 대부분 특이한 종인 데다가 섬이라는 지역적 특성까지 더해져 기후 변화에 특히나 민감하다. 그러므로 멸종을 막기 위해서는 국가 차원의 보다 체계적인 보호 대책이 마련되어야 할 것이다. 제주 토착 생물 라이브러리, 추출물 은행, 유전자 은행 등의 생물 자원 보호 및 활용 기반을 구축하고, 공항이나 항만에서는 생물 자원의 무단 유출을 방지하는 시스템을 갖추는 것이 그 예가 될 수 있다.

한라산 식생 수직분포도. 한라산에는 저지대의 난대성 식물부터 고지대의 한대 식물에 이르기까지 해발고도에 따라 다양한 식물이 뚜렷하게 분포하고 있다.

▪▪▪▪ 플러스 이야기 상자 ▪▪▪▪

뜨거워지는 한반도, 생태계가 급변하고 있다

한라산의 대표적인 고산 식물인 구상나무 군락의 설경. 현재 상태로 지구온난화가 지속된다면 77년 뒤에는 서울 시내의 가로수가 바나나 나무로 바뀐다는 보고가 있고, 제주도 고산지대의 식생들도 서식지에 변화가 일어날 것이다.

현재 세계 곳곳에서 지구온난화로 인한 기상 이변이 속출하여 인간은 물론 생태계 전반을 위협하고 있다. 한반도 또한 여름철 폭염으로 인한 사망자가 늘고 있으며 일본뇌염, 말라리아, 세균성 이질, 쯔쯔가무시 등 환경 변화로 인한 전염병이 기승을 부리고 있다.

한반도의 평균 기온은 지난 100년 동안 약 1.5°C 정도 상승했다. 그 결과 생태계에 큰 변화가 생겨 사과나무, 왕대나무, 동백나무 등의 식물이 북방 한계선을 넘어 북상하게 되었다. 그 가운데 왕대나무는 지난 100년간 50km나 북상했다고 한다. 개나리, 진달래 등 봄꽃의 개화 시기도 점점 빨라지고 있고, 1년에 몇 번씩 꽃을 피우는 일도 잦아지고 있다.

이렇게 일반적인 식물들은 서식지를 이동하여 살아남을 수 있지만, 추운 곳에서만 자라는 고산 식물은 갈 곳이 없어 멸종 위기를 맞고 있다. 빙하기가 끝난 뒤에도 따뜻한 기후를 피해 고산지대로 올라와 살아남았는데, 또 기온이 상승하고 있으니 더 이상 피해갈 곳이 없어진 것이다.

예를 들어, 돌매화나무는 해발고도 1,800m 이상의 고지대에서만 자라는데 기온 상승 때문에 서식지를 점차 한라산 꼭대기로 옮겨가는 중이다. 한라산 고산 식물대를 연구해온 공 교수는 한라산에서는 해발고도 100m당 0.65°C의 기온 차가 나기 때문에 돌매화나무는 기온이 1°C 상승하면 해발고도 1,950m 정상까지 올라가야 생존할 수 있다고 한다. 그러나 지구온난화가 계속된다면 더 오를 곳이 없어 이 땅에서 영원히 사라질지도 모를 일이다.

지구온난화는 육지뿐만 아니라 바다에서도 진행되고 있다. 최근 국립수산진흥원 동해수산연구소는 30년간 동해의 해수 표면 온도가 0.6°C가량 상승했다고 밝혔다. 그 결과 한류성 어족인 명태, 대구의 어획고가 급감했고, 필리핀과 동중국해 근해에 서식하는 아열대성 어종이 대거 유입되었다고 한다. 그리고 황해에서는 그동안 잡히지 않던 오징어와 같은 난대성 어종이 잡혀 수온의 변화로 연근해의 생태계가 급변하고 있음을 알 수 있다.

분석구의 교향곡
제주도 오름

    대부분의 사람들이 제주도에는 산이 하나밖에 없다고 알고 있지만, 사실 제주도에는 한라산만 있는 게 아니다. 수백 개의 오름이 자신의 존재를 알리기라도 하듯 한라산 자락을 타고 봉긋봉긋 솟아 있기 때문이다.

    제주도에는 거인 설문대할망이 제주도와 육지 사이에 다리를 놓으려고 치마폭에 흙을 담아 나를 때, 치마 틈새로 한 줌씩 떨어진 흙덩이들이 지금의 오름이 되었다는 전설이 전해온다. 돌하르방과 함께 제주도를 상징하는 오

수백 개의 오름이 한라산 자락을 타고 제주만의 독특한 자연미를 뽐내고 있다.

름은 어떻게 형성되었고, 또 제주도 사람들에게 어떤 의미를 지니고 있을까?

오름에 대한 잘못된 인식

'오르다'의 명사형인 오름은 독립된 산 또는 봉우리를 일컫는 제주도 방언이고 '악'이라고도 한다. 또한 한라산 산록에 붙어 있는 새끼 화산이기 때문에 기생(寄生) 화산 또는 측화산(側火山)이라고도 한다.

오름은 그동안 제주도 형성사에서 화산 활동의 종말기(10만~2만 5,000년 전)에 형성된 것으로 알려졌지만, 손영관 교수는 이것이 제주도 형성사에서 가장 먼저 수정되어야 할 부분이라고 말한다. 그에 따르면, 오름은 어느 한 시기의 화산 활동에 의해서라기보다는 제주도가 만들어지던 전 과정에서 일어난 수백 차례의 분화에 의해 형성되었다고 한다. 다만 마지막 활동기에 보다 집중적인 분화 활동이 일어났다는 것이다. 최근 조사에서는 송악산, 수월봉, 성산일출봉 등이 7,000~5,000년 전의 분화 활동에 의해 형성되었다는 사실이 밝혀졌다.

오름의 왕국, 제주도

지표 가까이에 있던 마그마에서 휘발 성분이 마그마 상부에 높은 압력으로 집중되면 불기둥의 높이가 500m나 될 정도로 어마어마한 규모의 폭발이 일어난다. 이때 검은색 암석 파편인 스코리아(scoria, 제주도에서는 '송

한라산 산록 주변의 오름군(왼쪽)과 우도에서 바라본 지미봉(오른쪽). 한라산 자락과 해안에 흩어져 있는 오름은 계절과 바라보는 각도에 따라 그 모양이 다르다.

이'라고 함)가 하늘 높이 솟아올랐다가 화구를 중심으로 동그랗게 쌓여 원추형의 분석구가 만들어지는데, 이것을 오름이라고 한다.

분석구는 일회성 화산 활동이 끝나면 굳어버린 마그마가 화도를 막아 생을 마치는 것이 보통인데, 제주도의 오름은 형성된 지 얼마 지나지 않았을 뿐 아니라 빗물의 투수성(透水性)이 높아 침식을 덜 받은 까닭에 원형이 잘 보존되어 있다.

세계에서 오름이 가장 많은 제주도는 오름이 생성될 당시 '불의 시대'를 맞고 있었으리라 추측된다.

제주도는 세계에서 오름이 가장 많은 곳으로, 한라산을 정점으로 동서축을 따라 무려 360여 개가 산재해 있다. 제주도 면적을 놓고 보면 5.5km²마다 하나 꼴로 솟아 있는 셈이다. 그러니 제주도를 오름의 왕국이라 하는 것도 과언이 아니다.

오름의 약 90%는 스코리아가 화구 주변에 쌓인 원추형의 분석구로 다랑쉬오름에서 그 전형적인 모습을 찾아볼 수 있다. 그 밖에 말굽형, 원형 등

오름 형성 과정

화산체가 커지면 화도가 길어져 중심 분화구로 상승하는 용암에 가해지는 압력이 점차 높아진다.

용암의 일부는 용출이 보다 쉬운 산기슭의 틈으로 분출해 기생 화산인 오름이 된다.

오름의 화도는 고화된 용암으로 폐쇄되고 용암은 다른 틈을 통해 또다시 분출하여 또 다른 오름을 만든다.

제주도 오름의 약 90%는 원추형의 분석구 모양이다(왼쪽). 산방산(가운데)과 성산일출봉(오른쪽)은 마그마의 성질이나 분화 환경의 차이로 특이한 모양이 된 오름이다.

분석구의 모양은 아주 다양하다.

우유에 시리얼을 넣고 쏟으면 시리얼이 우유 위에 떠 있는 상태로 흘러가는 것처럼, 스코리아도 비중이 작아 용암 위에 떠서 멀리까지 흘러간다. 이 때문에 초기에 원추형이던 분석구는 계속적인 분화 활동에 의해 제 모습을 잃고 여러 가지 모양으로 변한다. 분석구의 한쪽이 터져 말발굽 모양이 된 부대악과 부소악, 이 말발굽 모양의 분석구에서 용암이 계속 흘러 초승달 모양이 된 늪서리분석구가 그 대표적인 예이다.

이외에 산방산, 성산일출봉 등 특이한 모양의 오름은 화산 활동 당시 그 지역 마그마의 성질이나 분화 환경이 달랐기 때문에 생겨난 것이다. 해저에서 화산이 강하게 폭발하거나 육상에서 수백m의 불기둥이 솟구쳐 올라 생겨난 것들도 있다.

손 교수는 제주도의 오름은 응회환(구), 용암원정구(lava dome), 피트 크레이터(pit crater, 또는 함몰구) 등 다양한 지형 구조를 띠고 있어 분출 당시의 화산 활동과 관련된 유용한 정보를 얻을 수 있으므로 학술적 가치가 매우 높다고 말한다.

삶과 죽음을 함께한 오름

제주도 사람들과 평생을 함께하는 오름은 민속 신앙의 터로 신성시되어 왔다. 그래서 아직도 오름 곳곳에는 마을 사람들이 제를 지내던 터와 당(堂)의 흔적이 남아 있다.

오름은 제주도 사람들의 생활 근거지로 촌락의 모태가 되었다. 사람들은 오름 기슭에 터를 잡고 화전을 일구고, 밭농사를 지었으며, 목축을 했다. 또한 오름은 제주 전통 가옥의 초가지붕을 덮었던 띠와 새의 생산지였으며, 소똥과 말똥 등을 주워 말린 천연 연료의 생산지이기도 했다.

그 밖에도 오름은 몽골과 일본 등 외세의 침략 시 항쟁의 거점이 되었고, 봉수대가 설치되어 통신망의 구실도 했다. 한편 4·3 사건 때는 민중 봉기의 근거지가 되어 무고한 양민들이 학살되는 비극을 겪은 곳이기도 하다.

오름은 제주도 사람들에게 죽어서 돌아갈 영혼의 안식처와 같은 곳으로 그곳에는 오름의 자식으로 태어나 오름의 품으로 돌아간다는 제주도 사람들만의 철학이 깃들어 있다.

모진 바람과 싸우며 살아온 제주도 사람들 곁에는 늘 오름이 있었다. 제주도 사람들에게 오름은 어머니의 품과도 같은 곳이다.

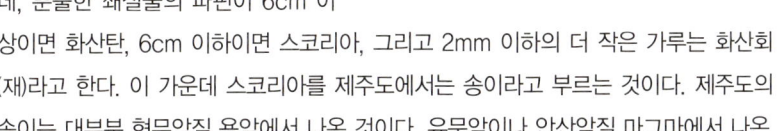

화산 폭발로 분출한 돌 부스러기, 제주도 송이

송이 하면 사람들은 보통 송이버섯을 떠올린다. 그러나 제주도에서는 검은색 또는 붉은색의 다공질 돌 부스러기들을 송이라고 한다.

화산이 폭발할 때면 마그마가 작은 덩어리로 터져 하늘 높이 솟아오르는데, 분출한 쇄설물의 파편이 6cm 이상이면 화산탄, 6cm 이하이면 스코리아, 그리고 2mm 이하의 더 작은 가루는 화산회(재)라고 한다. 이 가운데 스코리아를 제주도에서는 송이라고 부르는 것이다. 제주도의 송이는 대부분 현무암질 용암에서 나온 것이다. 유문암이나 안산암질 마그마에서 나온

송이는 분출 후 산화되어 붉은색을 띤다. 대개 영양분이 많고 물이 잘 빠지기 때문에 난과 분재 등에 쓰인다.

용암에서는 회백색의 경석(輕石, pumice)이 형성되는데, 밀도가 매우 작아 물에 쉽게 뜨기 때문에 다른 말로 부석(浮石)이라고 한다. 그러나 송이는 경석보다 기공이 적고 무거워 물에 뜨지 않는다. 송이는 분출된 후 마그마에서 올라온 뜨거운 증기와 열에 산화되어 붉은색으로 변하는데, 증기와 열이 미치지 않는 곳의 송이들은 대부분 검은색이다.

송이는 영양분이 많고 물이 잘 빠질 뿐만 아니라 통기성이 좋아 분재와 정원수 재배에 많이 사용된다. 또한 서로 성기게 엉켜 있어 손으로도 쉽게 캐낼 수 있다. 한때 사람들이 송이를 마구 가져가 오름 여러 곳이 심하게 훼손되기도 했는데, 지금은 제주도에서 송이의 밀반출을 법적으로 금하고 있다.

오름이 지켜본 제주도의 파란만장한 역사

오름의 명칭에는 그 형상과 식생의 특징, 인간과의 관계, 전설, 역사적 사건 등 다양한 의미가 함축되어 있다. 그 가운데 제주도의 파란만장한 역사를 보여주는 오름 2개를 소개할까 한다.

애월읍 광령리에 있는 붉은오름에는 몽골에 대항하여 끝까지 싸웠던 삼별초의 수장 김통정(金通精, ?~1273) 장군의 전설이 서려 있다. 1273년 초여름 여몽(麗蒙) 연합군과의 격전에서 항파두리 토성이 함락되자 김통정 장군은 부하 70여 명과 붉은오름으로 후퇴하여 최후의 결전을 치르고 장렬히 전사했다. 붉은오름은 그때 죽어간 사람들의 피가 오름 전체의 흙을 붉게 물들였다고 하여 붙여진 이름이라고 한다.

북제주군 구좌읍에 있는 다랑쉬오름(월랑봉)은 제주도 역사 이래 최대의 비극이었던 4·3 사건을 말없이 이야기한다. 4·3 사건은 해방 직후 제주도의 좌익 세력을 진압하는 과정에서 주민들에게 무차별적인 테러가 가해지면서 시작되었다. 이 과정에서 다랑쉬굴 속으로 피신했던 주민들이 토벌대가 굴 입구에 지핀 불에서 피어오른 연기로 모두 질식사하는 일이 일어났다. 이 사건은 오랫동안 은폐되어 있다가 1992년 〈제민일보〉 취재팀이 그 유해를 발굴하면서 세상에 알려졌다.

▶구한말 제주민란을 소재로 한 영화 〈이재수의 난〉의 촬영지 아부오름(위). 가장 전형적인 분석구의 형태인 다랑쉬오름은 4·3 사건 당시 억울하게 죽은 민초들의 한이 서려 있는 역사의 현장이기도 하다(아래).

분석구의 교향곡 제주도 오름

제주도 사람들과 생을 함께 해온 오름이 점차 제 모습을 잃어가고 있다. 인간과 오름이 공존할 수 있는 방법을 찾는 일이 시급하다.

인간과 자연의 공존을 위한 마지막 공간

현재 오름은 경작지가 확대되고 도로, 송전탑 등 인공 시설물이 세워져 경관이 많이 훼손되었고, 삼나무와 같은 외래 수종이 무분별하게 심겨 생태계 파괴를 겪고 있다. 또한 도로 포장과 분재 등에 사용하기 위한 스코리아의 채취가 늘어나고 인공적인 초지가 조성되면서 주변 경관과 조화를 이루지 못하고 있다. 게다가 여행의 방식이 체험이나 생태 관광으로 바뀌면서 사람들의 발길이 이어져 봉우리의 토양과 식생이 파괴되고 지형 자체가 변하는 등 오름이 점차 제 모습을 잃어가고 있다.

오름은 제주의 역사와 얼이 깃든 곳이자 독특한 아름다움을 지닌 세계적 자연 유산이다. 그러므로 제주도민은 물론 그곳을 찾아가 즐기는 우리 모두가 그 파괴를 막기 위한 노력에 동참해야 할 것이다. 다행히도 최근 제주에서는 민·관이 함께 오름 보호에 적극적으로 나서는 '오름 지킴이' 제도의 도입을 검토 중이라고 한다. 이는 현재 읍, 면별로 활동하고 있는 오름 동호회를 활용해 오름 보호를 좀더 체계화하는 방안이다. 뿐만 아니라, 2006년 초 북제주군의 거문오름이 360여 개의 오름 가운데 처음으로 천연기념물(제444호 제주 선흘리 거문오름)로 지정되어 이러한 움직임에 힘을 실어주었다. 이런 노력이 꾸준히 지속된다면, 제주도 사람들은 지금껏 그래왔던 것처럼 앞으로도 오름과 조화롭게 어울려 살아갈 수 있을 것이다.

■■■ 플러스 이야기 상자 ■■■

제주도 목마장의 기원

따뜻한 기온과 풍부한 강수량, 그리고 한라산 기슭의 드넓은 목초지는 제주도를 말의 고장으로 만들었다.

'사람은 나면 서울로 보내고 말과 소는 제주도로 보내라'는 말이 있다. 이 말은 사람은 서울에서 자라고 배워야 견문도 넓어지고 출세도 할 수 있으며, 말과 소는 제주도로 보내야 건실하게 잘 자랄 수 있다는 뜻이다. 이처럼 제주도는 예부터 기후가 따뜻하고 목초가 풍부하며 맹수류가 없어 말과 소를 사육하기에 가장 알맞은 곳이었다.

제주에 전해 내려오는 신화에도 망아지 이야기가 나오는 것으로 보아 제주도에서 목축이 시작된 것은 선사 농목(農牧) 시대부터라고 생각된다. 고려 시대 남송(南宋)의 무역선을 통해 유입되었다는 설도 제기되었으나, 본격적인 말 사육은 삼별초의 난을 진압하기 위해 몽골군이 제주도에 주둔하면서 시작되었다.

삼별초군을 진압한 몽골은 제주도를 일본 침략을 위한 병참기지로 삼았다. 이 과정에서 제주도를 몽골화하기 위한 정책의 하나로 1276년경부터 몽골에서 말 160필과 목축 전문가인 목호(牧胡)를 불러들였다. 그리고 현재의 성산읍 수산리 수산평 일대에 탐라목장을 설치했는데, 이것이 제주도 목장의 기원이다.

제주도 중에서도 동부 지역의 수산평 일대를 선택한 이유는 이 지역에 광활한 용암 평원과 초지대가 있을 뿐만 아니라 겨울철 차가운 편북풍을 막아주는 오름이 집중적으로 분포하고 있고, 겨울에도 방목이 가능하기 때문이다.

탐라목장은 몽골군에게 군마를 공급하며 14세기 말까지 유지되다가 원의 멸망과 함께 고려에 귀속되었다. 이후 제주도는 우리나라의 대표적인 말 산지가 되어 오늘에 이르렀다.

제주도를 대표하는 조랑말은 역사문화적 가치가 인정되어 1986년 천연기념물 제347호(제주의 제주마)로 지정되었다.

다이아몬드를 잃어버린 반지
성산일출봉

제주도의 동쪽 고성리 바닷가에 마치 성곽처럼 우뚝 솟아오른 성산일출봉은 제주십경 가운데 최고의 절경을 자랑하는 곳이다.

제주시에서 해안일주도로를 따라 동쪽으로 달리면 남제주군 성산읍 고성리에 닿는다. 이곳에서 동쪽 해안을 바라보면 거대한 돔 모양의 산체 하나가 눈에 들어온다. 그곳은 바로 해돋이 광경이 아름답기로 이름난 성산일출봉(城山日出峯)이다. 성산일출봉은 해발고도 182m의 낮고 작은 산이지만 왕관 같기도 하고, 거대한 성 같기도 한 그 형세가 자못 신기하다.

성산일출봉은 가파르긴 해도 계단으로 잘 정돈되어 있어 어렵지 않게 오를 수 있다. 가쁜 숨을 몰아쉬며 정상에 올라서면 제주도 동쪽의 널따란 평원에 하나 둘 솟아오른 오름, 푸른 바다를 가르며 시원스럽게 오가는 고깃배들, 그리고 해안의 아름다운 경치가 한눈에 들어온다. 그리고 북쪽으로 멀리 우도가 아른거려 제주도를 대표하는 풍광을 한자리에서 감상하는 호사를 누릴 수 있다.

다이아몬드를 떼낸 반지 모양의 수성 화산

예부터 성산일출봉의 해돋이 광경은 제주십경 중에서도 으뜸으로 꼽혔다. 그러나 정상부의 생김새 또한 그에 버금갈 만큼 독특하고 진기하다. 정상 아래로 커다란 요(凹)자형 분화구가 눈에 들어오는데, 그 모습이 마치 백록담과 산굼부리를 바닷가로 옮겨놓은 듯하다.

지름 600m, 깊이 100m, 면적 8만여 평의 분화구 가장자리에 99개 날카로운 기암이 둘러싸고 있어 마치 다이아몬드 반지에서 다이아몬드를 쏙 빼낸 모양이다. 그래서 성산일출봉을 다이아몬드 헤드(diamond head) 지형이라고 한다. 그리고 이곳을 성산(城山)이라고 부르는 것도 정상부 가장자리를 빙 둘러싼 수많은 암봉이 산성을 이룬 듯 보이기 때문이다.

성산일출봉은 오름 가운데 하나이지만, 여느 오름과는 다른 독특한 환경

성산일출봉 형성 과정

고열의 마그마가 차가운 물과 만나자, 수증기가 폭렬해 주변 지형을 파괴하고 화산 쇄설물이 하늘 높이 솟아올랐다.

솟아올랐던 화산재와 화산 쇄설물이 화구 주변에 쌓여 왕관 모양의 거대한 분화구를 형성했다.

이후 바다와 닿지 않은 서쪽을 제외한 응회구의 모든 곳이 오랜 세월 해식으로 깎여나가 지금의 모습이 되었다.

침식을 덜 받은 서쪽 사면의 초지대에서 말들이 풀을 뜯고 있다(왼쪽). 바다와 인접한 북쪽 사면은 해식을 크게 받아 수직의 절벽을 이룬다(오른쪽).

에서 생성되었기 때문에 형상 또한 매우 특이하다.

사람들은 대부분 화산 분출이라고 하면 분화구에서 붉은 용암이 흘러나오고 뜨거운 화산재가 버섯구름처럼 하늘로 솟아오르는 모양을 생각한다. 그러나 성산일출봉은 용암 분출 과정에서 용암이 물과 접하면서 만들어진 수성 화산(hydrovolcano)이다. 2,000°C에 가까운 고온의 마그마가 지표로 분출하면서 얕은 바다나 지표수, 지하수와 접하게 되면 용암은 재빨리 식고 물은 급격히 끓어오른다. 이에 따라 압력이 증대되어 마그마는 수백m 높이로 솟구쳐 올라 강력한 폭발 분화가 일어난다.

이후 마그마는 물에 급격히 냉각되면서 산산이 부스러진 상태로 분출하여 화구 주변에 화산재로 쌓인다. 이런 소규모의 화산체는 형태 면에서 분석구와 대조적이다.

분화구가 지면보다 훨씬 높은 곳에 있고, 화산재층의 경사각이 30° 내외이며 높이가 100m 이상인 지형을 응회구(tuff cone)라고 한다. 그리고 분화구가 더 크고 깊으며 화산재층의 경사각은 15° 내외, 높이는 100m 이내로 낮은 지형은 응회환(tuff ring)이라고 한다. 성산일출봉은 분화구 바닥이 해발고도 90m에 있으며 높이는 182m이고, 경사각이 30°를 넘는 화산재층이므로 전형적인 응회구에 속한다.

정리하자면, 성산일출봉은 얕은 바닷물에 잠겨 있던 지하의 용암이 지표로 분출하면서 바닷물, 그리고 그 자체가 머금고 있던 지하수와 격렬히 반응하여 강력한 폭발을 일으킨 결과, 화산재와 화산력(火山礫)이 화구 주변의 해수면에 쌓여 형성된 것이다.

분화 이후 계속되는 침식

성산일출봉의 응회구는 형성 직후부터 파도와 해류에 깎여나가기 시작했다. 완만한 서쪽 사면을 제외하고는 모두 해풍과 파도에 많이 깎여나가 거의 직벽에 가까운 모습인데, 특히 큰 바다로 열려 있는 동쪽 사면은 그 정도가 매우 심하다.

식생으로 피복되지 않은 서쪽 사면 정상부의 암벽과, 남쪽과 북쪽 사면에 노출된 해식애(海蝕崖)는 마치 책을 쌓아놓은 듯 층을 이루고 있다. 이는 화산 분출 후 화산재가 차곡차곡 쌓여 이루어진 응회암층으로 곳곳에 화산력이 날아와 박힌 탄낭(彈囊) 구조가 보인다.

남쪽 사면에는 커다란 동굴이 여러 개 있다. 이 동굴들은 일제 강점기에 일본군이 파놓은 것으로 자살 공격용 어뢰정을 숨겨놓기 위해 화산체 암벽에 뚫은 구멍들이다. 이와 같은 동굴은 반대편에 있는 송악산 해안 절벽에서도 찾아볼 수 있다.

다른 사면에 비해 침식과 풍화를 덜 받은 서쪽 사면도 침식이 빠르게 진행되고 있다. 식생이 잘 안착된 곳은 침식이 덜 하지만 곳곳에 절리면을 따라 염풍화와 풍삭(風削)이 계속되고 있다. 사면 곳곳에 솟아오른 중장군바

화산 분출 후 화산재가 차곡차곡 쌓인 응회암층 곳곳에 탄낭 구조가 나타난다(왼쪽). 남쪽 사면에는 일제 강점기 일본군이 어뢰정을 숨기기 위해 뚫어놓은 동굴들이 있다(가운데). 정상으로 오르는 계단 주변에는 차별침식으로 형성된 다양한 형태의 암괴들이 솟아 있어 멋진 경치를 이룬다(오른쪽).

두 팔 들어 하늘 열어젖힌 섬 하나,
탐라도의 하루를 여는 성산일출봉!

자맥질하는 비바리의 설렘이 담겼나.
이어도를 품고 사는 홀어멍의 한이 담겼나.
저 홀로 외로이 서서 그리운 바다 성산포를 품고
탐라도를 사이에 두고 모래톱을 쌓아 빗장을 걸었구나.

뜨거운 해와 사랑이 동시에 떠오르는 곳.
아아, 탐라의 숨결, 성산일출봉이여!

– 이우평

성산일출봉은 수중 화산폭발의 독특한 지질 환경에서 형성된 세계적으로 보기 드문 화산 지형으로 2007년 6월 세계자연유산으로 지정되었다. 성산일출봉은 다이아몬드 반지에서 다이아몬드를 쏙 뺀 모양과 같다고 하여 다이아몬드 헤드 지형이라고 한다.

위(또는 곰바위), 등경돌바위(또는 별장바위), 초관바위(또는 금마석) 등은 침식에 강한 암질의 일부가 남은 것이고, 정상부 아래의 암벽에 발달한 사람 크기만 한 여러 개의 풍화혈은 점차 크기가 커지고 있다.

| 화산탄 |

화산 폭발은 엄청난 양의 화산재와 화산 쇄설물을 내뿜는다. 이 가운데 가벼운 화산재는 바람을 타고 멀리 날아가지만 무거운 용암 덩어리는 공중에서 화산탄으로 변하여 화구 주변에 떨어진다.

협재해수욕장 맞은편에 있는 비양도의 북쪽 해안에는 10t이나 되는 거대한 화산탄이 분포해 있다. 이 정도 크기의 화산탄이 해안까지 날아온 것을 보면 그 폭발력이 얼마나 컸는지를 짐작할 수 있다.

본래 섬이었으나 800~700년 전 육지와 연결

성산일출봉에서 해수에 깎여나간 침식 물질들은 오랜 세월 해안가에 퇴적되어 신양리층이라는 퇴적층을 형성했다. 그런데 이 층에서 발견된 조개 화석을 연대 측정한 결과 약 4,300년 전에 쌓인 것으로 나타나 성산일출봉은 이보다 조금 앞선 시기에 분화하여 형성되었으리라 추정된다.

이후 신양리층 위로 모래와 조개껍질 등이 계속 쌓이면서 원래 섬이었던 성산일출봉과 신양리 사이의 바다에 사주(沙洲)가 생겨났다. 이후 이 사주는 더욱 많은 모래를 공급받아 너비 500m, 길이 1.5km의 육계사주가 되었다. 그 결과 섬이었던 성산일출봉이 제주 본섬과 연결되어 지금의 성산반도가 되었다. 제주도의 해안사구와 해빈을 여러 차례 조사해온 강원대학교 지질학과 우경식 교수(해양퇴적학)에 의하면, 그 시기가 대략 1,000년이 채 안 되는 약 800~700년 전인 고려 시대 중엽 이후일 것으로 추정하고 있다.

성산일출봉 화산체에서 해수에 깎여나간 침식 물질이 쌓여 형성된 신양리층(왼쪽). 이 신양리층 위로 퇴적 물질이 쌓여 사주가 형성된 결과 성산일출봉과 제주 본섬이 연결되었다(오른쪽).

생태적 가치 또한 높은 곳

성산일출봉 주변은 청정 해역으로 다양한 해조 식물이 서식하고 있다. 녹조류, 갈조류, 홍조류 등 총 127종의 해조 식물과 미확인 종을 포함한 총 177종의 해양 동물이 함께 서식하고 있다. 또한 제주분홍풀, 제주나룻말 등 신종 홍조 식물의 원산지이기도 해 우리나라 해산(海産) 동식물을 연구하는 데 중요한 지역으로 꼽힌다. 그래서 성산일출봉 주변 1km 이내의 해역은 천연기념물 제420호(성산일출봉 천연보호구역)로 지정되어 보호를 받고 있다. 2006년 환경부와 국립공원관리공단에서 한라산, 만장굴과 더불어 이곳 성산일출봉을 세계자연유산으로 신청한 결과, 2007년 세계자연유산으로 등재되는 쾌거를 이루었다. 제주도를 찾는 내외국인 모두가 반드시 찾는 성산일출봉은 우리나라를 대표하는 세계자연유산으로 우리나라가 환경 선진국으로 발돋움하는 데 크게 기여할 것으로 생각된다.

■■■■ 플러스 이야기 상자 ■■■■

섭지코지 등대와 선돌바위

섭지코지 해안가의 등대와 선돌바위는 분석구의 중앙에서 외곽까지를 한눈에 관찰할 수 있는 곳이다. 사진 속 사진은 섭지코지에서 촬영한 드라마 〈올인〉의 세트장이다.

성산일출봉에서 제주도 남서쪽을 바라보면 기다랗게 바다로 돌출된 지형이 눈에 띄는데, 이곳이 바로 섭지코지이다. 섭지코지는 '협지(狹地)'의 제주 방언인 '섭지'와 '곶(串)'의 제주 방언인 '코지'를 합쳐 부르는 말로, 바닷가로 돌출한 좁은 땅인 방두반도를 가리킨다. 섭지코지는 초기에는 성산일출봉과 함께 섬을 이루고 있었으나 본섬과의 사이에 모래톱이 발달하여 육계도가 되었다.

가파른 낭떠러지 위로 난 해안 산책로를 따라가다 보면 해안 절벽 위로 예쁘장하게 단장한 교회 하나가 있다. 예전에는 찾는 사람이 거의 없었으나 드라마 촬영지로 알려

섭지코지 형성 과정

지하의 마그마가 하늘 높이 분출한 뒤 화구 주변에 화산 쇄설물이 쌓여 분석구가 형성되었다.

분석구는 이후 해수와 바람에 오랜 기간 침식을 받으면서 점차 깎여나갔다.

바다에 인접한 남쪽 부분이 특히 심하게 침식을 받았고, 화산 분출구가 남아 선돌바위가 되었다.

■■■ 플러스 이야기 상자 ■■■

섭지코지의 선돌바위 분화구 복원도(자료 : 박기화). 이 그림은 분석구의 중심부인 선돌바위에서 등대가 있는 가장자리까지를 복원한 것이다. 현재 남아 있는 지형을 관찰해보면 분석구에서 얼마나 많은 부분이 깎여나갔는지를 한눈에 알 수 있다.

진 이후 성산일출봉만큼이나 많은 사람들이 찾는 명소가 되었다.

섭지코지는 오름의 형태를 한눈에 살필 수 있는 최적의 장소로, 하얀 등대가 서 있는 평탄한 부분은 분석구의 일부가 깎여나가고 남은 것이다. 붉은색을 띠는 암벽은 스코리아가 산화되었기 때문이며, 등대 주변에 흩어져 있는 것들은 분출된 마그마가 공중에서 굳은 화산탄과 굳지 않은 상태에서 엉켜버린 집괴암이다. 이러한 것들은 이곳에서 매우 강력한 화산 폭발이 있었다는 증거이다.

등대 앞바다에는 높이 10m 정도의 선돌바위가 솟아 있다. 이 바위에는 선녀를 기다리던 용왕의 막내아들이 바위로 변했다는 전설이 전해오는데, 실제로는 솟아오르던 마그마가 굳어서 형성된 것으로 이 자리가 화산 분출구였음을 보여준다.

화산재, 화산암괴 따위의 화산 분출물 부스러기가 무질서하게 모여 굳은 집괴암이 등대 주변 곳곳에서 발견된다.

거대한 블랙홀을 품에 안은
송악산

제주도 서남쪽에 있는 송악산은 형태가 다른 두 차례의 화산 폭발로 이루어진 이중 화산체이다.

산방산에서 대정 방향으로 가다가 해안쪽 사계리 방향으로 들어서면 해안도로가 이어지는데, 그 왼쪽 바다에는 형제섬이 있다. 형제섬을 길잡이 삼아 해안도로가 끝나는 지점까지 달려가면 마라도행 유람선이 뜨고 내리는 송악선착장이 나온다. 이 송악선착장을 지나 해안 절벽으로 난 길을 올라가면 송악산(松岳山) 전망대에 이르고, 그 뒤로 난 등산로를 따라 올라가면 송악산(104m) 정상에 도착한다. 정상에 서면, 남쪽으로는 멀리 마라노와 가파도가 보이고, 사계리 앞바다 건너로는 산방산의 우람한 위용이 한눈에 들어온다.

푸른 바다 위를 오가는 고깃배와 잘 다듬어진 풀밭에서 한가로이 풀을 뜯는 말의 모습은 평화로움 자체이지만, 정상 아래로 거대한 가마솥 같은 분화구가 입을 벌리고 있어 처음 오는 사람들은 놀라움을 금치 못한다.

송악산은 정상을 중심으로 서쪽은 넓고 완만한 초원지대이지만 동쪽은 깊은 분화구가 급경사를 이루고 있다. 그래서 보기에 따라 산이라 하기에는 너무 낮아 보이기도 하고, 제법 높은 산세 같기도 하다. 이런 송악산이 주목받는 이유는 해안 절벽을 이루는 화산체와 내부의 분화구를 이루는 정상부가 서로 다른 환경에서 형성된 전형적인 이중 화산체이기 때문이다.

두 차례의 분화로 만들어진 이중 화산체

예전에는 해송이 많은 오름이라 송악산이라 불렸다고 하지만 목장으로 이용되면서 소나무가 많이 잘려나가 지금은 바깥쪽 분화구 북쪽 사면을 제외하면 거의 식생을 찾아볼 수 없다. 가까이에서는 잘 보이지 않지만 산방산 휴게소와 산방굴사에서 바라보면 가장자리는 접시를 엎어놓은 듯 완만한 경사의 분화구가 빙 두르고 있고, 그 위로 다시 볼록하게 오름이 피어오른 이중 화산체의 윤곽이 확연히 드러난다. 송악산의 이런 독특한 지형은 어떻게 형성된 것일까?

1차적으로 뜨거운 마그마가 차가운 해수와 접촉하면서 분출한 화산재가

산방산에서 송악산으로 이어지는 해안도로를 따라 가다 보면 형제섬(왼쪽), 송악선착장(가운데), 그리고 송악산 자락에서 한가로이 풀을 뜯는 말들(오른쪽)을 만날 수 있다.

화도 주위에 쌓여 응회환이 만들어졌다. 이후 이 응회환이 점차 성장하면서 마그마와 물이 접촉할 수 없게 되자 수성 화산 분출은 막을 내렸다. 이때 형성된 송악산 응회환은 둘레 약 1.7km, 직경 약 500m의 거대한 규모였다.

이후 마그마가 계속 분출하면서 용암 가스가 상부에 농집(濃集)되어 폭발하자 막대한 양의 화산 쇄설물이 뿜어져 나와 쌓였는데 이때 응회환 내부에 형태가 다른 분석구가 생겨났다. 이렇게 해서 송악산은 지금과 같은 이중 화산체의 모습이 되었다.

거대한 블랙홀과 같은 정상의 분화구

송악산의 백미는 둘레 약 500m, 깊이 약 80m에 70° 정도의 경사를 보이는 정상의 분화구이다. 모든 것을 빨아들이는 블랙홀과도 같은 이 분화구는 그 거대한 크기로 이곳에서 일어난 2차 폭발도 엄청난 규모였음을 짐작케 한다. 분화구 내부에는 붉은색의 스코리아가 가득 차 있는데, 이것들은 초기에는 검은색이었다가 지열에 의해 지속적으로 산화되어 붉은색을 띠게 되었다.

바닷가에서 일어난 두 차례의 화산 폭발로 형성된 송악산은 엄청난 양의 화산 쇄설물을 뿜어냈다. 분출된 화산 쇄설물은 주변의 육지와 바다에 쌓여 하모리 응회암 퇴적층을 형성했다. 이후 이 퇴적층은 오랫동안 해풍과

송악산 정상에 서면 드넓은 대정들녘 위로 모슬봉과 단산이 봉긋하게 솟아오른 모습이 눈에 들어온다.

블랙홀과도 같은 송악산 정상의 분화구. 송악산은 울릉도 나리분지의 알봉과 함께 우리나라에서는 보기 드문 이중 화산체이다.

파도에 침식을 받아 바다와 접한 남쪽 부분이 심하게 깎여나갔다. 송악산 전망대에서 내려다보이는 거의 직벽에 가까운 해안 절벽이 바로 그곳이다.

파도에 깎여나간 풍화 물질들은 송악산 일대 사계리와 하모리 해안으로 밀려와 하모리층을 형성했다. 하모리층에서 발견된 조개화석의 형성 연대가 약 5,000년 전인 것으로 보아 송악산은 이보다 앞서 형성되었으리라 추정된다. 손영관 교수는 송악산 응회암층의 절대 연령이 약 7,000년 전을 가리키고 있으므로 송악산은 하모리층보다 2,000년 정도 앞서 형성되었다고 말한다.

송악산 형성 과정

지표로 상승한 뜨거운 마그마가 차가운 바닷물과 만나 맹렬히 폭발하며 막대한 양의 수증기, 화산회, 화산 쇄설물을 뿜어냈다.

화구를 중심으로 구릉 형태의 응회환이 형성되어 바닷물이 더 이상 화구로 유입되지 않자 수성화산 분출이 끝났다.

이후 분출방식이 마그마 분출로 바뀌자 화구 가운데 용암 가스가 농집되어 화산 폭발이 일어나 분석구가 높이 솟아올랐다.

1차 분화로 형성된 응회환 남쪽 부분이 해수에 침식을 받아 수직 절벽이 되었다.

용머리해안에서 바라본 송악산. 멀리 바다와 인접한 산체가 송악산이다. 이중 화산체의 바깥쪽 응회환 부분이 해식을 받아 직벽을 이루고 있으며(①) 그 위로 분석구가 솟아올라(②) 있다(위). 송악산 남쪽 직벽의 응회암층에는 일제 강점기 일본군들이 잠수정을 숨기기 위해 뚫어놓은 동굴들이 여럿 있다(아래).

쓰라린 과거가 아로새겨진 송악산

산지 서쪽 사면과 산 아래 선착장 옆 풀밭 위로 염소 떼와 말들이 한가로이 풀을 뜯고 있는 풍경이 보인다. 그러나 지금의 목가적이고 평온한 풍경과 달리 송악산은 제주도에서도 일제의 수탈이 가장 악랄했던 곳이다. 그 흔적을 송악산 해안 절벽에서 찾을 수 있다. 송악선착장에서 해안을 따라 50여m 들어가면 나오는 해안 절벽에는 10개의 굴이 뚫려 있다. 이 동굴들은 해식에 의해 형성된 자연 동굴이 아니라, 제2차 세계대전 중 일본군이 파놓은 인공 동굴이다. 일제는 연합군의 일본 본토 상륙을 저지하기 위해 제주도를 요새화하면서 여기에 자살 공격용 어뢰정을 숨겨놓았다.

송악산 정상으로 오르는 도로변에는 연합군의 공습에 대비한 방공호가 있으며, 알뜨르평야에는 당시 일본군이 지은 19개의 비행기 격납고가 있다. 이처럼 곳곳에 삶의 터전을 일본군에게 무참히 짓밟히고, 강제 노역에 동원되어 고초를 겪어야 했던 선조들의 한이 서려 있다. 또한 송악산의 섯

● 거대한 블랙홀을 품에 안은 송악산   247

1차 분화로 형성된 송악산 남쪽의 응회암층이 해식에 의해 깎여나가 수직 절벽이 되었다(왼쪽). 응회암층 위로 화산탄들이 날아와 박힌 탄낭 구조가 곳곳에 보인다(오른쪽).

알오름은 4·3 사건 당시 희생된 수많은 양민들의 주검이 묻힌 곳이다.

이곳 사람들은 송악산을 절울이오름이라고도 한다. 해안 절벽에 부딪히는 파도 소리가 귓전을 때리는 울음소리와 비슷하다고 하여, 제주말로 물결을 의미하는 '절'과 '운다'의 '울'을 합하여 '절울'이라 부르는 것이다. 억울한 죽음으로 내몰린 민초들의 넋을 위로라도 하는 듯 파도는 오늘도 그칠 줄 모르고 송악산 해안 절벽을 때리며 울어대고 있다.

제주도민의 아픈 상처를 간직한 알뜨르 비행장 격납고

송악산 북쪽 드넓은 대지는 모슬포보다 낮은 지대라 하여 아래 들판이란 뜻의 '알뜨르'라 부른다. 이곳 알뜨르는 일제강점기 일본이 중일전쟁을 치루기 위해 비행장을 건설했던 곳으로, 당시 비행기 격납고가 그대로 남아 있어 역사의 아픈 상처를 보여준다. 당시 비행장과 격납고를 건설하기 위해 무고한 제주도민들이 강제로 동원되어 심한 고초를 겪어야 했다.

알뜨르 비행장터와 격납고. 제주도내 일본군 군사유적 가운데 보존 상태가 가장 양호하여 2002년 근대문화유산 제39호로 지정되었다.

■■■ 플러스 이야기 상자 ■■■

아시아 최초의 사람 발자국 화석

사계리해안에서 발견된 사람 발자국 화석(사진 속 사진). 사계리 사람 발자국 화석이 발견된 곳은 현재 일반인의 출입이 금지되어 있다.

2003년 10월 제주도 남제주군 대정읍 상모리와 안덕면 사계리 사이의 해안에서 새, 곰, 사슴 등의 발자국과 함께 사람 발자국 화석이 발견되었다. 관련 전문가들에 따르면, 이 화석들은 세계적으로도 매우 희귀한 것으로 학술적, 교육적 가치가 매우 높다고 한다.

21~25cm 정도 크기의 사람 발자국 이외에도 말과 코끼리 발자국으로 추정되는 화석도 함께 발견되었다. 특히 코끼리 화석은 우리나라에서 최초로 발견된 것으로, 한반도에도 코끼리가 살았음을 증명해주는 귀중한 자료이다.

화석을 최초로 발견한 김정률 교수는 발견지인 송악산 주변의 용암층에 대한 지질 조사 보고서에 기초하여 이 화석이 약 5만 년 전의 것이라고 추정했다. 그러나 손영관 교수는 화석이 발견된 지층은 하모리 응회암층으로, 응회암층에 퇴적된 조개와 전복 껍데기의 시료가 약 4,000년 전을 지시하므로 송악산 응회환의 분출과 그 분출물의 퇴적 시기 또한 4,000년 전쯤일 것으로 보았다.

발견 초기부터 이 화석들이 발견된 지층의 형성 연대를 두고 많은 논쟁이 있었는데, 문화재청에서는 이 논쟁을 매듭짓기 위해 두 가지 방식의 연대 측정을 실시했다. 화석 유적 발견자인 김정률 교수는 탄소동위원소 측정법(C^{14})으로 약 1만 4,000년 전이라는 수치를, 손영관 교수가 소속되어 있는 한국지질자원연구원은 광여기루미네선스측정법(OSL)으로 약 7,000년 전이라는 수치를 얻었다. 문화재청에서는 이렇게 서로 다른 결과가 나온 것은 측정 시료의 채취 지점과 측정 방법이 다르기 때문이라며, 정확한 연대를 밝히기 위해서는 결과가 계속 누적되어야 한다고 말했다. 이번 측정 결과는 그동안 5만 년 전에서 4,000년 전까지 다양한 견해가 제시되던 상황에서 논쟁의 폭을 좁혔다는 데 그 의의가 있다고 할 수 있다.

앞으로 더 조사가 진행되어야 하겠지만 필자는 손 교수가 주장한 7,000년 전이라는 수치에 무게를 실어주고 싶다. 왜냐하면 김 교수의 주장대로 화석의 생성 시기가 1만 4,000년 전이라면, 당시의 고(古)환경을 설명하는 데 어려움이 생긴다. 1만 4,000년 전은 빙기가 끝나가던 시기로 현재보다 해수면이 약 50m가량 후퇴해 있었다. 즉 지금의 위치에 화석이 남아 있기 위해서는 제주도의 지반이 약 1만 년 사이에 50m나 융기했어야 한다. 이는 지사학적으로 볼 때 지나친 비약이다. 그러므로 이곳의 사람 발자국은 약 7,000년 전 송악산 화산체가 형성된 이후, 선사인들이 해안에 서서히 쌓여가던 하모리층 위를 걸어 다니면서 남긴 것으로 추정된다.

문화재청에서는 발자국 화석이 발견된 대정읍 상모리 일대의 고고학적, 고생물학적 가치를 높이 평가하여 2005년 9월 7일 천연기념물 제464호(남제주 해안 사람 발자국 및 각종 동물 발자국 화석 산출지)로 지정, 보호하고 있다.

옥황상제가 내던진 산봉우리
산방산

　남제주군 대정읍 용머리해안 뒤편으로 거대한 바위 덩어리로 이루어진 산체 하나가 주변의 평지를 시원스럽게 가르며 솟아 있다. 이 산이 바로 산방산(山房山)으로 마치 요새와도 같은 거대한 성벽이 둘러싸고 있어 주변 경관을 압도한다. 해발고도 395m, 긴지름 1,250m, 짧은지름 750m에 둘레가 6km가 넘는 산방산은 거대한 종 모양의 종상화산체로 오름 가운데서도 특이한 형태에 속한다.

제주도 대정들녘에 우뚝 솟아오른 산방산은 돔 모양의 화산체로 정상에서 분화구를 찾아볼 수 없는 것이 특징이다.

산방산에는 재미난 전설이 전해 내려온다. 옛날에 한 사냥꾼이 한라산에 사냥을 나갔는데 하루 종일 아무것도 잡지 못한 채 한라산 정상까지 오르게 되었다. 뒤늦게야 사슴 한 마리를 발견한 사냥꾼이 급히 활을 쏘았으나 잘못하여 옥황상제의 엉덩이를 맞추고 말았다. 이에 화가 난 옥황상제가 한라산 정상의 봉우리를 냅다 뽑아 던졌는데, 이 봉우리가 날아가 지금의 산방산이 되었고 뽑힌 자리에는 백록담이 생겨났다고 한다.

백록담에 거꾸로 꽂아보고 싶은 산방산

산방산은 점성이 큰 안산암 또는 조면암질 용암이 저온 상태에서 화구를 가득 채우며 서서히 분출하여 멀리까지 흘러가지 못하고 굳은 용암원정구로 분화구가 없는 것이 특징이다. 서귀포 앞바다의 문섬, 범섬, 숲섬 등은 산방산이 형성될 무렵에 이와 같은 과정으로 형성되었다.

산방산을 뒤집어 백록담에 거꾸로 꽂으면 딱 들어맞는다는 말이 있을 만큼 산방산과 백록담은 크기와 형태가 비슷하다. 게다가 백록담과 산방산은 모두 조면암질 용암으로 구성되어 있다. 그렇지만 산방산은 60만~50만 년 전에 형성된 용암체로 약 2만 5,000년 전에 생겨난 백록담보다 훨씬 앞서 형성되었으니, 옥황상제 이야기는 그냥 전설로 받아들여야 할 듯하다.

서귀포 앞바다의 문섬, 범섬, 숲섬 등은 바다에 잠겨 있는 게 다를 뿐 산방산과 거의 같은 시기에 같은 과정을 거쳐 형성되었다.

산방산 용암원정구 형성 과정

점성이 큰 마그마가 화구를 가득 채우며 서서히 올라오면서 분화 활동을 시작한다.

가스 폭발력이 약하여 분출한 용암이 멀리 흘러가지 못하고 쇄설물이 화구 주변에 쌓인다.

마그마 내부에 있던 가스가 완전히 빠지고 용암류가 화구 주변으로 계속 흘러나와 돔 주변에 쌓인다.

용암 분출이 중단된 후 돔이 서서히 식으면서 주상절리가 형성되고, 이후 침식이 진행되어 산방산이 형성되었다.

거대한 부채살과도 같은 장관

산방산은 용암이 순차적으로 분출되어 쌓인 후 점차 냉각, 고화되는 과정에서 암석의 표면에 육각 또는 다각형 기둥 모양의 절리가 형성되고, 이 절리면을 따라 수분이 침투하여 점차 암석의 틈새를 벌리면서 침식이 진행되었다.

침식은 북동 사면에 집중적으로 일어났는데, 특히 동쪽 사면은 일자(一字)형인 남쪽 사면에 비해 매우 복잡한 골짜기를 이루게 되었다. 그리고 남

산방산의 서쪽 사면은 주상절리가 현저하게 발달하여 거대한 부채살 모양이다(왼쪽). 산방산 중턱의 절벽에 발달한 석굴에 불상을 모신 산방굴사(오른쪽).

쪽과 서쪽 절벽에는 다양한 모양과 크기의 풍화혈이 발달해 있고, 사면 하단부에는 절벽에서 떨어져 나간 암설 더미가 쌓여 애추(崖錐, talus)가 형성되어 있다.

현재 산방산의 가장자리는 침식으로 심하게 깎여나가고 수직의 주상절리대 여러 개가 곳곳에 남아 있는데, 지름 2m 정도인 주상절리대가 50m 높이로 줄이어 있어 거대한 부채살과도 같은 장관을 펼친다. 산방산 암벽에는 구실잣밤나무, 참식나무 등을 비롯하여 지네발란, 풍란, 석곡 등 희귀 식물들이 자라고 있어 천연기념물 제376호(산방산 암벽 식물지대)로 지정되었다.

지반 융기의 증거, 산방굴사

산방산 서쪽 사면 해발고도 180m 지점에는 길이 10m에 넓이와 높이가 각각 5m나 되는 자연 석굴이 있는데, 이곳에는 석굴 안에 불상을 모셔놓아 산방굴사라 불리는 작은 암자가 있다. 산방굴사에서 바라보는 해안 경치는 일찍이 제주십경 가운데 하나로 꼽힐 만큼 아름답다.

그런데 이 동굴의 생성 원리를 두고, 산방산 암벽에 발달한 절리면을 따라 바람과 태양의 복사에너지가 작용한 풍성동굴이라는 주장과 과거 해안에서 파도에 침식되어 동굴이 형성된 후 지반의 융기로 현재의 고도에 이른 해식동굴이라는 주장이 팽팽하게 맞서고 있다.

산방산 기슭에는 직경 10~20cm의 둥근 자갈이 곳곳에 박혀 있다. 이는 과거 산방산이 지금보다 낮은 해수면에 있을 때 해안 지역에서 퇴적된 것으로 산방산이 융기했음을 보여주는 증거이다. 그렇기 때문에 산방산의 자연 석굴은 과거 바닷가에서 형성된 동굴이 지반 융기에 의해 현재의 위치에 이른 해식동굴일 가능성이 더 높다.

세 차례의 용암 분출로 형성된 용머리해안의 기암절벽

산방산 휴게소에서 바닷가로 10여 분을 걸어 내려가면 다양한 모양의 퇴적층 기암절벽을 볼 수 있다. 그 중에서 해안 끝자락으로 머리를 내민 암석이 가장 돋보이는데, 그곳은 마치 용이 머리를 숙이고 바다로 들어가는 모습 같다고 하여 용머리해안이라고 불린다.

이곳의 해안 지형은 세 차례의 용암 분출에 의해 형성된 오름으로 그 일부가 남은 잔류 지형이다. 용머리해안의 기암절벽에서는 검고 누런 종이를 번갈아가며 쌓아 놓은 듯한 퇴적층을 볼 수 있다. 어떤 사람들은 이것을 사암층이라 말하는데, 정확하게는 사암이 아니라 화산재가 쌓인 응회암층이다. 이 응회암층과 암층 곳곳에 보이는 탄낭 구조를 통해 과거 용머리해안 지역에서 강력한 화산 폭발이 있었다는 사실을 짐작해볼 수 있다.

이 화산 폭발은 약 70만 년 전에 일어나 화구 주변에 응회환을 만들었는데, 지반이 연약하고 불안정한 탓에 화도가 세 차례나 자리를 바꿔가며 폭발이 진행되었고, 그 결과 응회환은 매우 독특한 모양이 되었다.

용머리해안의 기암절벽은 사암이 아니라 화산재가 쌓인 응회암이 퇴적층을 형성한 것이다(왼쪽). 바닷물에 침식되고 남은 오른쪽 화구벽의 모습이 용이 바다로 들어가는 모습과 비슷해 용머리해안이라 불린다(오른쪽).

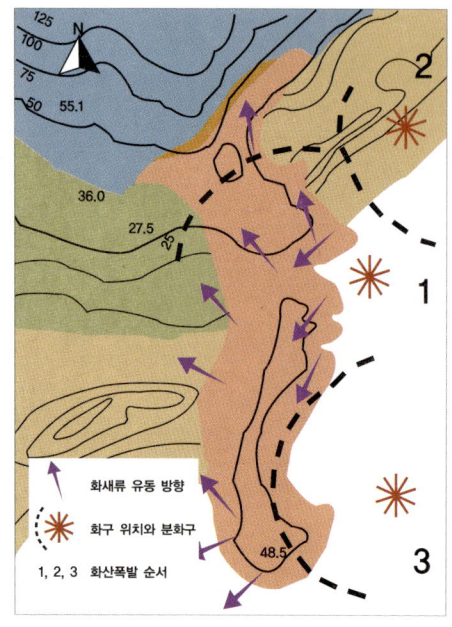

용머리해안 응회환의 화도 이동 경로 추정도(자료 : 손영관). 용머리해안의 응회환은 화도에서 마그마가 분출되는 과정에서 세 차례의 순차적인 화산 폭발로 형성되었다.

이후 용머리 응회환은 해수면 변동과 지반의 융기, 침강이 반복되면서 오랜 기간 침식을 받았다. 지금의 모습은 중심 분화구가 물에 잠긴 상태로, 응회환 왼쪽 화구벽의 일부만이 남은 상태에서 파도에 깎여나간 것이다. 이후 약 20만 년의 시간이 흘러 용머리해안의 응회환 너머로 점성이 큰 용암이 서서히 솟아나면서 지금의 산방산이 생겨났다.

■■■■ 플러스 이야기 상자 ■■■■

우리나라를 서방에 처음 소개한 《하멜 표류기》

용머리해안 초입에 있는 스페르웨르 호의 모형 범선(왼쪽)과 하멜표류기념비(오른쪽). 범선 내부는 하멜 일행의 항해, 선내 생활, 난파와 표류 과정, 조선에서의 활동 기록 등으로 잘 꾸며져 있다.

산방산에서 용머리해안으로 들어서는 초입에 중세 유럽의 커다란 범선 하나가 길을 막고 서 있다.

1653년(효종 4년) 네덜란드 상선인 스페르웨르 호가 일본으로 항해하던 중, 8월 중순경 태풍을 만나 난파되었다. 선원 64명 가운데 36명만이 살아남아 표류하던 중 구사일생으로 제주도에 닿았다. 이들은 제주 관원에 체포되어 서울로 압송되었다가 2년 후 다시 전라도 등지로 이송되어 군역(軍役)을 치렀다.

그러나 1666년, 이들 가운데 9명이 일본 나가사키로 도망가 1668년에 본국으로 귀국한다. 귀국한 이들 가운데 한 사람이 13년간 조선에 체류하면서 보고들은 것을 한 권의 책으로 엮어 출간하는데, 이 책이 바로 우리나라를 서양에 최초로 소개한 《하멜 표류기(일명 난선제주도난파기)》이다.

귀국 후 하멜은 조선에 억류된 날부터 13년 동안의 급여를 청구했는데 회사 측이 구체적인 증거가 없다며 거부하자, 조선에서 있었던 일들을 기록하여 제출한 보고서가 책으로 출간된 것이다. 이 보고서에는 조선의 지리, 풍속, 군사, 법제, 교육, 무역 등에 관한 내용들이 실려 있으며, 17세기 서양인의 눈에 비친 조선의 모습이 상세히 적혀 있다.

봉수대 바로 아래에는 하멜 일행이 닿은 것을 기념하기 위해 우리나라와 네덜란드가 함께 세운 하멜표류기념비가 있다. 그리고 범선 내부를 하멜 일행의 항해, 선내 생활, 난파와 표류 과정, 영상 기록 등으로 잘 꾸며놓아 당시 상황을 이해하는 데 큰 도움이 된다.

샘솟는 눈물의 절벽
수월봉

수성화산이 만든 화산쇄설층의 노두가 가장 뚜렷하게 발달한 수월봉. 수월봉은 화산분출에 의한 마그마가 물과 접촉하여 형성된 수성화산으로 재, 모래, 암석조각 등이 쌓여 굳어져 형성된 응회환의 일부가 남아 있는 것으로, 화산쇄설층의 노두를 가장 정확하게 살펴볼 수 있다는 점에서 지질학적 의의가 크다.

　제주도의 서쪽 끝 고산리 해안가에 내려앉은 나지막한 산봉우리 수월봉(水月峯, 77m)은 성산일출봉에서 떠오른 해가 다시 바다에 잠기며 황홀한 낙조 풍경을 펼쳐 보이는 곳이다.
　수월봉 정상에 올라서면 수월정이라는 정자가 나타난다. 이곳에서는 앞바다의 갈매기처럼 누워 있는 차귀도가 보이고, 그 바로 밑으로 오금이 저릴 정도로 깎아지른 듯한 낭떠러지가 버티고 서 있다. 그리고 고개를 뒤로

제주도 서쪽 끝자락에 위치한 수월봉은 거대한 수성 화산 폭발로 형성된 응회환 외벽의 일부이다. 수월봉은 수성화산과 화쇄난류 연구에 있어 학술적 가치가 뛰어나 2009년 12월 천연기념물 제513호(제주 수월봉 화산쇄설층)로 지정되었다.

돌리면 제주도에서 보기 드문 평야지대인 고산들녘이 눈에 들어온다. 그 뒤로 당산봉을 시작으로 멀리 저지오름, 가마오름, 모슬봉 등의 부드러운 곡선의 오름 자락이 눈에 어른거리고 들녘 군데군데 들어앉은 마을의 모습이 바둑판 위 바둑알처럼 가지런하다.

수월봉은 이곳의 해안 절벽에서 샘물이 많이 나와 붙여진 이름으로 녹고물오름, 물아리오름이라고도 한다. 여기에는 슬픈 전설이 전해 내려온다. 옛날 고산리에 수월이와 녹고라는 두 남매가 홀어머니를 모시며 살고 있었다. 어느 날 어머니가 병으로 몸져눕자 그들은 약초를 구하기 위해 수월봉으로 갔다. 수월봉 절벽에 자라난 약초를 보고 이를 캐러 내려갔던 수월이가 그만 오빠 녹고의 손을 놓쳐 절벽 아래로 떨어져 죽고 말았다. 동생을 잃은 녹고는 17일 동안이나 슬피 울었는데, 지금 절벽 곳곳에서 솟아나는 샘물은 그때 흘린 녹고의 눈물이라고 한다. 이 가슴 아픈 전설에는 어떤 과학이 숨어 있을까?

수성 분화 활동으로 형성된 응회환

그 실마리는 수월봉의 해식 절벽을 이루는 응회암에서 찾을 수 있다. 응회암은 화산재가 쌓여 형성된 퇴적암으로, 그 암질이 매우 치밀하고 견고하다. 그래서 수월봉 일대에서 흘러드는 지하수는 응회암층에 가로막혀 더 이

수월이와 녹고의 전설을 사실로 믿고 싶을 만큼 수월봉 절벽 곳곳에서는 많은 샘물이 솟아난다.

상 아래로 스며들지 못하고 해안의 저지대로 복류하여 응회암의 갈라진 틈으로 새어나온다. 이렇게 새어나오는 물이 바로 전설 속 녹고의 눈물인 것이다.

수월봉의 응회암 퇴적층 곳곳에서는 다량의 화산력이 박힌 탄낭 구조가 보인다. 또한 응회암층의 두께가 수십m가 넘는 것으로 보아 이 일대에서 강력하고 거대한 화산 분출이 있었음을 알 수 있다.

수월봉은 성산일출봉과 같은 시기에 수성 분화 활동으로 형성된 응회환이다. 수월봉 응회환의 중심 분화구는 수월봉과 차귀도 사이의 바다 한가운데로 추정되는데, 응회환은 형성된 이후 오랫동안 해수와 해풍에 의해 침식되어 대부분이 깎여나가고 남동쪽 일부만 남아 지금의 수월봉이 되었다. 즉 수월봉은 응회환 화구 외륜(外輪, rim)의 남동쪽 일부분에 해당된다. 수월봉은 화산 폭발 시 방출된 재, 모래, 자갈 등의 분출물이 바람을 타고 먼지구름처럼 흘러가 쌓이는 화쇄난류 현상에 의해 형성되었다. 수월봉은 화쇄난류에 의한 쇄설층 노두를 볼 수 있는 곳으로, 세계적인 지질학 및 화산학자들이 자주 찾는다.

수월봉 해안 절벽은 치밀하고 단단한 구조의 응회암이기 때문에 지하수가 더 이상 아래로 스며들지 못한다. 그래서 암벽의 틈새로 샘물이 솟아난다.

차귀도는 수월봉 응회환 외륜의 일부가 남은 섬

차귀도는 수월봉 앞바다에 떠 있는 섬이다. 제주도에서 해돋이 광경으로

이름난 곳이 성산일출봉이라면 해넘이 광경으로 손꼽히는 곳은 바로 이곳 차귀도이다. 죽도와 와도로 이루어진 차귀도는 주변 경관이 아름다울 뿐만 아니라 신종 해양 생물이 서식하고 있어 천연기념물 제422호(차귀도 천연보호구역)로 지정되어 보호받고 있다.

수월봉 응회환 형성 초기에 차귀도는 수월봉, 고산항(자구내포구)과 하나로 연결된 응회환 외륜의 일부였다. 그러나 응회환이 오랜 침식으로 깎여나가면서 침식에 약한 주변부가 모두 바다에 잠긴 후, 그 일부가 섬으로 남은 것이다.

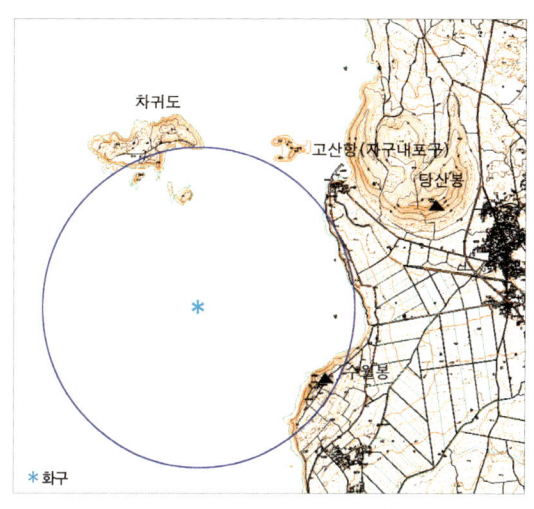

수월봉 응회환 추정도. 수월봉과 고산항, 차귀도는 응회환 형성 초기에는 하나로 연결된 외륜을 이루고 있었다. 이후 오랜 기간 바닷물의 침식을 받아 약한 부분은 깎여 나가고 암질이 단단한 부분만 남아 섬이 된 것이 지금의 차귀도이다.

약 70만 년 전에 형성된 당산봉

수월봉에서 고산항 뒤편으로 봉긋하게 솟아오른 또 하나의 오름이 보이는데, 이것이 바로 당오름, 즉 당산봉(148m)이다. 이 이름은 옛날 산기슭에 뱀을 모시는 당이 있어서 지어졌다고 한다. 이 당산봉은 송악산과 같은 이중 화산체로 바깥쪽은 북쪽으로 경사가 큰 말발굽형 분화구이며, 그 안으

해넘이 광경이 일품인 차귀도에는 신종 해양 생물이 다량 서식하고 있다.

수월봉에서 바라본 당산봉. 당산봉은 송악산과 같은 이중 화산체로 1차 폭발에서 바깥쪽의 응회구가 형성된 후 2차 폭발로 알오름인 분석구가 솟아올랐다.

로 알오름이 솟아 있다.

　당산봉도 수월봉과 마찬가지로 수성 분화 활동에 의해 형성된 오름의 하나이다. 처음에 마그마가 솟아오르면서 바닷물과 접촉하며 1차 폭발이 일어나 응회구가 형성되었다. 이후 더 이상 바닷물이 유입되지 않자 더욱 강력한 화산으로 바뀌면서 2차 폭발이 일어나 응회구 내부에 화산 쇄설물이 쌓여 높이 83m의 분석구가 형성되었다.

　안동대학교 지구환경과학부 황상구 교수(화산학)는 당산봉 분화구의 북쪽이 트인 것은 침식 때문이 아니라 분출 당시 남쪽의 기반암이 더 높았던 데다가 강한 북풍의 영향으로 분화구가 남쪽으로 치우쳤기 때문이라고 설명한다. 한편 당산봉의 화산암 가운데 약 70만 년 전의 것으로 보이는 암석이 발견되어, 당산봉이 수월봉 응회환보다 훨씬 앞서 형성되었다는 것을 알 수 있다.

■■■ 플러스 이야기 상자 ■■■

제주도 지하수의 나이는?

제주도 지하수의 나이는 대략 10~60년이라고 한다. 지하수는 주로 바닷물의 유입이 적은 서부에서 개발된다(자료 : 김용제, 왼쪽). 수월봉 해안 절벽에 드러난 응회암층 노두. 층층이 쌓인 치밀하고 단단한 응회암층이 제주도 지하수의 나이를 추정하는 결정적인 단서이다(오른쪽).

흔히 '숨겨진 바다' 라고 불리는 지하수에도 나이가 있을까? 지하수의 나이를 셈하는 방식은 사람의 그것과 조금 다르다. 보통 땅속에 머무는 시간으로 나이를 따지는데, 흐름이 느려 땅속에 머무는 시간이 길면 나이가 많아지는 식이다. 그렇다면 제주도 지표의 현무암층에서 뽑아낸 지하수의 나이는 얼마나 될까?

빗방울은 만들어지는 과정에서 공기 중의 화학 물질과 섞인다. 비가 내려 빗물이 땅속으로 스며들면 화학 물질도 널리 퍼지게 되는데 보통 공기 중에서보다 더디게 확산된다. 그러므로 시간에 따라 화학 물질이 확산되는 속도가 어떻게 변하는지를 측정하면 지하수의 나이를 계산할 수 있다.

화학 물질 가운데 염화플루오르화탄소(CFCs)가 있는데, 오존층 파괴의 주범인 프레온가스로 더 잘 알려진 이 물질은 시간에 따라 농도가 변하는 특성이 있다. 따라서 지하수의 프레온가스 농도를 측정하고 대기의 프레온가스가 언제 같은 값을 기록했는지를 비교해보면 물이 땅속으로 언제 스며들었는지를 알 수 있다.

한국지질자원연구원 김용제 박사(환경수리지구화학)가 이와 같은 방법으로 제주도 지하수의 나이를 조사한 결과, 지하수의 대부분은 20년이 채 안 되었지만 해안 가까이에 있는 깊이 100m 내외의 지하수는 나이가 50년 이상이라고 한다. 일반적으로 깊은 곳으로 갈수록 지하수의 나이가 많아지는데, 이는 하부의 지하수가 상부와 다른 특성을 띠기 때문이다.

이렇게 깊이에 따라 지하수의 나이에 차이가 나는 이유는 지하수가 담겨 있는 그릇인 대수층의 암석이 다르기 때문이다. 즉 지표 부근의 다공질 현무암층이 물을 잘 흡수하는 데 반해, 그 아래 있는 응회암층은 조직이 치밀하고 단단하여 물을 쉽게 통과시키지 않기 때문에 지하수가 땅속에 오래 머물 수밖에 없는 것이다.

운석공을 닮은 함몰화구
산굼부리

산굼부리는 우주에서 날아온 운석이 떨어져 만들어진 운석공과 형태가 비슷하다.

제주도의 오름은 대부분 화구에서 뿜어져 나온 화산 쇄설물이 쌓여 만들어졌다. 그런데 특이하게도 북제주군 교래리에는 평지가 움푹 꺼진 형태의 오름이 있는데, 이것이 바로 산굼부리이다.

제주도 방언으로 화산의 분화구를 굼부리라고 하는데, '굼'은 '구멍(穴)'을 의미한다. 즉 '산굼부리'는 산에 생긴 구멍, 다시 말해 분화구를 일컫는 말이다. 둘레 2km 정도의 강보에 쌓여 있는 듯한 산굼부리는 운석이 떨어져서 만들어진 운석공(隕石孔)과 비슷한 모양이다. 위쪽 지름이 약 635m, 아래쪽 지름이 약 300m, 깊이가 132m로 백록담보다 조금 더 깊고 크다.

산굼부리는 봄철이면 분화구 가장자리로 수국이 만개하고, 여름이면 초록빛 건강미가 넘쳐나며, 가을이면 하얀 억새꽃 물결이 한바탕 군무를 선보이고, 겨울이면 원시적인 설경이 돋보이는 언제 가도 매력적인 곳이다.

마르형 폭렬공이 아닌 함몰화구

산굼부리는 다른 오름들과는 전혀 다른 과정을 거쳐 만들어졌다. 초기 화도에서 낮은 온도와 점성이 큰 용암이 서서히 흘러나와 쌓이면서 경사가 낮은 화산체가 만들어졌다. 이렇게 용암이 모두 빠져나가거나 하부에 있던 마그마가 다른 통로로 빠져나가 지하에 빈 공간이 생겼다. 이후 냉각되어 굳은 화구의 상부가 자체 하중을 이기지 못하고 내려앉아 지금의 산굼부리가 만들어졌다. 이러한 화구를 함몰화구라 하며 피트 크레이터, 또는 볼캐닉 싱크(volcanic sink)라고도 한다.

이런 과정으로 형성된 분화구는 보통 크기가 작지만 산굼부리는 깊이가 132m나 될 정도로 깊고 넓다. 한 가지 이상한 점은 이 정도의 규모라면 엄청난 화산 폭발이 있었을 텐데 분화구 주변에는 스코리아와 같은 화산 쇄설물이 전혀 보이지 않고 용암 분출로 형성된 암석만 있을 뿐이다.

산굼부리 입구에 있는 용암수형석(왼쪽)과 화산탄(오른쪽). 용암수형석은 가운데가 뻥 뚫린 바위 덩어리를 말한다. 화산 폭발로 솟아오른 용암이 나무를 덮고 흐를 때 용암의 바깥쪽은 공기에 의해 굳어졌고 안쪽은 나무에 의해 굳어졌다. 이후 용암에 갇혔던 나무가 높은 온도에서 숯이 되어 없어지면서 그 빈 자리에 구멍이 생겨난 것이 용암수형석이다.

산굼부리 형성 과정

평지에서 용암이 분출하여 경사가 낮은 화산체가 형성되었다.

화도의 마그마가 다른 통로로 이동하고, 용암 분출이 모두 끝나자 화산체는 서서히 냉각되었다.

냉각되어 굳은 화산체 화구의 상부가 자체 하중을 이기지 못하고 함몰하여 깊은 분화구가 형성되었다.

일부에서는 산굼부리를 고열의 마그마가 지하수와 접촉할 때 다량의 물이 기화되어 발생하는 폭발력으로 주변 지형이 파괴된 마르(maar)라고 주장하기도 하지만, 산굼부리는 형태만 마르와 비슷할 뿐 수증기 폭발과는 전혀 관계없는 함몰화구이다.

원형이 잘 보존될 수 있었던 이유

연평균 강수량이 약 1,500mm인 제주도는 우리나라에서 비가 가장 많이 오는 곳이다. 이 정도의 강수량이라면 한여름에는 산굼부리 안에 제법 많

산굼부리 분화구를 알리는 비석(왼쪽)과 분화구를 따라 난 산책로(오른쪽).

산굼부리 내부는 침식에 대한 저항력이 커서 원형이 거의 변형되지 않은 채 잘 보존될 수 있었다.

은 물이 고일 만하다. 그런데 신기하게도 아무리 비가 많이 와도 산굼부리에는 물이 고이지 않는다고 한다. 그 이유는 무엇일까?

그것은 산굼부리 내부를 구성하는 암석 때문이다. 용암이 분출한 후 냉각, 고화된 상층부 용암체는 화도를 중심으로 방사상으로 갈라지면서 한순간에 무너져내렸다. 이 과정에서 암석이 심하게 부서지고 쪼개지고 뒤엉키면서 그 사이에 균열과 틈새가 발달했고, 또한 암석 자체가 현무암질이라 빗물이 분화구 내로 흘러들어도 쉽게 지하로 스며들기 때문에 물이 고일 수 없었다. 산굼부리는 화구 안쪽의 현무암 이외에도 사면이 초목으로 우거진 식생으로 덮여 있어 침식에 대한 저항력이 크기 때문에 원형을 잘 유지할 수 있었다.

희귀 식물이 서식하는 천연 식물원

산굼부리는 세계적으로도 찾아보기 어려운 특이한 화산 지형일 뿐만 아니라 420여 종의 희귀 식물이 서식하는 천연 식물원이기 때문에 일찍이 천연기념물 제263호(제주 산굼부리 분화구)로 지정되었다.

분화구 안에는 온대림과 난대림이 자라고 있는데, 고도와 일사량에 따라 그 분포가 확연히 구분된다. 일사량이 많은 북쪽 사면에는 붉가시나무, 후박나무, 구실잣밤나무 등 난대성 수목이 자라고, 그 아래쪽에는 금새우란, 겨울딸기 등이 자란다. 반면 일사량이 적은 남쪽 사면에는 상수리나무, 단풍나무, 산딸나무 등과 같은 온대성 수목이 숲을 이루고 있다. 게다가 다른 곳에서는 보기 어려운 왕쥐똥나무 군락을 비롯하여 복수초 군락, 제주조릿대 군락 등이 완벽하게 보존되어 있어 학술적 가치가 매우 높은 곳이다. 또한 사람의 출입을 제한한 덕분에 노루, 오소리 등과 같은 각종 야생동물도 서식하고 있어 그야말로 천혜의 식물원이자 동물원의 면모를 갖추었다고 할 수 있다.

플러스 이야기 상자

제주 북쪽 바닷가를 지키는 용두암

용의 머리를 닮은 용두암은 돌하르방과 함께 제주도의 상징으로 통한다.

제주시 한천 하류에 자리한 용연(龍淵)에서 서쪽으로 약 200m 떨어진 바닷가에는 한 마리 용이 고개를 치켜들고 막 솟아오를 듯 꿈틀대는 모양의 기암이 있다. 이것이 바로 용두암(龍頭岩)이다.

용두암은 바닷가에 있기 때문에 보통 지표를 흐르던 뜨거운 용암이 차가운 바닷물과 만나 급히 식어서 굳은 이후 오랜 기간 해식을 받아 형성되었다고 여겨진다. 그러나 실제로 그 형성 과정은 그렇게 간단하지 않다.

이 과정을 이해하기 위해서는 먼저 용암이 식는 과정에서 만들어지는 클링커(clinker)에 대해 알아야 한다. 용암은 몇 시간 만에 수km를 이동하기도 하지만 대체로 며칠에 걸쳐 서서히 이동한다. 이 과정에서 식어서 굳은 표면의 암석이 깨지고 뒤틀리며 크고 작은 돌 부스러기를 만드는데 이를 클링커라고 한다. 때로는 용암이 계속 움직여 두께가 20m 이상인 거대한 클링커층이 형성되기도 한다.

클링커층은 용암의 가장자리에 집적되어 둑 모양의 클링커 벽을 형성한다. 클링커 벽이 단열 작용을 하기 때문에 그 안쪽에는 여전히 뜨거운 용암이 흐른다. 이후 액체 상태의 용암이 빠져나가면 남아 있는 암석에는 대나무를 반쪽으로 자른 모양의 용암 통로(lava channel)가 형성된다.

용암 통로를 따라 흐르는 용암의 양이 많아지면 때로는 두꺼운 클링커 벽을 넘어 흐르기도 하고 클링커를 밀면서 부분적으로 관입하기도 한다. 이러한 관입 현상을 스퀴즈 업(squeeze up)이라 한다. 용두암은 용암의 일부가 용암 통로에서 클링커층을 파고들며 관입하여 굳은 이후, 오랜 기간 해수와 해풍에 의해 클링커층이 침식되어 클링커 내부의 용암이 지표에 드러난 것이다.

침식된 이후의 형상을 위에서 내려다보면 판을 길게 세워 놓은 모습이지만 옆에서 보면 용의 머리와 같다고 해서 용두암이라 부르게 되었다.

용두암 형성 과정

| 분출한 용암이 사면을 따라 흐르기 시작한다.

| 흐르면서 굳은 용암의 표면이 깨져 두꺼운 클링커가 만들어진다.

| 클링커층을 용암이 밀고 가면서 부분적으로 관입한다.

| 클링커층이 모두 깎여나간 후 내부의 용암이 모습을 드러낸다.

용암이 만든 천연동굴
만장굴

세계적인 규모를 자랑하는 만장굴에는 용암 석주와 용암구, 용암 석순 등 화려한 볼거리가 가득하다.

석회동굴은 보통 수십만 년 또는 수백만 년이 넘는 세월 동안 석회암이 녹아 만들어지지만 간혹 불과 며칠 또는 몇 주일 사이에 만들어지는 특이한 동굴도 있다. 화산에서 분출한 용암이 식는 과정에서 탄생하는 용암동굴(lava tunnel)이 그렇다.

용암동굴은 화산지대에서만 생성되기 때문에 우리나라에는 제주도에 집중적으로 발달해 있다. 신생대 제3기 말에 형성되기 시작한 제주도는 제4

기에 들어서도 계속 용암을 뿜어내 해안 곳곳에 많은 용암동굴이 만들어졌다. 현재까지 발견된 것만 120여 개에 이르는데 김녕굴, 만장굴, 협재굴 등이 대표적이다. 이 가운데 북제주군 구좌읍 일대의 만장굴은 세계에서 손꼽히는 웅장한 규모일 뿐만 아니라 다양한 동굴 생성물이 발달해 있어 화산동굴의 형성 과정을 살펴볼 수 있는 곳으로 김녕굴과 함께 천연기념물 제98호(제주도 김녕굴 및 만장굴)로 지정되었다. 그리고 이 일대의 용암동굴군은 2007년 6월 세계자연유산으로 등재되었다.

세계 최장 기록을 둘러싼 논란

만장굴을 홍보하는 자료를 보면 하나같이 만장굴이 13.422km로 세계에서 가장 긴 용암동굴이라고 말한다. 그러나 만장굴의 길이는 조사자나 조사 단체마다 달라 그동안 동굴의 실제 측량 여부와 결과의 신뢰성에 대해 끊임없는 논란이 제기되었다.

1981년 한국동굴학회는 학회지 《동굴》에 만장굴의 길이를 13.422km로 보고했으며, 1993년 북제주군이 발간한 《만장굴 학술보고서》에도 같은 길이로 실려 만장굴은 그동안 세계에서 가장 긴 용암동굴로 알려져왔다. 하지만 《만장굴 학술보고서》에서도 어떤 부분(142쪽)에는 동굴의 길이가 8.928km로 표기되어 있고 세계에서 가장 권위 있는 밥 굴덴(Bob Gulden)의 《동굴 리스트》에도 8.928km로 나와 있다. 게다가 당국의 발표도 오락가락하여 1970년에는 옛 문화공보부 문화재관리국에서 동굴의 길이를 6.8km로, 2003년에는 문화재청에서 《천연기념물 백서》를 내면서 7.27km로 기록하는 등 혼란을 부추겨왔다.

제주도동굴연구소장 손인석(화산지질학) 박사는 2003년 11월에 만장굴의 동굴 평면도 조사와 현지 측량을 실시한 결과, 만장굴의 길이가 7.416km임을

지하로 내려가는 만장굴 입구. 한여름에도 시원한 동굴 속은 피서지로 제격이다.

제주도 용암동굴 형성 과정

화산 폭발로 분출된 유동성이 큰 용암이 지표면 위의 사면을 타고 흘러내린다.

흘러내리는 용암 가운데 대기와 접하는 표면이 급속히 냉각된다.

내부의 뜨거운 용암이 냉각된 용암의 표면을 뚫고 계속 낮은 곳으로 흘러간다.

굳어버린 표면 밖으로 내부의 용암이 모두 빠져나가고 남은 텅 빈 공간에 용암동굴이 형성된다.

밝혔다. 그는 그동안 일부 학자들이 사람이 들어갈 수 없는 지류 동굴까지 포함하여 측량하는 등 함부로 측량치를 부풀려왔다며 만장굴을 세계자연유산으로 등재할 때는 그 길이를 수정해야 한다는 말을 덧붙였다.

문화재청은 손 박사의 측정 결과를 공식 기록으로 삼아 세계자연유산으로 등재할 계획이라고 한다. 이로써 제주도 만장굴의 길이를 둘러싼 논란은 일단락된 셈이다.

참고로 밥 굴덴이 발표한 〈세계 최장 동굴〉(2007년 2월 12일 발표)에 의

만장굴은 표선리 현무암지대에 형성된 것으로, 그 시기는 대략 60만~20만 년 전 일 것으로 추정된다.

하면, 세계에서 가장 긴 동굴은 미국 켄터키 주에 있는 총길이 약 590.6km의 석회동굴인 맘모스동굴이다. 또 세계에서 가장 긴 용암동굴은 하와이에 있는 카주무라동굴로 총길이가 65.5km에 달한다. 우리나라에서 가장 긴 동굴은 총길이 11.49km의 제주도 빌레못동굴이라고 하나, 이에 대해서도 아직까지 논란이 계속되고 있다.

점성이 작고 유동성이 큰 표선리현무암에서 형성

분화구에서 분출된 고온의 용암이 산 사면을 흘러내릴 때, 외부의 용암은 대기와 접하여 점차 냉각되지만 내부의 용암은 계속 고온을 유지하며 흐른다. 이 과정에서 내부의 용암이 모두 빠져나가면 그 자리에는 텅 빈 공동(空洞), 즉 용암동굴이 생겨난다. 만장굴은 천장의 높이가 평균 7~8m에 이르고 가장 높은 곳은 20m가 넘으며 통로의 폭이 10m나 될 만큼 거대한 규모를 자랑한다.

제주도의 용암동굴은 주로 서북 해안과 동북 해안지대에 집중되어 있다. 이는 분출된 용암이 점성은 작고 유동성은 큰 염기성 현무암이어서 해안 저지대까지 흘러 내려갔기 때문이다. 이렇게 흘러 내려간 용암은 해안 저지대와 서북 산록지에서는 협재굴, 쌍룡굴, 금릉굴 등을 만들었고, 동북 산록지에서는 김녕굴, 만장굴, 부종굴 등을 만들었다.

용암 소흔(搔痕)은 용암이 흐르던 높이의 변화와 방향을 말해주는데, 만장굴 벽면의 거의 모든 구간에서 발견된다.

용암동굴을 탄생시킨 현무암층을 표선리현무암층이라고 한다. 이 층은 60만~20만 년 전에 분출한 것으로 중산간 저지대에서 해수면 아래 30m 부근까지 분포하고 있는 것으로 알려졌다. 또한 90m나 될 정도의 두꺼운 층을 이루고 있어 한꺼번에 분출했다기보다는 여러 차례의 분출로 형성되었으리라 짐작된다.

풍력 발전의 메카, 제주도

최근 새로운 명소로 떠오르고 있는 구좌읍 행원리 풍력 발전 단지 전경.

만장굴에서 해안일주도로를 타고 동쪽으로 돌면 왼편 바닷가로 여러 기의 거대한 바람개비가 보인다. 북제주군 구좌읍 행원리에 있는 이곳은 국내 최대 규모의 풍력 발전 단지로, 최근 바닷가 풍차마을로 알려지면서 제주도의 새로운 관광 명소로 떠오르고 있다.

제주도는 제주화력발전소, 남제주화력발전소, 한림복합 화력발전소와 같은 자체 화력 발전소를 갖고 있다. 하지만 섬이라는 지리적 특수성 때문에 이 발전소들만으로는 전력량이 절대적으로 부족해 필요량의 30%를 전라남도 해남화력발전소에서 해저 케이블로 공급받고 있다.

제주도는 1년 내내 바람이 많이 불어 풍력 발전에 유리하다. 천연 에너지인 바람을 이용하기 위해 제주도에서는 1997년부터 2003년까지 행원리에 풍력 발전 단지를 조성하여 전기를 생산하기 시작했다.

높이 45m, 날개 23m, 회전 반경 46m의 풍력 발전기 15기가 쉴 새 없이 돌아가면서 연간 약 1만 8,000M/W의 전기를 생산하고 있는데, 이는 제주도 전체 수요의 약 1%에 해당되는 양이다. 한국에너지기술연구원에 의하면 이는 연간 7,000t의 석유를 대체하는 에너지로 7,000~9,000가구가 1년 동안 사용할 수 있는 전력량과 맞먹는다고 한다. 고유가 시대에 행원리풍력발전소는 그 진가를 유감없이 발휘하고 있는 것이다.

또한 제주도 서쪽 한경면 해안가에도 풍력 발전기 4기가 전력을 생산하고 있다. 이것은 국내 최초의 민간 풍력 발전소인 한경풍력발전소이다. 현재 이밖에도 한림읍 월령리와 성산읍 삼달리에도 풍력 발전소가 건설되어 전기를 생산하고 있다. 제주도는 앞으로 지구온난화를 예방하는 친환경적인 풍력 발전소를 육상이 아닌 해상에도 추가로 건설할 계획을 추진 중이다.

우리나라 석회동굴의 경우, 모암인 석회암이 퇴적된 시기는 대략 5억 7,000만 년 전 이후의 고생대이지만, 이 석회암층에 지하수가 침투하여 동굴과 동굴 생성물을 만들어낸 시기는 신생대 제3기 말에서 제4기 초로 두 지질사적 사건 사이에는 상당한 시간적 차이가 있다.

그러나 용암동굴은 용암이 냉각되어 1차적으로 동굴이 생성되고 나면 더 이상 생성물이 만들어지지 않기 때문에 동굴의 형성이 완료된다. 그러므로 만장굴의 형성 시기는 모암인 표선리현무암의 생성 시기와 일치한다.

손영관 교수는 표선리현무암층 최심부 시료의 절대 연령 측정 결과가 60만 년 전을 넘지 않는 것으로 보아 만장굴은 60만 년 전 이후에 형성되었을 것이라고 말했다. 그동안 지질학계에서는 표선리현무암을 60만~30만 년 전에 형성되었다고 보았지만, 손 교수는 최근 발견한 표선리현무암 가운데는 20만 년 전의 것도 있다며 그동안 통용된 수치를 수정했다. 이와 같이 만장굴의 형성 시기는 60만~20만 년 전인 것으로 보인다.

| 빌레와 투물러스 |

저지대의 용암이 굳어 형성된 빌레.

무덤 모양의 현무암 구릉 지형인 투물러스.

투물러스 형성 과정에서 생겨난 라바토.

행원리 바닷가에는 군데군데 시커먼 현무암 덩어리들이 길이 20m, 높이 5m 정도의 완만한 구릉을 이루고 있다. 이와 같은 지형을 투물러스(tumulus)라고 한다.

높은 온도와 작은 점성의 용암이 저지대로 흘러들면 용암호(lava lake)가 형성되는데 여기에 고인 용암은 작은 충격에도 쉽게 출렁거린다. 이후 이 용암이 서서히 굳어 넓은 평지를 이룬 것을 제주도에서는 빌레라고 한다. 이 빌레 지형은 김녕해수욕장 해안가에서 쉽게 볼 수 있다.

이후 굳은 표면 아래로 계속 용암이 공급되면 내부가 솟아오른다. 이때 표면이 갈라지고 내부의 용암이 그 틈을 비집고 나오면서 투물러스가 만들어진다. 내부의 가스 압력이 높아져 더 부풀어 오르면 표면이 더 많이 갈라져 더 큰 투물러스가 형성된다. 정도가 심할 때는 V자형으로 갈라져 그 사이로 치약이 나오듯 용암이 흘러나와 굳어버리기도 한다. 이런 지형은 대개 코끼리 발톱 모양이어서 라바토(lava toe)라고 부른다.

빌레와 투물러스 형성 과정

| 점성이 작은 용암이 저지대에 고여 굳으면 평탄 지형인 빌레가 형성된다.

| 급격히 냉각된 표면 아래로 용암이 계속 흘러들면 압력의 증가로 용암이 밀쳐 올라온다.

| 내부의 용암이 표면의 굳은 용암을 깨고 솟아올라 부풀어 오르면 투물러스가 형성된다.

신기한 모양의 동굴 생성물

용암동굴은 그 형성 과정이 단순하여 단조로운 모양의 동굴이라고 생각하기 쉽다. 그러나 석회동굴에는 미치지 못할지라도 자세히 들여다보면 과거 용암이 흐르면서 만들어놓은 신기한 모양의 동굴 생성물을 수없이 발견할 수 있다.

만장굴은 같은 시대에 여러 차례 분출한 용암이 흘러내린 다층 구조의 용암동굴이다. 이 과정에서 보기 드문 다양한 동굴 생성물과 지형이 형성되어 전 세계의 주목을 받고 있다.

만장굴 내부 벽면에는 동굴이 형성될 때 미처 굳지 못한 용암이 천장이나 측벽에서 고드름처럼 흘러내리다 상어 이빨과 같은 모양으로 굳은 용암 종유석이 널려 있다. 또 바닥 곳곳에는 뜨거운 용암이 천장에서 한 지점으로 계속 떨어져 마치 바닥에서 위를 향해 일어선 듯한 모양의 용암 석순이 있다.

그리고 거북바위라 불리는 용암 표석(漂石)도 있는데, 이는 용암이 흐르는 동안 천장에서 먼저 형성된 용암괴가 떨어져 함께 흘러가다가 용암량이 줄거나 속도가 느려져 그대로 냉각되어 굳은 것이다. 또한 1차로 동굴이 생성된 후 용암이 천장을 뚫고 바닥으로 흘러내리면서 위에 냉각, 고화되어 달라붙은 높이 7.6m의 기둥 모양 용암 석주(石柱)는 세계 제일의 높이를 자랑한다.

이 밖에 용암이 흐르면서 벽면에 남긴 선(線) 구조인 용암 소흔이 나타나는데, 이는 용암이 이동하면서 이미 냉각된 동굴 내부에 만든 마찰 자국으로 용암이 흐르던 높이의 변화와 방향을 알 수 있다. 그리고 바닥에는 새끼줄 모양으로 용암이 흐른 흔적이 뚜렷하게 남아 있다.

용암 석주는 보통 10cm를 넘지 않기 때문에, 만장굴의 용암 석주는 초대형 급이라 할 수 있다.

용암동굴에 석회동굴 생성물이?

제주도의 용암동굴에도 석회동굴에서나 볼 수 있는 탄산염 광물로 이루어진 동굴 생성물이 있다고 한다면 믿을 수 있겠는가? 믿기 힘들겠지만 실제로 그런 곳이 있다. 북제주군 구좌읍에 있는 당처물동굴(천연기념물 제384호)과 한림읍에 있는 협재굴, 소천굴, 황금굴, 쌍룡굴(천연기념물 제236호)에 가면 그런 놀라운 현상을 목격할 수 있다.

도대체 용암동굴에 어떻게 석회동굴의 동굴 생성물이 나타나는 것일까? 그것은 두 동굴이 있는

당처물동굴 내부에 발달한 탄산염 광물 전경. 동굴을 영구 보존하기 위해 공개하지 않고 있다. ⓒ동굴연구소

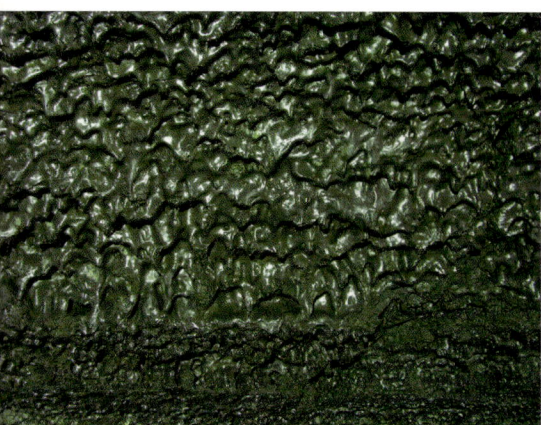

만장굴에는 용암이 고온 상태에서 흐를 때 만들어진 여러 가지 미(微)구조가 있어 동굴이 형성될 당시의 상황을 짐작해볼 수 있다. 상어 이빨이라 불리는 돌고드름 모양의 용암 종유석(왼쪽). 거북이 엎드려 있는 모양 같아 거북바위라 불리는 용암 표석(오른쪽).

곳이 모두 해안가에 있어 그 위를 모래가 덮고 있기 때문이다. 즉 두 동굴 모두 바닷가에 있었기 때문에 오랜 세월 해안에서 침식된 패각사(貝殼砂)가 바람에 날려 동굴 위를 덮었다. 이후 패각사 속에 있던 탄산칼슘 성분이 빗물에 녹아 서서히 동굴 내부로 스며들면서 석회동굴에서 보이는 동굴 생성물이 자란 것이다.

특히 당처물동굴의 동굴 생성물은 석회동굴의 그것과도 다른 기묘한 형태를 띠는데, 그것은 동굴 속으로 뚫고 내려온 식물의 뿌리를 따라 동굴수가 침투하면서 동굴 생성물이 형성되었기 때문이다. 이 희귀한 현상은 우경식 교수에 의해 국제동굴학회와 국제지질학회에서 여러 차례 발표되어 세계적으로 널리 알려지게 되었다.

조명 시설의 빛과 열에 의지하여 이끼 형태의 식물이 용암 벽면에서 자라고 있다. 이는 동굴이 자연성을 잃어가고 있음을 보여주는 것이다.

■■■ 플러스 이야기 상자 ■■■

제주도에서 가장 오래된 집터, 빌레못동굴

빌레못동굴에서는 사슴뼈와 황곰뼈에 석기로 손을 댄 흔적이 발견되어 이곳에서 인류가 오래 전부터 생활했음을 보여주고 있다. 빌레못동굴 또한 학술적 가치가 높아 영구 보존을 위해 공개하지 않고 있다. ⓒ우경식

제주도 북제주군 애월읍 어음리의 빌레못동굴(천연기념물 제342호)은 단일 동굴로는 세계에서 여섯째로 긴 동굴이다. 이 동굴은 주(主) 굴보다 곁가지 굴이 많은 미로형 동굴로 황곰뼈 화석과 함께 구석기 시대의 혈거(穴居) 유적이 발견되어 구석기 시대 인류의 생활상을 연구하는 데 귀중한 자료가 되고 있다.

1973년 3월, 전 제주대학교 과학교육과 박행신 명예교수(동물학)가 동굴 내부에서 사슴과 황곰의 턱뼈, 관절뼈 등을 비롯하여 용암으로 만든 박편 석기(剝片石器), 골각기, 불을 땐 흔적인 목탄을 발견해 이 동굴에 오래전부터 선사인이 살았음이 확인되었다. 남한에서 최초로 동물 화석과 구석기 시대의 유적이 함께 발견된 빌레못동굴은 8만~7만 년 전 중기 구석기 시대의 동굴로 추정된다. 그리고 이러한 구석기 유적이 한반도 최남단의 제주도에서 발견된 점으로 보아 한반도 전역에 구석기 문화가 전개되었음을 짐작할 수 있다.

한편 황곰은 아시아를 중심으로 중기와 후기 플라이스토세에 서식했던 동물로, 50만~40만 년 전에 출현해 지금까지 몽골, 알래스카 등지에서 살고 있다고 한다. 빌레못동굴에서 출토된 황곰뼈 화석으로 추정해보건대, 황곰은 육지의 반도부와 제주도가 연결되어 있었을 때 건너와 살다가 후빙기에 해수면이 높아져 제주도가 섬이 되자 갇혀버린 사람들과 함께 살았을 것이다. 따라서 황곰뼈 화석은 플라이스토세에 육지와 제주도가 하나로 이어져 있었음을 보여주는 증거라 할 수 있다.

옥빛 바다와 은빛 모래
협재해수욕장

멀리 바다 안쪽까지 이어지는 백사장은 에메랄드 빛 바다와 어울려 이국적인 풍경을 빚어낸다.

제주시에서 서쪽으로 해안일주도로를 따라가면 협재굴이 있는 한림공원에 이른다. 이곳에서 바닷가로 조금만 내려가면 제주도에서 가장 크고 아름다운 협재해수욕장을 만나게 된다.

협재리 바닷가로 다가서면 옥빛 바다와 은빛 모래가 조화를 이루고 있어 마치 남태평양의 어느 해변에 온 것 같은 착각이 든다. 언뜻 보기에도 경사가 없어 거의 평지나 다름없는 백사장이 멀리 바다 안쪽까지 이어져 있다. 그리고 백사장 뒤로는 야자수와 소나무가 들어서 있어 피서를 즐기기에 손색이 없다.

하얀 모래의 정체는 패각사

협재해수욕장에서 북쪽으로 조금만 걸어가면 금릉해수욕장이 있다. 주민들은 이 두 해변을 합쳐 협재해수욕장이라 부른다. 길이 1,050m, 너비 90m의 협재해수욕장은 완만한 경사의 모래사장이 수심 1m 이내의 바다 안쪽으로 250m가량 이어진다. 해안 곳곳에는 검은색 현무암이 모래사장 위로 드러나 있어 흰 모래와 확연한 대조를 이룬다.

바닷가에 모래가 쌓여 이루어진 이러한 지형을 지형학 용어로 해빈(海濱) 또는 사빈(沙濱)이라고 한다. 해빈은 주로 육지의 하천이나 바다에서 퇴적 물질이 공급되어 형성된다. 그렇다면 협재해수욕장의 흰 모래는 모두 어디서 온 것일까?

협재해수욕장의 모래는 거의가 탄산염 광물로 연체동물과 홍조류의 각질 파편들이 85% 이상인 패각사(貝殼砂)이다. 이를 통해 이곳의 모래는 섬이 아니라 주변의 얕은 바다에서 온 것임을 알 수 있다. 이런 하얀 패각사로 이루어진 제주도의 해수욕장으로는 함덕해수욕장과 서빈해수욕장, 중문

협재해수욕장의 새하얀 모래는 바다에 사는 연체동물과 홍조류의 각질 파편이 주 성분인 탄산염 광물로 이루어진 패각사이다.

검은색 현무암과 흰 모래사장이 대조를 이루는 협재해수욕장(왼쪽). 협재해수욕장 바로 옆에 붙어 있는 금릉해수욕장(오른쪽).

우도 서빈해수욕장의 흰 모래는 홍조류가 석회화되면서 암석처럼 단단하게 굳은 홍조단괴가 쌓인 것이다.

해수욕장 등을 들 수 있다.

연안 대륙붕과 얕은 바다에 사는 해양 생물의 각질이 바닷가로 밀려와 쌓인 협재해수욕장의 모래는 주로 북서풍과 북동풍이 탁월한 겨울철에 활발하게 형성된다. 여름에는 해빈 중앙으로 폭 35m, 길이 120m의 사주가 형성되기도 하는데, 바람이 심하고 파도가 크게 이는 겨울이 되면 모두 파괴되어 사라진다. 제주대학교 해양학과학부 윤정수 교수(퇴적학)는 곳에 따라 차이는 있겠지만 깊이 약 170cm의 모래층에서도 패각사가 발견되고 있다며 패각사의 두께는 대략 2m 정도일 것이라고 말했다.

이렇게 많은 패각사가 협재해수욕장의 해빈을 이룬 것은 언제쯤일까? 그 해답은 협재해수욕장의 배후 내륙에 있는 해안사구에서 찾을 수 있다. 협재해수욕장은 제주도 북쪽에 위치하여 타 지역에 비해 북서~북동풍의 영향을 많이 받는다. 이 때문에 해변의 모래가 내륙 2km 부근까지 날아들어 6~8m 높이의 사구층을 형성했다. 우경식 교수가 사구층의 조개껍질을 연대 측정한 결과, 사구층의 생성 시기는 약 3,500년 전으로 밝혀졌고 사구층 하단부의 고(古)토양은 약 700년 전의 것으로 나타났다.

협재해수욕장의 해빈은 마지막 빙하가 물러가면서 현재의 해수면을 이룬 약 6,000년 전부터 형성된 것으로 보이는데, 배후에 형성된 사구층의 패각사가 3,500년 전에 형성되었으므로 6,000~3,500년 전에 형성되었으리라 추정된다. 그리고 약 700년 전부터 해안에 쌓인 모래가 바람에 날려 사구가 형성되기 시작한 것으로 보인다.

바닷물 밑의 새하얀 모래사장은 경사가 완만하여 물이 빠지면 해안에서 200m 더 연장된다. 여름에 해빈 중앙에 형성되는 모래톱은 겨울이 되면 모두 파괴되어 사라진다.

검은 모래 해수욕장이 있다고?

제주시에서 가장 가까운 이호해수욕장을 비롯하여 삼양해수욕장, 효돈해수욕장 등은 모두 검은 모래로 이루어져 있어 하얀 패각사로 이루어진 협재해수욕장과 대조적이다.

모래의 색깔이 다른 만큼 퇴적 물질의 기원 또한 다르다. 검은 모래는 제주도의 기반암인 현무암의 풍화 물질로, 하천에 의해 바다로 운반된 후 연안류와 조류에 의해 다시 해안에 쌓인 것이다. 그 밖에 해저에서도 검은 모래가 일부 공급되고 있는데, 이는 해저에 깔려 있는 현무암이 침식된 후 연안류에 이끌려 해안에 퇴적되고 있음을 뜻한다.

협재해수욕장은 해양 영력(營力)이 우세한 환경에서 패각사의 해빈 퇴적물이 쌓여 형성된 것인 데 반해 검은 모래로 이루어진 해수욕장은 육성 영력이 우세한 환경에서 제주도에서 나온 현무암 풍화 퇴적물이 쌓여 형성된 것이다.

제주도는 국내에서 강수량이 가장 많은 곳이지만 표층 암반이 현무암이기 때문에 대부분의 하천이 복류하는 건천(乾川)이다. 따라서 하천의 유수

육지에서는 찾아보기 어려운 검은 모래로 이루어진 쇠소깍 해변의 효돈해수욕장. 효돈해수욕장은 다른 해수욕장에 비해 덜 알려진 한적한 곳으로 이색적인 바다 풍경을 즐길 수 있다.

와 침식, 퇴적 작용이 미약해 하천에 의한 모래의 공급은 기대하기 어렵다. 그러나 몇몇 하천은 유수 상태가 제법 양호하여 침식과 운반, 퇴적 작용이 활발하게 이루어지는데, 검은 모래 해수욕장은 바로 이러한 하천을 끼고 있어 다량의 현무암 퇴적 물질을 바다로 공급할 수 있었다. 공급량은 특히 태풍과 집중호우가 많은 여름철에 증가한다. 구체적으로 이호해수욕장의 이호천, 삼양해수욕장의 삼수천, 화순해수욕장의 창고천, 효돈해수욕장의 효돈천이 검은 모래로 이루어진 해빈 형성에 결정적인 역할을 했다.

비양도의 애기 업은 돌, 호니토

비양도 선착장에서 동쪽 해안을 따라 가면 해안에 굴뚝처럼 솟은 바위 하나가 보인다. 높이 8m, 둘레 3m 정도의 이 바위는 갓난아이를 등에 업고 서 있는 모습과 같아 '애기 업은 돌'이라 부르는데, 그 앞에서 치성을 드리면 아들을 낳는다는 속설이 있다.

이 바위는 용암에 있던 휘발 성분이 폭발하면서 용암 물질을 화구 주변에 쌓아 굴뚝 모양의 화산체를 만든 것으로 호니토(hornito)라고 한다. 호니토는 비양도에서만 볼 수 있는 특이한 화산 지형이다.

바다 한가운데 형성된 분석구인 비양도는 약 1,000년 전에 형성되었다고 알려졌으나, 실제로는 3만 년 전쯤에 형성된 것으로 보인다.

바다 한가운데 생긴 분석구, 비양도

협재해수욕장에서 손에 잡힐 듯 가까이 보이는 섬은 중국에서 날아왔다는 전설이 전하는 비양도(飛揚島)이다. 해안선을 따라 걸으면 물이 빠져나간 자리로 승용차 크기만 한 화산탄과 다양한 형상의 기암들이 나타난다. 정상인 비양봉(114m)에 올라서면 2개의 커다란 분화구가 보여 비양도가 두 차례의 화산 폭발에 의해 형성된 분석구라는 것을 알 수 있다.

분석구는 보통 물이 없는 환경에서 만들어지는데, 비양도는 특이하게도 바다 한가운데서 생겨났다. 《고려사》 권55 〈오행지〉에 기록된 1002년(고려 목종 5년)의 화산 폭발로 비양도가 형성되었다고도 하지만 만약 이 기록이 사실이라면 지질학적으로 설명하기 어려운 상황이 벌어진다.

현재의 해수면은 6,000년 전에 형성되었으므로 1,000년 전에 비양도가 분화했다면, 분화는 분명히 바다 속에서 일어났을 것이다. 지하에서 분출한 용암이 물과 접하면 응회환이나 응회구와 같은 특수한 오름이 형성된다. 따라서 비양도가 바다 속에서 분출했다면 성산일출봉이나 송악산과 같은 특이한 모양의 분화구여야 한다. 그러나 현재 비양도는 분석구의 형태를 띠고 있으므로 해수면이 지금보다 낮았던 시기에 육상 환경에서 분화했다고 보는 것이 옳을 듯하다. 그리고 분화가 끝난 후 해수면이 상승하여 약 6,000년 전 현재의 바다가 만들어지면서 바다에 잠겨 섬이 되었으리라 추정된다.

손영관 교수에 따르면, 비양도 화산암의 생성 시기는 약 3만 년 전이라고 한다. 최후 빙하기가 절정에 달했던 시기는 4만~2만 년 전으로, 이 시기는 해수면이 지금보다 130~150m 정도 낮았기 때문이다. 그러므로 비양도가 1,000년 전에 바다 한가운데서 화산 활동으로 솟아오른 섬이라는 주장은 수정되어야 할 것이다.

■■■■ 플러스 이야기 상자 ■■■■

소금의 힘에 무너진 쇠소깍 아귀바위

쇠소깍 암벽의 구멍은 바닷바람에 날아온 염분이 현무암의 기공에 쌓여 생긴 풍화혈이다(왼쪽). 바다, 호수, 계곡이 어우러져 눈부시게 푸른 빛깔을 토해내는 쇠소깍(오른쪽).

제주도 서귀포시에서 해안일주도로를 따라 동쪽으로 가다가 해안으로 내달리면 쇠소깍이 나온다. 울창한 삼림이 우거진 계곡 안에서 유리같이 맑고 투명한 호수와 푸른 바다가 만나는 이곳은 한 폭의 동양화가 연상될 만큼 고요한 아름다움을 간직하고 있다.

쇠소깍은 한라산 남동부 산기슭에서 발원한 효돈천의 물줄기가 바다와 만나는 지점에 만들어진 깊은 소로 그 빛깔이 눈이 부실 만큼 푸르다.

절벽 아래에서 솟아나는 지하수가 폭 10~30m, 수심 4~5m의 호수를 이루며 계곡 사이의 물길을 따라 바다로 흘러 들어간다. 계곡 양쪽으로는 암벽이 길게 줄 이어 있고 그 너머로 상록수가 빽빽이 들어서 있어 여름을 즐기기에 더할 나위 없이 좋다.

쇠소깍이라는 독특한 이름은 그 일대의 하효마을과 관계가 있다. 하효마을은 예전에 쇠둔마을이라 불렸고, 효돈천 하구에 있는 소는 '쇠소'라 불렸다. '깍'은 '맨 마지막'을 의미하는 제주도 방언으로 '쇠소'와 '깍'이 합쳐져 쇠소의 마지막 지점을 뜻하는 쇠소깍이란 이름이 태어난 것이다. 그 밖에 예부터 가뭄이 들었을 때 이곳에서 기우제를 지내면 곧바로 큰비가 내렸다고 하여 용연(龍淵)이라 부르기도 한다.

그런데 소의 물길이 끝나는 지점의 건너편 암벽으로 커다란 구멍 하나가 눈에 들어온다. 그 형상이 기이해 저절로 눈길이 가는데, 마치 험악하게 생긴 아귀나 SF 영화 속 괴물이 입을 벌리고 있는 모습 같다. 아직 이름이 없다기에 필자는 해당 동사무소에 '아귀바위'라는 이름을 제안했다. 바위 표면의 이런 구멍은 풍화혈의 일종인 타포니로 사암, 석회암, 화강암에 많이 나타난다.

쇠소깍에 발달한 타포니는 주로 화학적 풍화 작용으로 형성된 것으로 암석은 조면암질 현무암이다. 현무암에는 표면에 구멍이 많아 빗물이나 바닷물이 오래 머물 수 있기 때문에 침식과 풍화가 빨리 일어난다. 특히 쇠소깍처럼 현무암이 바닷가에 있는 경우 염풍화가 보다 활발히 일어나 타포니가 잘 발달한다. 쇠소깍의 타포니는 초기에는 야구공 크기의 주먹만 한 작은 구멍들이 여러 개 발달해 있다가 이 구멍들이 점차 침식과 풍화를 받아 성장하면서 하나의 커다란 구멍이 된 것으로 지금도 이런 성장은 계속되고 있다.

육지와 이어진 섬 육계도
성산반도

초기에 섬이었던 성산일출봉은 제주도 본섬과의 사이에 사주가 형성되면서 섬이 아닌 육지가 되었다.

해안에서는 조류와 해류 등의 다양한 힘에 이끌려 해저의 모래나 자갈, 조개껍데기가 침식, 운반되어 일정한 곳에 쌓인다. 이때 퇴적물은 육지에서 바다로 길게 쌓여 사주가 된다. 이후에 사주가 계속 성장하여 섬과 육지를 연결하면 이를 육계사주(陸繫砂洲, tombolo)라고 하며, 이렇게 해서 육지와 연결된 섬을 육계도(陸繫島, land-tied island)라고 한다.

육계도는 우리나라에서는 보기 어려운 지형으로 함경남도 영흥만의 호

● 육지와 이어진 섬 육계도 성산반도 | 287 ● ●

수중 폭발에 의해 형성된 성산일출봉은 육계도의 전형을 살펴볼 수 있는 곳이다. 동쪽 부분이 파랑에 의해 크게 침식되었다.

도반도, 제주도의 성산반도와 인근 신양리 해안의 방두반도 등 극히 일부 지역에서만 볼 수 있다.

성산반도는 불과 5,000년 전만 해도 섬이었으나 바다 밑으로 발달한 사주가 점차 성장하여 성산일출봉과 본섬인 제주도를 연결한 것이다. 성산일출봉에서 서쪽을 내려다보면 비교적 완만한 경사의 초원능선이 바다를 둘로 가르며 본섬의 고성리로 이어지는 것을 확인할 수 있다. 신양리 앞바다의 섭지코지 또한 사주가 발달하면서 본섬의 신양리와 연결된 육계도이다.

성산일출봉이 파도에 씻기며 만들어진 신양리층. 신양리 퇴적층의 기원 물질은 성산일출봉 응회구를 이루는 화산재와 화산력으로, 성산일출봉 형성 전후의 해양 환경을 알려준다.

육계도 형성의 비밀을 간직한 신양리층

약 5,000년 전 성산읍 고성리 해안가에서 강력한 화산 폭발이 일어나 성산일출봉이 생겨났다. 성산일출봉은 형성 직후부터 해수와 해풍에 의해 지속적으로 침식되었는데, 특히 큰 바다로 열려 있는 동쪽 부분이 보다 강한 파랑에

성산일출봉 육계도 형성 과정

약 5,000년 전 수중 폭발하여 형성된 성산일출봉은 형성 직후부터 바닷물에 지속적인 침식을 받아 신양리 퇴적층의 기원이 되었다.

조류와 연안류에 이끌려온 퇴적 물질이 서로 만나면서 제주 본섬에서 섬을 향해 사주가 생겨나기 시작했다.

퇴적 물질이 점차 쌓이면서 사주가 해상에 모습을 드러내 본섬과 성산일출봉을 연결하는 육계사주로 성장한 결과 성산일출봉이 육계도가 되었다.

너지에 의해 크게 깎여나가 수직의 해안 절벽을 이루었다. 섭지코지에서 바라보면 동서로 비대칭인 성산일출봉의 모습을 확인할 수 있다.

성산일출봉 분화구에서 깎여나간 화산재와 화산력은 조류와 연안류에 이끌려 주변 바다에 넓게 퇴적되면서 두께 2~3m의 신양리층을 만들었다. 이 과정에서 본섬의 고성리에서 성산일출봉 쪽을 향하여 해저에 서서히 사주가 쌓이기 시작했다. 이후 퇴적 물질이 지속적으로 공급되면서 사주가 성장하여 마침내 고성리와 성산일출봉을 연결하는 육계사주가 만들어졌다. 이런 과정을 거쳐 성산일출봉은 더 이상 섬이 아닌 육계도가 되었다.

한 달에 두 번 모세의 기적을 볼 수 있는 곳

영화 〈십계〉를 보면 모세가 바다를 가르는 장면이 나온다. 신의 손을 빌리지 않는다면 불가능한 일일 듯하지만, 우리나라에도 이런 바다 갈라짐 현상을 볼 수 있는 곳이 있다. 바로 충청남도 보령시 웅천면 관당리 무창포 앞바다에 가면, 매월 음력 1일과 15일 사리에 바다가 양쪽으로 갈라지며 그 사이에 길이 나는 모습을 볼 수 있다.

한 달에 두 번씩 물이 빠지고 나면 무창포에서 석대도까지 바다가 갈라지면서 활 모

● 육지와 이어진 섬 육계도 성산반도

양의 너른 길이 모습을 드러낸다. 특히 바닷물이 가장 많이 빠진다는 백중(伯仲) 사리 때는 해삼, 바지락, 굴 등을 채취하려는 사람들로 이 길이 발 디딜 틈 없이 붐빈다.

우리나라에서 바닷길이 열리는 곳으로는 무창포 말고도 전라남도 진도군 고군면 회동리와 의신면 모도(띠섬) 사이, 제주도 서귀포시 강정해안과 서건도 사이, 인천 무의도와 실미도 사이 등이 있다.

모세의 기적처럼 바다가 열리는 것을 개해(開海) 현상이라고 한다. 이는 바다 밑에서 주변보다 높은 언덕을 이루고 있던 지형이 바닷물이 빠져나가면 모습을 드러내 바다가 양쪽으로 갈라진 것처럼 보이는 현상으로, 이러한 지형을 우리말로는 모래톱, 지형학 용어로는 사주라고 한다. 사주는 점차 성장해 나중에는 밀물 때도 모습을 드러내게 된다.

그런데 개해 현상은 왜 황해안과 남해안에서만 나타나는 것일까? 우리나라의 모든 해안에서는 밀물과 썰물이 드나드는 조석 현상이 일어나는데, 동해안과 남해안은 조차가 각각 약 30cm, 약 1.2m인 데 반해 황해안은 3~9m로 동해안의 30배에 달한다.

즉 황해안은 썰물 때 그만큼 물이 많이 빠져나가기 때문에 조류에 의한 퇴적 작용이 활발하여 개해 현상이 집중적으로 나타나는 것이다. 그 밖에 황해안과 남해안의 해안선과 해저 지형이 복잡하다는 점도 또 하나의 요인으로 작용한다.

개해 현상은 육계도 형성의 전(前) 단계로 국내 여러 곳에서 나타난다. 충청남도 보령시 무창포 앞바다의 석대도(왼쪽 위). 제주도 서귀포시 강정해안의 서건도(오른쪽 위). 충청남도 태안군 안면도 꽃지해수욕장의 할매할배바위(왼쪽 아래). 경기도 안산시 탄도(오른쪽 아래).

800~700년 전 본섬과 연결되었으리라 추정

신양리층과 함께 퇴적된 조개껍데기 화석의 절대 연령을 측정해보니 약 4,300년 전의 것으로 나타났다. 따라서 신양리층의 형성 시기는 대략 그 무렵으로 추정해볼 수 있다. 이후 사주가 발달하기 시작한 것은 3,000년 전쯤으로 보이는데, 이는 우경식 교수가 우도와 성산일출봉 사이의 바다에 있는 홍조단괴의 절대 연령을 측정한 결과 약 3,000년 전이라는 수치가 나왔기 때문이다.

약 3,000년 전부터 형성되기 시작한 사주가 점차 성장하여 약 800~700년 전 본섬과 성산일출봉을 연결했으리라 추정된다.

그렇다면 육계사주가 형성된 것은 언제쯤일까? 우 교수가 성산일출봉의 반대편에 있는 협재리 해안사구의 주 구성 물질인 탄산염 퇴적물의 연대를 측정한 결과 대략 800~700년 전으로 나타났다. 우리나라에 발달한 해안사구는 같은 시기에 거의 같은 해양 환경에서 형성되었으며 신양리층은 매우 단단하게 고화되어 있는 상태이지만, 그 위로 덮인 신양리해수욕장과 사구의 모래는 대단히 연약한 상태로 형성된 지 채 1,000년이 되지 않았으리라는 게 학자들의 공통된 견해이다. 이에 비추어보면 성산일출봉과 반대편의 본섬이 연결된 시기도 800~700년 전, 즉 고려 후기로 추정해볼 수 있다.

우도의 흰 모래는 산호가 아닌 홍조단괴

소머리오름이라 불리는 우도봉(132.5m)을 제외하고는 섬 전체가 초원으로 이루어진 우도는 이국적인 정취가 물씬 풍기는 동시에 아직까지 제주도의 옛 모습을 가장 많이 간직하고 있는 곳이다.

우도팔경 가운데 서광리해안에는 길이 300여m, 너비 15m의 백사(白沙)해변이 푸른 바다와 조화를 이루며 펼쳐져 있다. 그동안 이곳의 흰 모래는 하얀 산호(珊瑚) 부스러기가 쌓여 만들어진 것으로 알려져왔다.

그러나 2002년 우경식 교수가 서광리해수욕장 백사장의 퇴적물 성분을 분석한 결과, 이곳의 흰 모래는 홍조류의 일종인 리도플름 속(Lithophyllum sp.)이 석회화되면서 암석처럼 단단하게 굳은 홍조단괴(紅藻團塊)로 산호와는 전혀 관련이 없다는 사실이 밝혀졌다.

구체적으로 말해서, 해수욕장 앞바다에 서식하던 홍조류가 강한 조류와 태풍에 휩쓸려 굴러다니면서 점차 성장하여 돌멩이처럼 굳은 뒤 해안에 쌓여 흰 모래가 된 것이다.

홍조단괴가 서광리 앞바다에서 집중적으로 성장한 것은 이 일대가 그에 알맞은 조건을 가지고 있기 때문이다. 즉 수온이 약 19°C로 연중 따뜻하고, 하천을 통한 화산 쇄설성 퇴적물의 유입이 없어 바닷물이 맑은 상태로 유지되기 때문에 홍조류가 서식하기에 적당하다. 또한 우도 앞바다의 수심이 대부분 15m 정도로 얕아서 조류가 매우 빠르다는 점과 여름철마다 제주도를 통과하며 바다를 뒤흔드는 태풍도 홍조단괴의 성장을 도왔다.

홍조단괴 백사로 유명한 우도에는 연 40~50만 명의 관광객이 찾는데, 그 영향으로 최근 홍조단괴의 불법 유출과 환경파괴가 심각한 문제로 대두되었다. 우도의 홍조단괴 해빈은 세계적으로도 희귀할 뿐만 아니라 학술적 가치가 높아 2004년 4월 9일 천연기념물 제438호(우도 홍조단괴 해빈)로 지정되었다.

그동안 산호모래로 잘못 알려진 우도의 홍조단괴 해빈은 홍조류가 탄산칼슘을 침전시켜 딱딱하게 굳은 단괴가 쌓인 것이다.

전설의 섬에서 실재의 섬으로
이어도

그동안 전설과 신화 속에서만 존재하던 이어도는 2003년 해양종합과학기지의 건설로 실재와 과학의 섬으로 다시 태어났다. ⓒ심재설

"그 섬에 가고 싶다."

섬은 그 자체만으로도 무한한 동경심을 불러일으킨다. 이는 아마도 세상과 단절된 곳에서 지친 삶을 위로받고 싶은 마음 때문일 것이다. 홍길동이 이상(理想) 국가로 여겼던 율도국 또한 섬이지 않았던가. 우리나라의 3,300여 개의 섬 가운데 존재하지 않으면서도 존재하는, 또 존재하면서도 존재하지 않는 섬이 하나 있다.

이어도 해양종합과학기지는 무인으로 운영되는데, 주요 장비는 무궁화 위성을 통해 원격 조정한다. 이 기지가 구축되면서 태풍이나 해일 등의 위급한 해양 및 기상 환경에 과학적으로 대응할 수 있게 되었다. ⓒ심재설

"이엿사나 이어도 사나 이엿사나 이어도 사나." 그 섬은 바로 제주도 해녀들의 이어도타령 속에 전해 내려오는 전설의 섬 이어도이다. 바다에 나가 돌아오지 않는 임을 기다리는 한스럽고 고달픈 삶을 살았던 제주도 여인네들에게 이어도는 마음이나마 편히 쉴 수 있는 피안(彼岸)의 섬이자 구원의 섬이었다.

전설과 신화의 섬에서 실재와 과학의 섬으로

제주도 사람들은 바다에 나간 사람이 돌아오지 않으면 이어도에 가서 복락(福樂)을 누리고 있을 거라 믿었다. 또한 자신들도 언젠가는 그들을 따라 이어도에서 영원한 안식을 찾을 것이라 여겼다.

이와 같은 이어도의 전설은 원나라의 지배를 받던 고려 때부터 전해 내려왔는데, 1900년 영국 상선 소코트라(Socotra) 호가 일본에서 상하이로 항해하던 중 암초에 부딪히면서 세상에 모습을 드러냈다. 그 암초는 배의 이름을 따 공식적으로 소코트라 암초(socotra rock)로 명명되었다.

이렇게 섬이 아닌 수중 암초로 세상에 알려지게 된 이어도는 북위 32° 7′, 동경 125° 10′의 해

바다로 나간 남자들을 대신해 생계를 책임져야 했던 해녀들은 이어도를 꿈꾸며 고달픈 삶을 달랬다.

이어도는 거리상으로 우리나라와 가장 가깝지만 한국, 중국, 일본 사이에 외교 분쟁이 일어날 가능성이 매우 높은 곳이다. 최근 중국은 이어도의 한국 점유를 인정할 수 없다는 의견을 보내왔다.

수중섬인 이어도는 50m의 평탄한 해저면상에 남쪽으로는 급경사, 북쪽으로는 완경사의 분화구 모양으로 솟아 있는 오름 모양이다.

수면에 돌출한 해저 섬의 꼭대기이다. 이어도를 다른 말로 파랑도(波浪島)라고도 하는데, 이는 일본인들이 붙인 이름이다. 국내에서 이어도라는 이름이 공식적으로 처음 사용된 것은 1987년 제주지방해양수산청에서 이어도 부근에 등부표를 설치하면서 제주도의 지역 정서를 고려하여 이어도라는 명칭을 사용한 때부터이다.

그동안 이어도는 상상의 섬이었기 때문에 큰 관심을 얻지 못했지만 2003년 이어도 정상에서 남쪽으로 700m 지점에 국내 최초의 해양종합과학기지가 건설되면서 많은 사람이 주목하는 곳이 되었다. 높이 36m, 연면적 400평 규모로 건설된 해양종합과학기지는 우리나라의 기상과 해양 관측의 수준을 몇 단계 끌어올릴 첨단과학의 요람이 되고 있을 뿐만 아니라 이어도를 전설과 신화의 섬에서 실재와 과학의 섬으로 다시 태어나게 했다.

이어도는 바다 속의 오름?

바다 속의 이어도는 어떤 모습을 하고 있으며 언제, 어떻게 만들어졌을까? 베일에 가려졌던 이어도를 1986년 학계에 처음으로 소개한 사람은 윤정수 교수이다. 윤 교수는 이어도가 제주도 남쪽 마라도에서 서남쪽으로 150km 지점에 위치한 수중섬(수중 암초)이고 수심 40m를 기준으로 남북 길이 약 500m, 동서 길이 약 750m, 해저 면적 약 37.5km²에 달한다는 사실을 밝혀냈다. 또한 해수면

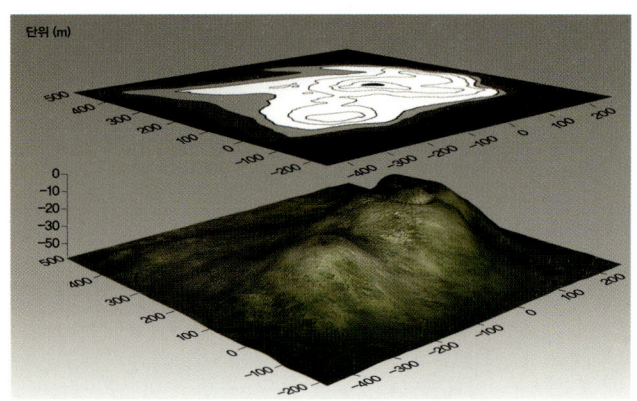

에서 6.4m 아래 뾰족한 암봉(peak)으로 돌출해 있으며, 암봉의 정상부에서 남쪽으로는 급경사를 이루지만 북쪽으로는 완만한 평탄면을 이루고 있다고 했다.

윤 교수가 이어도의 최상부에서 채취한 시료를 분석한 결과, 이어도는 성산일출봉과 동일한 수중 분화로 생성된 응회구로 오름의 일종으로 추정된다. 지질학자들에 따르면, 제주도의 화산대는 멀리 동중국해까지 해저 화산체로 연결되어 있다고 하니 이어도는 수중 오름일 가능성이 높다. 학자들은 실제로 제주도의 산기슭에 피어난 분석구 모양의 오름이 바다 속에도 상당수 존재한다고 말한다.

국토 최남단에 있는 마라도 등대. 이어도는 이곳에서 서남쪽으로 약 150km 지점에 돌출한 수중 암초이다.

이어도에서 만난 사람, 심재설 박사

이어도를 품에 안고 사는 사람이 있다. 이어도 해양종합과학기지(이하 이어도기지) 건설의 총책임자로, 1995년부터 2003년까지 악천후와 주변국의 견제와 압력을 이겨내며 기지 건설을 진두지휘한 한국해양연구원 심재설 박사가 그 주인공이다.

심 박사는 이어도기지의 구상 단계부터 완공 단계에 이르기까지 150km의 바닷길을 무려 30여 차례나 드나들었다고 하니 그야말로 이어도기지 건설의 산 증인이다. 또한 그는 그동안 해도에 기재되었던 소코트라 암초라는 이름을 이어도로 수정해줄 것을 국토지리정보원에 끈질기게 요청하여 공식 이름을 이어도로 바꿔놓은 장본인이기도 하다.

이어도 해양종합과학기지 건설을 진두지휘했던 심재설 박사.

심 박사는 다가올 해양 시대에는 바다를 얼마나 효율적으로 이용하느냐가 그 나라의 국력을 결정한다며 우리나라도 이어도기지 건설을 계기로 해양강국으로 가기 위한 준비를 서둘러야 한다고 힘주어 말한다. 그런 노력의 일환으로 앞으로 백령도 앞바다를 비롯하여 황해에 해양 기지를 더 설치할 계획이라며 야심찬 포부를 밝혔다. 심 박사의 말에서 해양 강국으로 발돋움하는 우리나라의 미래가 보이는 듯하다.

초코파이 같은 이중의 퇴적 구조

그러나 2001년 이어도를 조사, 연구한 강원대학교 지질학과 정대교 교수(퇴적학)는 윤 교수의 연구와는 전혀 다른 각도에서 이어도의 생성과 진화 과정을 설명하고 있다. 정 교수는 이어도 해양종합과학기지에서 시추한 퇴적물을 분석하여, 수심 50~60m의 평탄한 해저면인 이어도의 하부는 연약한 이질 및 사질성 퇴적층으로 이루어져 있고, 이를 얇게 덮고 있는 상부는 비교적 견고한 응회암층으로 해수면 아래 6.4m 지점까지 솟아올라 정상 부분을 이루고 있다고 설명한다. 그는 이러한 구조를 초코파이에 비유하여 설명했다. 즉 하부의 퇴적층을 응회암이 얇게 덮고 있는 구조가 부드러운 빵을 초콜릿으로 얇게 덮은 모양과 비슷하다는 것이다.

하부의 퇴적층 내부에 다양한 크기의 조개껍데기들이 있는 것으로 보아, 이 퇴적층은 얕은 해안이나 연안 대륙붕에서 퇴적되었을 것이다. 정 교수는 이 퇴적층은 제주도 서귀포층과 마찬가지로 160만~100만 년 전에 형성되었을 것이라고 말한다.

그리고 정상부 퇴적층의 현무암 박편을 현미경으로 관찰한 결과, 암편의 가장자리가 심하게 풍화, 변질된 것으로 나타났다. 이는 현무암편이 퇴적 이후 바닷물과 접하면서 화학적 풍화를 심하게 받았음을 보여주는 것이다. 이 정상부의 퇴적층은 천지연폭포 주변에서 산출되는 조면암질 현무암과

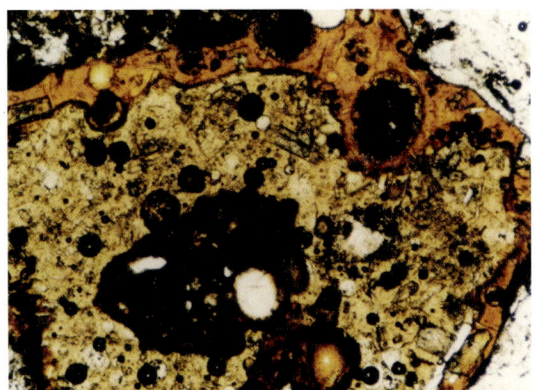

이어도의 해저면에서 80m 내려간 지점에서 시추한 시료 퇴적물(왼쪽). 이어도 정상부 화산 쇄설암층에 포함된 현무암 박편을 현미경으로 관찰한 사진(오른쪽). ⓒ정대교

유사한 암상을 띠어 70만~40만 년 전에 형성되었을 것으로 추정된다.

그러나 정 교수는 이어도 일대의 퇴적층이 바닷물과 오랫동안 접촉하면서 동위원소의 화학 조성이 변화하여 생성 당시의 절대 연령을 정확하게 반영하지 못한다며, 주변 퇴적층에 포함된 미(微)화석을 이용한 층서 대비 자료와 지화학적 분석 자료가 추가로 필요하다는 말을 덧붙였다.

파랑에 의한 차별침식

얕은 바다에 모래와 진흙으로 이루어진 퇴적층이 쌓인 후 이어도 부근의 여러 곳에서 화산이 분출하면서 화산암편과 응회암질 퇴적물이 대량으로 흘러 들어와 그 위를 수m 이상의 두께로 덮었다. 신생대 제4기에는 빙기와 간빙기가 번갈아 반복되면서 해수면의 승강 운동이 계속되었는데 이 과정에서 상부의 퇴적층은 해수에 잠겼을 때는 파랑에, 육지에 드러났을 때는 바람과 빗물에 깎여나갔다.

그 결과 연약하고 얇게 피복되었던 남쪽은 해저와 10m밖에 차이가 나지 않을 만큼 심하게 깎여나간 반면, 견고하고 두껍게 피복된 북쪽은 덜 깎여나가 암봉의 고지대로 남았다. 그러므로 지금의 이어도 정상은 화산 쇄설물이 운반되어 쌓인 퇴적층이 빙하기를 거치며 차별적인 풍화와 침식을 받아 깎여나가고 남은 잔류 지형이라고 할 수 있다.

그렇다면 현재 해수면에서 6.4m 아래에 있는 수중 암초인 이어도는 언제 바다 속으로 완전히 잠겼을까? 마지막 빙하가 최성기에 달한 4만~1만 8,000년 전에는 현재보다 해수면이 130~150m 정도 낮았다. 이때는 중국과 일본, 한국이 육지로 연결되어 있었고 이어도 또한 육지에 속했다. 그러나 1만 5,000년 전부터 빙하가 서서히 물러가면서 해수면은 다시 100m 이상 상승했다. 이와 함께 이어도는 파식을 받아 깎여나가면서 수심 50m의 바다 속으로 서서히 가라앉아 섬으로서의 생명을 다했는데, 그 시기는 대략 1만 2,000년 전으로 추정된다.

이후 이어도는 지금까지 해저에서 파랑의 침식을 받아왔다. 특히나 이곳

우리나라 국토 최남단 마라도는 학생수가 적어 인근 가파도에 있는 가파초등학교 마라분교장 형태로 운영된다(왼쪽). 마라도의 입도와 출도의 창구인 선착장 모습(오른쪽). 최근 우리나라는 이어도와 관련하여 여러 조치들을 취하고 있다.

은 태풍의 40%가 통과하는 길목인 동중국해에 있어 파랑 에너지가 무척 강하다. 지금처럼 침식이 계속된다면 이어도는 머지않아 수면 아래 더 깊은 곳으로 침수될 것이다.

이어도 사랑으로 이어진 독도 사랑

2005년 2월 22일, 일본의 시마네 현 정부가 그날을 '다케시마(竹島)의 날'로 지정하는 조례를 가결시키자 전국적으로 독도 사랑의 물결이 일었다. 이제 그 물결이 이어도 사랑으로 이어지고 있다.

한국땅이름학회에서는 우리나라 동서남북 땅끝에 그곳이 한국의 영토라는 내용과 정확한 위치, 역사적 유래 등을 새긴 표지석 건립을 추진하고 있다. 해당되는 장소는 함경북도 선봉군 우암리 동단(동), 평안북도 용천군 진흥 노동자구(서), 전라남도 해남군 송지면 갈두리 남단(남), 함경북도 온성군 풍서동 북단(북) 및 독도(동)와 평안북도 신도군 비단섬 노동자구 마안도(서), 제주도 남제주군 대정읍 마라도와 그 남쪽의 이어도(남)이다.

마라도에서 서남쪽으로 150km 지점에 있는 이어도는 중국 둥다오(童島)에서는 245km, 일본 도리시마(鳥島)에서는 276km 떨어져 있어 3국 사이에 외교분쟁이 일어날 가능성이 높은 곳이다. 아직까지 이어도가 한국 영토라고 공식적으로 발표한 적은 없지만 해양수산부에서는 2002년 9월 13일자로 이어도의 영문 표기를 'Iedo'로 확정하여 대외적으로 공포한 바 있으며, 2003년에는 해양종합과학기지를 건설했기 때문에 표지석 건립에는 문제가 없다고 말한다.

국토지리정보원에서도 2000년 12월 30일자로 이 암초의 행정구역 명을 '제주도 남제주군 대정읍 마라도 서남쪽 150km'로 고시하고, 그 이름을 '이어도'로 사용하도록 했다. 그러나 행정자치부에서는 이어도가 공해상의 수중 암초이므로 국내 지적법상 지번(地番)을 부여하는 것은 곤란하다는 입장을 밝혀 귀추가 주목된다.

이렇게 정부와 민간에서 추진하고 있는 여러 가지 노력이 모아진다면, 머지않아 이어도는 논쟁의 여지가 없는 우리 땅이 될 것이다. 그리고 오랜 세월 지친 영혼의 안식처가 되어준 것처럼, 해양 강국의 미래를 꿈꾸는 희망의 섬으로서 제 기능을 톡톡히 하게 될 것이다.

플러스 이야기 상자

해양과학의 유토피아, 이어도 기지

동북아 해양 강국을 꿈꾸는 대한민국의 의지를 담아 이어도 정상에서 남쪽으로 700m지점에 해양종합과학기지가 건설되었다. ⓒ심재설

미국, 영국, 일본, 에스파냐, 포르투갈 등의 예에서 볼 수 있듯이, 과거에도 그랬고 현재에도 강대국은 대개 해양 강국이기도 하다. 세상의 중심을 자처하던 중국이 근대의 서막에서 외세의 침탈에 시달렸던 것도 바다를 개척하지 않고 내륙의 경영에만 치중했기 때문이다. 즉 바다를 얼마만큼 효율적으로 이용하고 경영하느냐에 따라 국력이 좌우된다고 할 수 있다.

21세기는 해양의 시대이다. 세계 각국에서는 자원과 식량의 보고인 바다를 개발하기 위해 총력을 기울이고 있다. 일찍이 통일신라 시대에 해상왕 장보고의 활약으로 해양 강국의 지위를 누렸던 우리나라 역시 이러한 움직임에 적극적으로 동참하고 있다. 2003년에 완공한 우리나라 최초의 해양종합과학기지인 이어도기지는 바로 그러한 노력의 결실이라고 할 수 있다.

수심 40m의 바다에 높이 76m, 무게 3,400t의 구조물로 지어진 기지는 높은 파도와 강풍에도 끄떡없을 만큼 견고하다. 이곳에는 해류, 풍향, 풍속, 수심 등을 측정하는 44종 108개의 최첨단 관측 장비와 감시 카메라가 갖춰져 있다. 이 장비들은 평상시에는 무인으로 운영되는데, 이 가운데 주요 장비는 무궁화위성을 통한 원격 조정이 가능하다. 이어도기지는 풍력과 태양전지를 이용해 전력을 공급받으며, 그 밖에도 외부의 지원 없이 8명이 2주를 버틸 수 있는 첨단 시스템이 갖춰져 있다.

이어도기지가 구축되면서 기상, 해양, 어장 등에 관한 정확한 예보가 가능해졌고, 태풍이나 해일과 같은 위급한 해양 및 기상 환경에 보다 과학적으로 대응할 수 있게 되었다. 즉 이어도기지는 우리나라의 해양 및 기상 과학을 선도하고, 주변 해역의 대륙붕을 개발하기 위한 전초 기지로서 중요한 의미를 지닌 곳이다. 그러므로 이곳을 최대한 활용하고 발전시키는 것이 우리나라가 해양 선진국으로 발돋움할 수 있는 지름길이라 할 것이다.

부록

1. 한반도는 어떻게 탄생한 것일까?
2. 지질 시대 연표 및 생명의 진화
3. 지질 변동사의 산 증인, 암석
4. 한반도 지질사 체험 학습장
    - 지질박물관
    - 태백석탄박물관
5. 참고문헌

한반도는 어떻게 탄생한 것일까?

인공위성에서 바라본 한반도의 모습. 대륙을 향해 호령하는 호랑이 형상의 한반도 땅덩어리에는 30억 년의 지질사가 숨 쉬고 있다. ⓒ환경부

한반도 탄생의 비밀을 밝히기 위해서는 우선 지구의 역사에서 출발해야 한다. 그러나 장장 46억 년에 이르는 지구의 역사 속에서 한반도가 만들어진 과정을 찾아내기란 결코 쉬운 일이 아니다. 어떤 방법이 있을까? 우리 주변의 다양한 암석들에는 그 형성 과정이 고스란히 기록되어 있으니, 이를 실마리로 삼아 한반도의 지질을 찬찬히 살펴보면 한반도가 걸어온 길이 눈앞에 생생히 펼쳐질 것이다.

한반도에는 선캄브리아대부터 현재에 이르는 여러 지질 시대의 온갖 암석이 망라되어 있다. 이를 통해 한반도가 무척이나 복잡한 지질사를 거쳐왔다는 것을 알 수 있는데, 학자들이 한반도 땅덩어리 자체를 훌륭한 자연사 박물관이라 일컫는 이유도 바로 이 때문이다.

한반도의 나이는 30억 년

한반도에서 발견된 암석 가운데 가장 오래된 것은 약 30억 년 전에 형성된 편마암으로, 이를 통해 우리는 한반도의 탄생 연대를 어림잡아볼 수 있다. 선캄브리아대 암석의 대부분을 차지하는 편마암은 지구가 탄생하고 바다가 만들어진 후 원시 바다에서 형성된 퇴적암이 변성되어 만들어졌다. 즉 원래 바다 속에 있던 퇴적암이 지하 깊은 곳에서 열과 압력을 받아 변성된 것으로 고생대 이전에는 한반도가 바다였다는 사실을 보여주는 암석이라고 할 수 있다.

선캄브리아대 편마암이 분포하는 지역은 평북·개마지괴, 경기지괴, 영남(소백산)지괴로 국토의 40% 정도를 차지한다. 그러므로 한반도 땅덩어리는 고생대 이전에 이미 대략적인 윤곽을 갖추었으리라 추정해볼 수 있다. 지리산, 소백산, 덕유산, 태백산 등지에 넓게 분포하는 편마암은 모두 약 20억 년 전 선캄브리아대에 형성된 것들이다.

선캄브리아대에는 전 세계적으로 조산 운동은 거의 일어나지 않았고, 주로 지표가 깎여나가는 침식 작용이 일어났다. 당시 원시 바다에 떠 있던 초대륙의 일부였던 한반도 역시 큰 지각 변동은 없었고, 지표의 침식으로 방패 모양의 평탄 지형을 이루고 있었다. 그러나 이후 선캄브리아대의 암석들이 고생대, 중생대, 신생대를 거치며 여러 차례의 지각 변동과 화성 활동으로 심하게 변성되어, 한반도의 지질 구조는 매우 복잡해졌다. 게다가 화석이 거의 발견되지 않아 지층의 선후 관계를 밝히기도 대단히 어려운 실정이다.

정원 조경석으로 사용되는 편마암. 편마암은 고생대보다 더 오래된 원생대의 암석으로 한반도 땅덩어리가 아주 오랜 역사를 지녔음을 말해준다(왼쪽). 강원도에서 생산되는 무연탄. 고생대에 바다가 물러나면서 육화된 한반도는 무성한 삼림을 이루었는데, 이는 석탄층의 기원이 되었다(오른쪽).

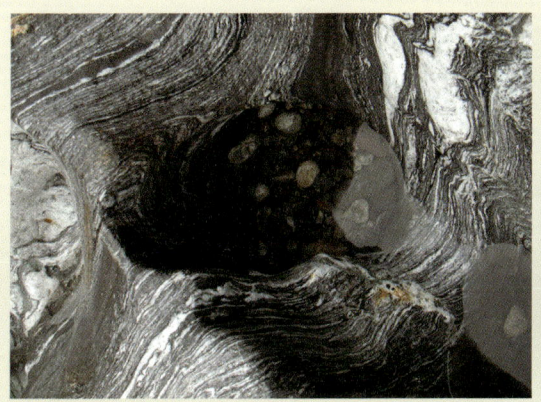

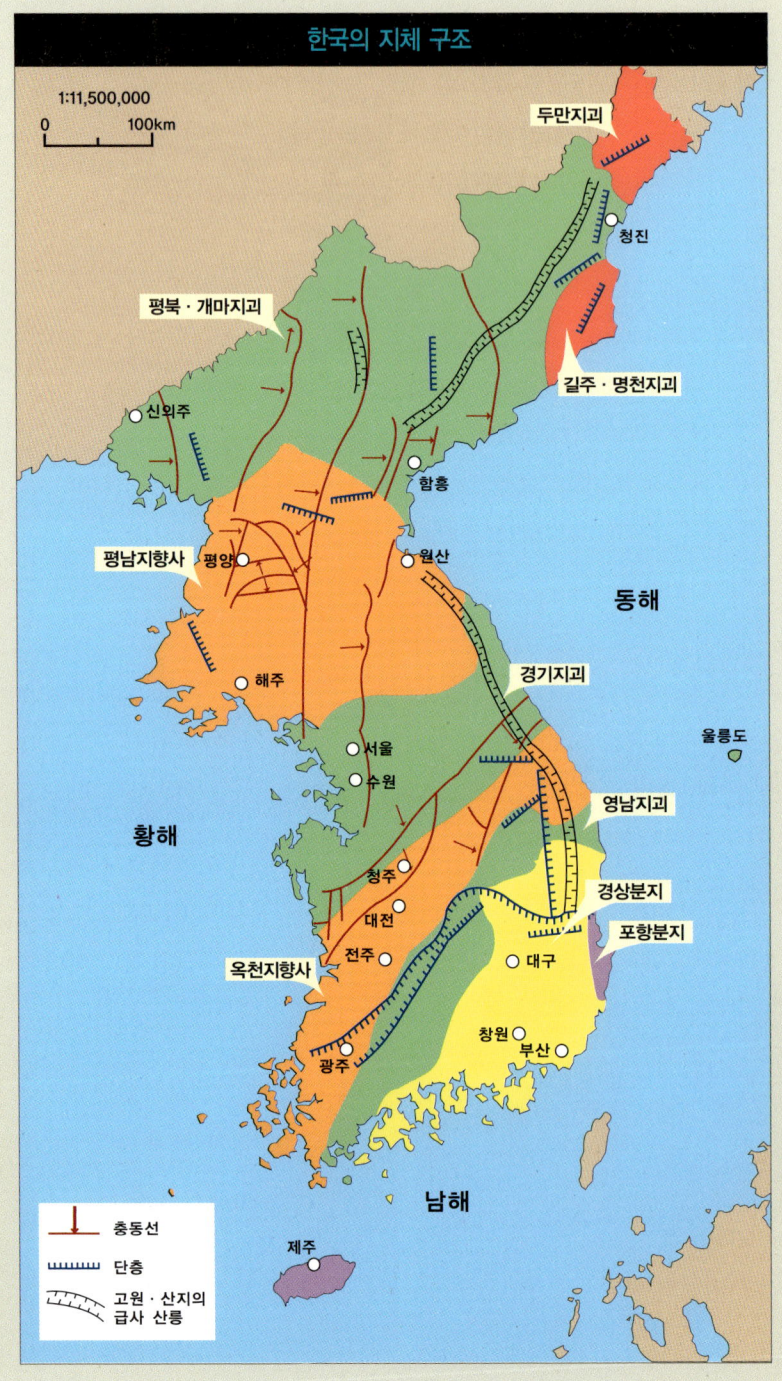

부록-한반도는 어떻게 탄생한 것일까?

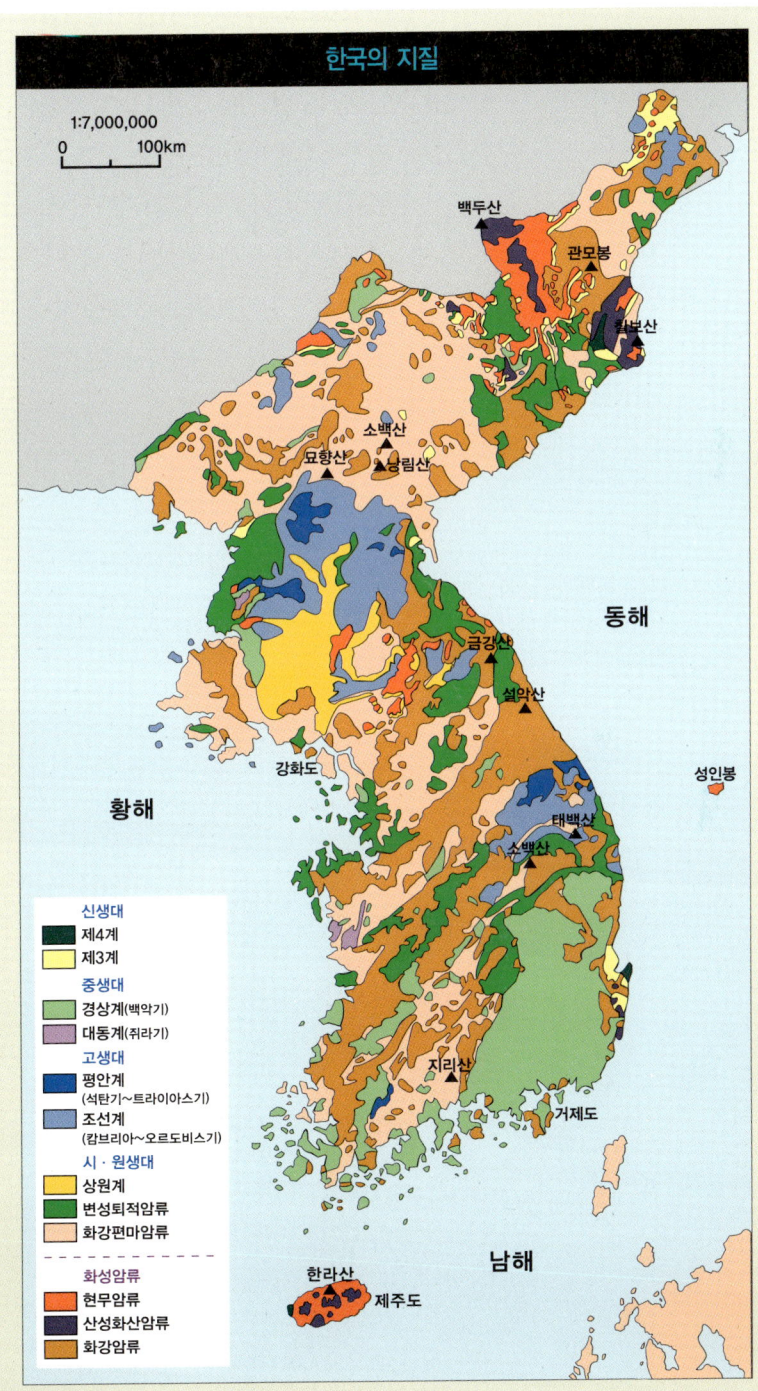

석회암과 석탄의 생성

한반도는 탄생 이래 침강과 융기를 반복하는 조륙(造陸) 운동을 거치며 지속적으로 침식되었다. 약 5억 7,000만 년 전 고생대 초에 이르러 선캄브리아대 육괴들 사이의 저지대가 얕은 바다에 잠기면서 선캄브리아대 기반암 위로 퇴적층이 형성되었다. 이후 중생대 초까지 바다로 덮여 있는 동안 두꺼운 퇴적층이 쌓였는데, 평남지향사와 옥천지향사가 이에 속한다.

바다 환경이 지속되는 동안 삼엽충을 비롯한 완족류와 두족류 등의 초기 생명체가 번성했으며, 바다 밑으로 조류와 산호 등의 침전물이 쌓여 조선 누층군이 형성되었다. 평안남도 남부와 강원도 남부 일대에 분포하는 석회암층은 바로 이때 만들어진 것이다. 고생대 초에 한반도는 지금의 위치가 아니라 적도 이남 10° 부근에 있다가 점차 북상하여 중생대 트라이아스기에 북위 25°에 도달했으며, 약 2억 년 전 쥐라기에 이르러 지금의 38° 부근에 도달했다.

약 2억 9,000만 년 전 페름기로 접어들면서 바다가 후퇴하여 바다 환경이 육지 환경으로 바뀌었다. 이때 거대한 늪지대가 형성되었는데, 석탄기에 번성했던 양치 식물과 석송류가 울창한 숲을 이루었다. 이후 두껍게 퇴적

지질 시대순으로 본 한반도 변화 과정

선캄브리아대의 한반도 가상도. 초대륙의 일부였던 한반도는 큰 지각 변동 없이 안정된 가운데 오랫동안 침식되어 완만한 평탄 지형이 형성되었다.

고생대의 한반도 가상도. 고생대에는 일부 지역이 바다에 잠기며 두꺼운 석회암 해성층을 형성했으며, 이후 바다가 후퇴하면서 그 위로 석탄층이 형성되었다.

중생대의 한반도 가상도. 강력한 지각 변동으로 한반도 곳곳에 구조선이 생기면서 오늘날의 산맥 모양새가 형성되었다. 또한 경상 분지의 여러 곳에 거대한 호수가 만들어졌다.

신생대의 한반도 가상도. 장기간의 침식으로 산맥이 더욱 골격을 갖추었으며 경동성 요곡 운동에 의해 한반도의 동쪽에 등줄산맥이 형성되었다.

된 삼림대가 지하 깊은 곳으로 함몰되고, 이어 열과 압력에 의해 탄화하여 조선누층군 위로 평안누층군을 형성했다. 평안남도와 강원도 일대의 탄전 지대에 분포하는 석탄은 모두 이 시기에 만들어진 것이다.

산맥의 모양새를 빚어낸 격렬한 지각 변동

특별한 지각 변동 없이 고생대까지 안정을 유지해오던 한반도 땅덩어리는 중생대에 이르러 엄청난 지각 변동의 소용돌이에 휩싸이게 된다. 여러 차례의 화산 활동을 동반한 습곡과 단층 작용의 영향으로 지각이 갈라지고, 지층이 내려앉거나 올라가거나 휘어지는 등 일대 격변을 겪었다. 약 2억 3,000만 년 전 중생대 초 트라이아스기에는 송림변동이라는 거대한 조산 운동이 북한 지역에 집중적으로 일어났다. 이로 인해 고생대 지층인 평남지향사가 들어 올려졌으며 지층이 심한 습곡을 받았다.

약 1억 4,000만 년 전 쥐라기 말로 접어들면서 한반도 지질 역사상 가장

경주 불국사(왼쪽)와 석가탑(오른쪽 위), 다보탑(오른쪽 아래). 신라 불교 문화의 정수를 엿볼 수 있는 불국사의 수많은 돌덩이들은 모두 중생대 백악기에 관입한 불국사화강암이다.

격렬했던 지각 변동인 대보조산운동이 한반도 전역에서 일어났다. 그 결과 기존의 한반도 지질 구조에 엄청난 변화가 일어났고, 지하 깊은 곳에서 대규모의 마그마가 관입하여 대보화강암이 형성되었다. 우리나라의 대표적 화강암 산지인 금강산, 설악산, 계룡산, 북한산, 관악산 등지에 가득한 암식들은 모두 이때 형성된 것이다. 송림변동과 대보조산운동의 영향으로 한반도에는 땅의 곳곳이 갈라지는 균열선, 즉 구조선이 생겨났고, 이 구조선을 따라 오랫동안 침식이 이루어져 오늘날의 산맥과 같은 모양새가 만들어졌다.

한반도에 공룡 시대가 전개되었던 약 9,000만 년 전 백악기 말로 접어들면서, 영남 지방을 중심으로 불국사운동이 일어나 화산 분출과 함께 단층, 습곡 작용으로 지층이 교란되었으며 불국사화강암이 관입했다. 월악산, 속리산, 월출산, 토함산, 금정산 등지의 화강암 덩어리들은 이때 만들어진 것이다. 또한 곳곳에 지반이 내려앉아 거대한 분지가 생겨났고, 이곳으로 물이 흘러들어 호수가 만들어졌다. 이후 오랫동안 호수 바닥에 퇴적물이 쌓여 두꺼운 경상계 퇴적층이 형성되었는데 고성 덕명리, 해남 우항리, 화성 시화호 등지에서 발견되는 공룡 발자국과 공룡 알 화석은 모두 이 퇴적층에 남은 것이다.

한반도 등줄산맥의 형성

불국사운동을 겪은 후 한반도에는 큰 지각 변동 없이 오랫동안 침식이 일어났다. 그러나 약 2,300만 년 전 신생대 제3기 중기 마이오세에 이르러 한반도 땅덩어리는 다시 크게 요동쳤다. 일본이 한반도에서 떨어져나가면서 그 사이에 동해가 생겨났고, 동해의 해저 지각이 확장하면서 한반도 땅덩어리를 밀어붙여 한반도가 위로 솟아올랐다. 이때 융기축이 동쪽에 치우친 요곡 운동이 일어나 낭림산맥, 함경산맥, 태백산맥 등이 높게 솟아올랐고, 이러한 융기는 지금도 계속되고 있다.

한반도는 중생대에는 바다의 영향을 거의 받지 않았다. 하지만 신생대에 이르러 동해안 몇몇 곳이 바다에 잠기며 퇴적층이 형성되었다. 두만지괴, 길주·명천지괴, 포항분지 일대가 그 당시에 형성된 퇴적층으로, 석유와 천연가스의 매장 가능성이 높아 주목을 받고 있다. 신생대 제3기 말에서 제4기 초인 약 200만 년 전을 전후하여 전국 곳곳에서 일어난 화산 활동으로 백두산, 제주도, 울릉도, 독도가 생겨났고 개마고원, 철원~평강 지역, 신계~곡산 지역에 거대한 용암대지가 형성되었다.

중생대 이후 구조선을 따라 계속적으로 일어난 침식 작용으로 한반도의 산맥은 더욱 뚜렷한 골격을 갖춰갔다. 제4기로 접어들면서 한반도는 여러 차례 빙하에 의한 해수면의 승강 운동을 겪었는데, 그 결과 동해안에는 해안단구가 집중적으로 발달했으며, 황·남해안에 리아스식 해안이 형성되었다.

포항 금광동 제3기층 화석 산지와 울산 구남마을에서 발견된 조개 화석(사진 속 사진). 포항과 울산 일대는 신생대 제3기에 바다에 잠겼던 곳으로, 해안 절개지 어느 곳을 가더라도 화석을 쉽게 발견할 수 있다.

지질 시대 연표 및 생명의 진화

대		기	세	년대 (100만 년 전)	한반도 지층	한반도 지각 변동
현생누대	신생대	제4기	현세	0.01	제4기층	낙동강 삼각주, 갯벌 형성
			플라이스토세	1.8		화산 활동(백두산, 개마고원, 제주도, 울릉도, 독도, 철원·평강 용암대지 형성)
		제3기	플라이오세	5.3	제3기층	동해 형성 시작
			마이오세	23		경동성 요곡 운동 (한국 방향의 태백산맥, 낭림산맥 형성)
			올리고세	36.5		두만지괴, 길주·명천지괴
			에오세	53		
			팔레오세	65		
	중생대	백악기		135	경상누층군	불국사운동(불국사화강암 관입), 경상분지
		쥐라기		200	대동누층군	대보조산운동(대보화강암 관입, 중국 방향의 구조선 형성)
		트라이아스기		240	평안누층군	송림변동(라오둥 방향의 구조선 형성)
		페름기		290		석탄층 형성
	고생대	석탄기		350	대결층	조륙 운동(해퇴)으로 한반도 육지화
		데본기		400		
		실루리아기		430		
		오르도비스기		510	조선누층군	평남지향사, 옥천지향사 석회암층 형성
		캄브리아기		570		
은생누대	원생대			2,500	선캄브리아대 지층군	평북·개마지괴, 경기지괴, 영남(소백산)지괴
	시생대			4,600		

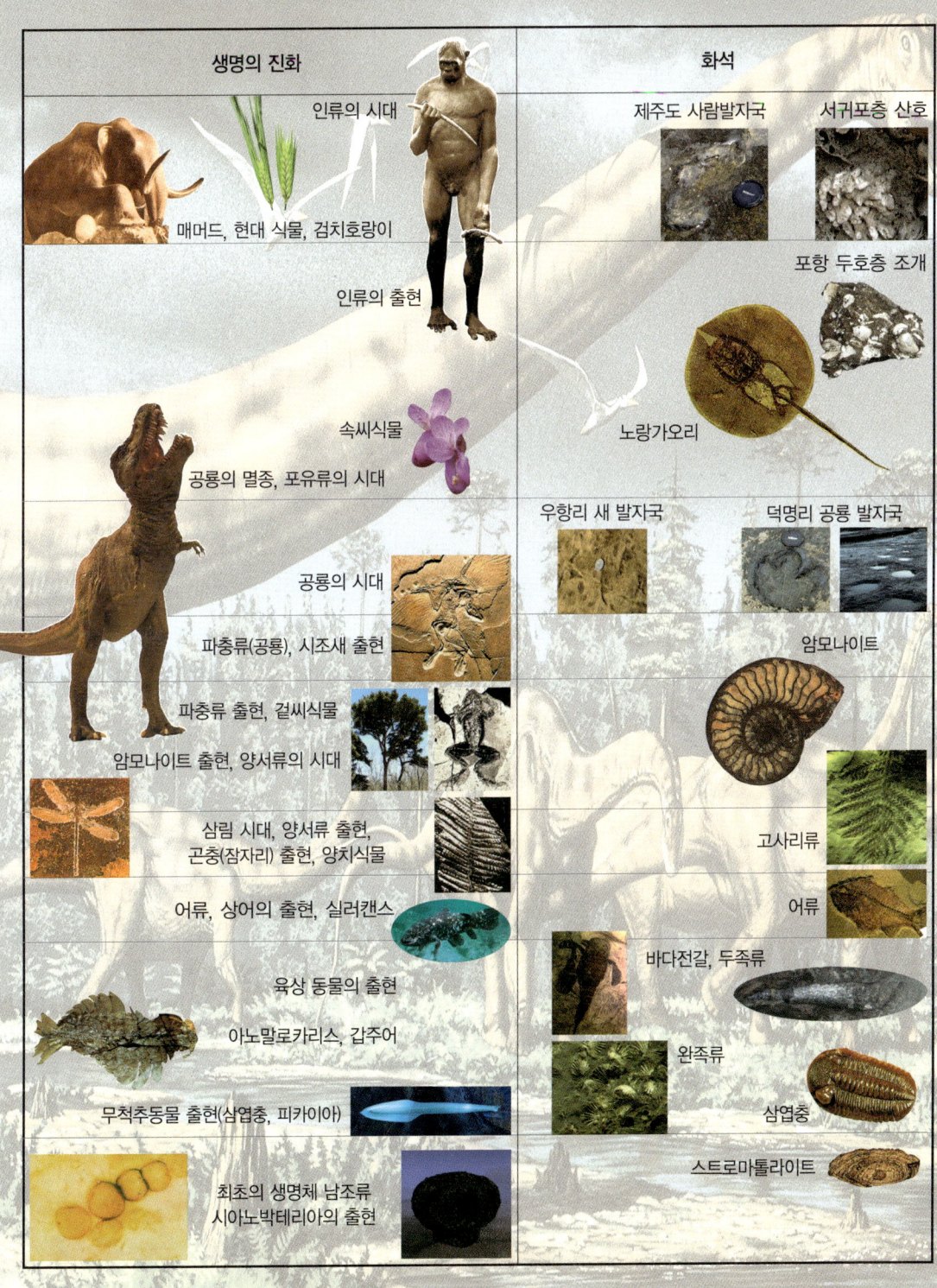

지질 변동사의 산 증인, 암석

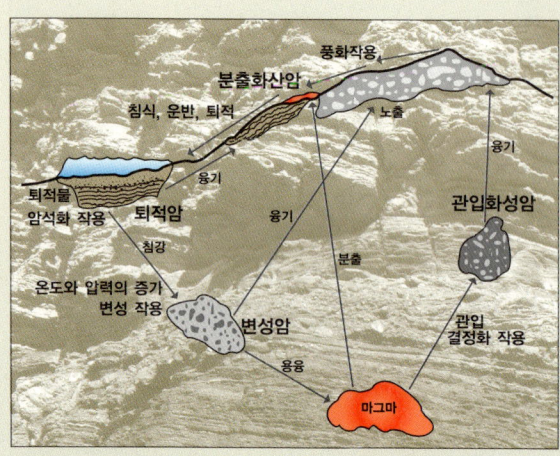

암석의 순환 과정. 암석은 생성된 이후 눈에 띄지 않을 정도로 천천히, 그러나 지속적으로 변화를 겪는다. 이런 변화의 과정은 암석에 고스란히 기록되어 지질사 연구의 출발점이 되어준다.

우리는 산과 들, 강과 계곡에서 갖가지 모양과 색깔의 암석을 만난다. 집 앞마당이나 마을 뒷동산, 공원에 있는 조경석만 보더라도 같은 모양이나 종류를 찾아보기 어렵다. 이 수많은 암석 중에는 다이아몬드(금강석)처럼 완벽한 구조 덕분에 영원히 변치 않는 경우도 있지만, 대개는 생성된 이후 변화와 소멸을 거듭하며 윤회의 삶을 산다. 예를 들어, 해변의 모래가 차곡차곡 쌓여 형성된 사암은 지하 깊은 곳에서 높은 압력과 열을 받아 규암으로 변성된다. 그 후 지반이 융기하여 지표에 노출되면 비, 바람, 얼음 등에 의해 침식, 풍화되어 다시 모래가 된다. 이후 모래는 하천이나 강을 따라 바다로 흘러 들어가 다시 해변에 쌓인다.

이와 같이 암석은 환경의 변화에 따라 형태가 달라지기 때문에 지구가 생겨난 이래 끊임없이 계속된 지질 변동의 역사를 고스란히 담고 있다. 그러므로 암석의 특성과 분포 지역을 제대로 알면, 그 지역의 과거 지질 환경과 지표 경관이 어떠했는지를 이해하는 데 큰 도움이 된다.

암석은 기원에 따라 크게 화성암(火成巖), 퇴적암(堆積巖), 변성암(變成巖)으로 나뉜다. 화성암은 마그마, 즉 지구 내부의 물질이 녹아 만들어진 유체가 압력과 온도 조건이 바뀌면서 굳은 암석으로, 고결(固結) 당시의 깊이와 압력에 따라 심성암(深成巖)과 화산암(火山巖)으로 구분된다.

심성암에는 마그마가 지각의 약한 곳을 뚫고 올라오다가 지하 깊은 곳에서 굳은 화강암, 섬록암, 반려암 등이 있다. 반면 지표 가까이서 굳거나 지표 위로 분출하여 형성된 유문암, 안산암, 조면암, 현무암 등은 화산암에 속한다. 화성암의 광물 구조는 마그마의 성분과 냉각 속도 등에 따라 차이가 나타난다. 보통 화산암은 세립질 광물로 이루어져 있지만, 심성암은 조립질 광물로 이루어져 있다.

퇴적암은 지표 위에 있던 암석이 공기나 물에 노출되어 침식과 풍화 작용으로 깎여나간 다음 물, 바람, 빙하에 의해 특정한 지역으로 옮겨져 쌓인 후 굳은 암석을 말한다. 이러한 풍화, 침식, 운반, 퇴적의 과정은 원을 그리며 끊임없이 반복된다. 이 가운데 진흙이 쌓여 만들어지는 이암과 모래가 쌓여 만들어지는 사암, 그리고 모래, 자갈, 진흙 등이 섞이고 쌓여 만들어지는 역암은 쇄설성 퇴적암에 속하고, 산호, 조개 껍데기 등의 화학적 침전물이 쌓여 만들어지는 석회암은 화학적 퇴적암에 속한다. 퇴적암에는 평행한 줄무늬인 층리가 나타나는데, 이것은 퇴적물이 오랜 세월 여러 겹으로 쌓인 결과로 쉽게 알아볼 수 있다. 또한 퇴적암에는 생물의 유해나 흔적이 화석으로 남아 있는 경우가 많은데, 이를 통해 퇴적 당시의 자연 환경을 추측할 수 있다.

변성암은 지표 부근의 화성암이나 퇴적암이 지하 깊은 곳으로 이동한 다음, 높은 열과 압력을 받아 본래의 암석과 성질이나 조직이 전혀 다른 새로운 암석으로 변한 것을 말한다. 예를 들면, 규암은 사암이, 대리암은 석회암이 변성된 것이다. 변성암은 변성 요인에 따라 접촉 변성암과 광역 변성암으로 구분되며, 열과 압력의 정도에 따라서도 다양한 암석이 나타난다. 진흙이 쌓여 이루어진 이암의 경우, 온도와 압력이 높아짐에 따라 점판암→천매암→편암→편마암 순으로 변한다.

변성암은 화성암이나 퇴적암보다 한 번 더 지질 역사를 경험했기 때문에 상대적으로 복잡한 암석이라 할 수 있다. 높은 열과 엄청난 압력을 받으면 암석을 구성하는 광물의 일부가 녹아버리기도 하고 새로운 광물이 생겨나기도 하며, 본래 있던 광물들이 재배치되는 과정에서 방향성을 띠거나 일렬로 늘어서기도 한다. 변성암에 발달한 줄무늬를 편리 또는 엽리라고 하는데, 일반인들이 퇴적암에 발달한 층리와 변성암에 나타나는 엽리를 구분하는 것은 쉽지 않다.

중생대 백악기 해남 우항리 퇴적층에 발달한 층리(위)와 선캄브리아대 옥천변성대 제천 황강리층에 발달한 엽리(아래).

화성암

흑운모 화강암
검은색의 운모가 주성분인 관입 화성암.

섬록암
사장석, 흑운모와 같은 짙은 색 광물로 이루어진 흑색 화성암.

섬장암
석영이 없는 화강암으로 알칼리장석이 주성분인 관입 화성암.

유문암질 응회암
석영질 암편이 대부분인 유문암이 다량 함유된 응회암.

반려암
현무암과 화학 조성이 거의 비슷한 사장석과 휘석이 주성분인 관입 심성암.

안산암
이산화규소를 60%가량 함유한 분출 화성암. 전 세계 대부분의 화산지대에서 산출되는 암석으로 비석, 판석 등의 장식재로 이용된다.

유문암
화강암과 화학 조성이 거의 비슷한 분출 화성암으로 전 지구와 전 지질 시대를 통해 산출되는 암석.

현무암
검은색을 띠는 철과 마그네슘이 풍부한 다공질의 분출 화성암. 단단하기 때문에 맷돌, 주춧돌, 축대, 돌하르방의 원료로 이용된다.

규장암
유문암이 재결정되어 형성된 산성 화성암으로, 풍화되면 고령토가 되어 도자기 재료로 사용된다.

화강암
지하 깊은 곳에서 마그마가 냉각, 고화되어 형성된 관입 화성암. 갈면 윤이 나기 때문에 축대, 비석, 건축 자재로 이용된다.

퇴적암

이암
점토 또는 실트와 같은 미립 물질이 쌓여 고화된 암석.

역암
둥근 자갈과 모래, 진흙 등이 함께 쌓여 고화된 암석.

사암
모래 크기의 입자들이 쌓여 고화된 암석. 묘석이나 기념비, 숫돌 재료로 이용된다.

석탄
거대한 유기 물질이 매몰되어 탄화된 가연성 암석. 발전용, 제철용, 가정용 탄으로 사용된다.

암염
바닷물의 증발 작용에 의해 천연에서 산출되는 염화나트륨. 공업염, 식염, 소다 원료로 이용된다.

장석 사암
화강암의 풍화 생성물 가운데 장석이 주성분인 암질이 쌓인 암석.

적색 셰일
1/16mm 크기 이하의 진흙 입자들이 쌓여 굳은 암석. 결을 따라 쉽게 벗겨지며 지각의 70%를 구성한다.

응회암
화산에서 뿜어져 나온 재나 모래가 물밑에 쌓여 굳은 암석. 내화력이 커 화로, 아궁이를 놓는 데 이용된다.

석회암
바다에서 생물에 의한 침전물이 쌓인 탄산칼슘으로 구성된 암석. 시멘트, 카바이트, 비료의 원료로 이용된다.

백운암
탄산칼슘과 마그네슘으로 구성된 백운석이 주성분인 석회암.

변성암

점판암
셰일이 변성을 받아 형성된 흑색의 변성암. 지붕용 슬레이트, 벼루, 숫돌, 한옥 기와, 구들장으로 이용된다.

구상화강편마암
화강암 형성 과정에서 특수한 환경 조건에 의해 형성된 공처럼 둥근 암석.

각섬암
지하 깊은 곳에서 휘석과 감람석이 변질되어 형성된 암석.

녹니석편암
마그네슘과 철이 물을 흡수하여 녹색으로 변성된 층상 규산염 광물.

천매암
이암과 셰일이 변성을 받은 점판암이 재구성되어 형성된 세립질 암석.

사문암
지하 깊은 곳의 감람암이 열과 압력을 받아 변질된 암녹색의 암석.

대리암
석회암이 열과 압력을 받아 재결정된 탄산염으로 구성된 암석. 미려한 색깔의 무늬를 가져 실내 장식재, 공예 조각에 이용된다.

규암
사암이 변성을 받아 형성된 단단한 석영질 암석. 부싯돌, 도로 포장용 자갈, 철도용 자갈로 이용된다.

편마암
이암과 셰일이 변성을 받아 유색과 무색의 광물이 분리되어 뚜렷한 띠를 두른 변성암. 문양이 아름다워 정원 조경석으로 이용된다.

흑연
순수한 탄소로 이루어진 광물로 석탄이 변성을 받아 형성된 암석. 윤활제, 브레이크, 연필심, 강철제 첨가물로 이용된다.

한반도 지질사 체험 학습장

1. 지질박물관

충청남도 대전의 대덕과학연구단지 안에 있는 한국지질자원연구원에 가면 아주 특별한 박물관이 있다. 국내 최초로 지구의 역사와 자연사를 주제로 2001년 문을 연 지질박물관이 바로 그곳이다. 박물관은 중앙 전시홀과 3개의 주 전시실 및 야외 전시장으로 구성되어 있으며, 지구를 구성하는 광물과 암석, 그리고 지구

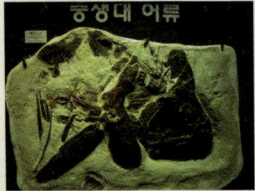

탄생 이후 지구에 살아왔던 생물의 흔적인 화석 등 총 3,750점의 지질 표본을 전시하고 있다. 흔히 볼 수 없는 귀중한 자료들 덕분에, 이곳을 방문하는 사람들은 지구의 역사와 한반도의 자연사를 보다 쉽게 이해할 수 있다.

박물관에 들어서면, 중생대의 무시무시한 포식 공룡 티라노사우르스의 거대한 뼈 모형과 지름 7m의 대형 지구본이 가장 먼저 탐방객을 맞는다. 1층의 제1전시관에서는 지구 및 생명 진화의 역사를 보여주는 다양한 화석을 살펴볼 수 있다. 2층의 제2전시관에는 지각을 구성하는 수많은 암석, 화려한 색깔과 결정을 지닌 광물 등이 전시되어 있다. 영상실에서는 생명, 공룡, 판구조론과 대륙이동설 등을 설명하는 지질 관련 영상을 감상할 수 있으며, 가상 지진 체험실에서는 지진 발생 상황을 직접 체험해보며 지구가 살아 있는 역동체임을 느껴볼 수 있다. 그리고 잔디밭에 조성된 야외 전시장에는 국내와 세계 여러 곳에서 발견된 특이한 암석과 화석이 전시되어 있어 산책하듯 여유롭게 둘러볼 수 있다.

상세 정보
- http://museum.kigam.re.kr/ • 전화 : (042) 868-3797(~8)
- 위치 : 대전광역시 유성구 가정동 30번지 한국지질자원연구원

2. 태백석탄박물관

태백산도립공원 안에 자리한 당골에는 석유가 널리 사용되기 전 중요한 에너지 자원이었던 석탄을 주제로 해서 세워진 태백석탄박물관이 있다. 이곳에는 석탄의 역사를 살펴볼 수 있는 여러 가지 자료들과 석탄 관련 시설 및 기기 등이 전시되어 있어 잊혀가는 석탄에 대한 기억을 되살릴 수 있으며, 우리나라 석탄 산업의 변천사를 한눈에 읽을 수 있다.

이곳에는 석탄 관련 자료 이외에도 총 8개의 실내 전시실과 야외 전시실에 다양한 암석과 광물, 화석, 향토 사료 등 약 7,450종의 소장품이 전시되어 있어, 지구의 역사와 한반도의 자연사를 공부하는 데 더없이 좋은 장소이다.

각기 다른 주제로 꾸며놓은 전시실 가운데는 지질의 구조와 역사를 이해할 수 있는 지질관, 석탄의 생성 및 발견의 역사를 소개한 석탄 생성 발견관, 석탄의 채굴과 가공, 이용 등을 소개한 석탄 채굴관, 광산 사고의 유형과 안전 장비 및 기기를 소개한 광산 안전관, 석탄 개발 정책의 변화와 광산 근로자의 활동상을 소개한 광산 정책관 등이 있어 우리나라 지질사는 물론 석탄에 대한 다각적인 이해를 돕고 있다. 그 밖에도 박물관 안에는 갱도 체험 엘리베이터를 타고 1,000m에 달하는 수직 갱도를 내려간다거나 붕락 사고의 위험을 실제로 느껴보는 가상체험 갱도관이 마련되어 있다.

상세 정보
- http://coalmuseum.or.kr/ • 전화 : (033) 552-7730, 550-2743
- 위치 : 강원도 태백시 소도동 166번지

참고문헌

1. 황해의 해금강 백령도

_ 나기창·이문원, 〈백령도에 분포하는 잔자갈(콩돌)의 성인에 대하여〉, 《한국지구과학학회지》, 제9권 제2호, 1988.

_ 서울대학교 기초과학연구원 지질환경연구소, 《백령도 일원(백령도, 대청도, 소청도) 국가지정문화재 신청에 따른 학술 조사》, 인천광역시 옹진군, 1998.

_ 연합통신 편집부, 《르포, 한국을 다시 본다》, 연합통신, 1998.

_ 원종관 외, 〈남한에서의 상원계 분포와 그 의의〉, 《대한지질학회지》, 제23권 제3호, 1987.

_ 인천광역시, 《인천 관광 길라잡이 : 그래 어디든 가보는 거야》, 2001.

_ 최영선, 《자연사 기행》, 한겨레신문사, 1995.

_ 최운식, 〈백령도 지역의 심청 전설 연구〉, 《한국민속학교》, 제7권 제1호, 1996.

_ 최운식, 《백령도 - 명승지와 민속》, 집문당, 1997.

_ 최현일·박정웅, 〈선캄브리아 시대 백령층군의 지질과 자연 환경〉, 《제17회 지구과학교육연구회 지질 답사 안내서》, 지구과학교육연구회, 1999.

_ 한국자원연구소, 《분지별 퇴적 시스템연구(Ⅰ) – 원생대 백령층군 및 태안층》, 과학기술부, 1999.

2. 감람석 포획 현무암의 보고 백령도 하늬바다

_ 김규한 외, 〈백령도에 분포하는 알칼리 현무암과 맨틀 포획암의 Nd~Sr과 영족기체 동위원소 조성〉, 《자원환경지질학회지》, 제35권 제6호, 2002.

_ 서울대학교 기초과학연구원 지질환경연구소, 《백령도 일원(백령도, 대청도, 소청도) 국가지정문화재 신청에 따른 학술 조사》, 인천광역시 옹진군, 1998.

_ 연합통신 편집부, 《르포, 한국을 다시 본다》, 연합통신, 1998.

_ 이한영, 〈남한의 알칼리 현무암에 분포하는 맨틀 포획암의 암석학적 연구 : 상부 맨틀의 온도 및 압력 추정〉, 《암석학회지》, 제4권 제2호, 1995.

_ 인천광역시, 《인천 관광 길라잡이 : 그래 어디든 가보는 거야》, 2001.

_ 최영선, 《자연사 기행》, 한겨레신문사, 1995.

_ 최현일·박정웅, 〈선캄브리아 시대 백령층군의 지질과 자연 환경〉, 《제17회 지구과학교육연구회 지질 답사 안내서》, 지구과학교육연구회, 1999.

3. 한국의 사하라 옥죽동 해안사구

_ 서울대학교 기초과학연구원 지질환경연구소, 《백령도 일원(백령도, 대청도, 소청도) 국가지정문화재 신청에 따른 학술 조사》, 인천광역시 옹진군, 1998.

_ 이중환, 이익성 역, 《택리지》, 을유문화사, 1994.

_ 인천광역시, 《인천 관광 길라잡이 : 그래 어디든 가보는 거야》, 2001.

_ 최현일·박정웅, 〈선캄브리아 시대 백령층군의 지질과 자연 환경〉, 《제17회 지구과학교육연구회 지질 답사 안내서》, 지구과학교육연구회, 1999.

_ 홍재상, 〈황해 대청도 옥죽포의 외해로 노출된 모래갯벌에 서식하는 대형 저서동물의 대상 분포〉, 《한국해양학회지》, 제5권 제2호, 2003.

4. 한반도 첫 생명체 화석이 발견된 곳 소청도

_ 고영구 외, 《잃어버린 30억 년을 찾아서》, 전남대학교출판부, 2003.

_ 김정률 외, 〈인천광역시 옹진군 소청도의 후기 원생대 상원계 지층에서 발견된 빗방울 자국〉, 《한국지구과학회지》, 제20권 제1호, 1999.

_ 김정률·김태숙, 〈인천시 옹진군 소청도에 분포한 선캄브리아이언의 지층에서 산출된 스트로마톨라이트와 그의 지질학적 중요성〉, 《한국지구과학회지》, 제20권 제1호, 1999.

_ 김주환, 《지형학》, 동국대학교출판부, 2002.

_ 김태숙, 〈소청도 상원계에서 산출되는 스트로마톨라이트에 관한 연구〉, 한국교원대학교 석사 논문, 1998.

_ 서울대학교 기초과학연구원 지질환경연구소, 《백령도 일원(백령도, 대청도, 소청도) 국가지정문화재 신청에 따른 학술 조사》, 인천광역시 옹진군, 1998.

_ 유정아, 《한반도 30억년의 비밀 1부 – 적도의 땅》, 푸른숲, 1998.

_ 이성주 외, 〈한국 소청도 선캄브리아 지층에서 나타나는 박테리아 화석〉, 《대한지질학회지》, 제39권 제2호, 2003.

_ 인천 앞바다 바로 알기 해양 탐사단, 《인천 앞바다 바로 알기》, 인천광역시, 2004.

_ 전희영·이두만, 《우리 돌 이야기》, 한국지질자원연구원, 2004.

_ 최영선, 《자연사 기행》, 한겨레신문사, 1995.

_ 황경연, 〈문경의 석회암 지형〉, 한국교원대학교 석사 논문, 2001.

5. 용암대지 위에 펼쳐진 곡창지대 철원평야

_양진석, 〈추가령 열곡 내 한탄강 하류 지역에 분포하는 화산암류에 관한 연구〉, 《한국지구과학회지》, 제3권 제1호, 1982.

_원종관, 〈한반도에서의 제4기 화산 활동에 관한 연구 – 추가령열곡 내에서〉, 《대한지질학회지》, 제19권 제3호, 1983.

_원종관 외, 〈추가령 알칼리 현무암에 대한 지구과학적 연구〉, 《대한지질학회지》, 제26권 제1호, 1990.

_이대성 외, 〈추가령열곡의 지구조적 해석〉, 《대한지질학회지》, 제19권 제1호, 1983.

_이윤수 외, 〈고지자기학 관점에서 본 추가령단층곡의 생성과 진화〉, 《자원환경지질》, 제34권 제6호, 2001.

_이윤수 · 조문섭, 〈한반도 자연사 10대 사건 : 두 대륙이 충돌해 한반도 형성〉, 《과학동아》, 4월호, 동아사이언스, 2004.

_이창호 · 한욱, 〈서울~철원간 추가령곡의 지형 분석을 위한 GPS 중력 측정〉, 《자원환경지질》, 제32권 제3호, 1999.

_이형석, 《한국의 강》, 홍익재, 1997.

_이형호 외, 〈철원 일대 추가령구조곡의 지질 및 지형 분석 : 군사적 이용을 중심으로〉, 《한국지구과학회지》, 제13권 제2호, 1992.

_전용목, 〈한탄강 연안의 지형 발달에 관한 연구〉, 건국대학교 석사 논문, 1979.

_조문섭 외, 〈연천~전곡 일대에 분포하는 임진강대의 고압 각섬암〉, 《암석학회지》, 제4권 제1호, 1995.

_조문섭, 〈임진강대 연천복합체와 주변암류 : 트라이아스기의 대륙 충돌〉, 《제13회 지구과학교육연구회 지질 답사 안내서》, 지구과학교육연구회, 1997.

_최영선, 《자연사 기행》, 한겨레신문사, 1995.

_황성한, 〈철원 용암대지와 그 개발〉, 고려대학교 석사 논문, 1993.

6. 강바닥에 새겨진 조각 예술 가평천 포트홀

_고의장, 〈국립공원 설악산의 자연 경관에 관한 관광지리학적인 분석 내설악 및 외설악을 중심으로〉, 《태평양장학문화재단 총서》, 제5집, 1987.

_권혁재, 《지형학》, 법문사, 2002.

_김은미 · 배수경, 〈가평천 pot-hole에 관한 연구〉, 《상명 지리》, 제5호, 1987.

_김주환, 《지형학》, 동국대학교출판부, 2002.

_이호재, 〈지리산 사면 하천의 pot-hole에 관한 연구〉, 동국대학교 석사 논문, 1985.

_최영선, 《자연사 기행》, 한겨레신문사, 1995.

_이케다 히로시, 권동희 역, 《화강암 지형의 세계》, 한울아카데미, 2002.

7. 화강암 돔의 진수 북한산

_고영구 외, 〈잃어버린 30억 년을 찾아서〉, 전남대학교출판부, 2003.

_박경 외, 〈국립공원 관리를 위한 위성 영상 활용 방안에 관한 연구 – 북한산국립공원을 사례로〉, 《환경영향평가》, 제10권 제3호, 2001.

_박봉규, 〈국립공원 북한산의 환경 평가에 관하여 – 도봉산 지역 일대를 중심으로〉, 《식물지리학회지》, 제275호, 1985.

_박인식, 《북한산》, 대원사, 2003.

_박종화 외, 〈GIS 및 원격탐사 기법을 이용한 북한산국립공원 주변부의 추이대 탐지〉, 《한국지리정보학회지》, 제3권 제2호, 1995.

_배우리, 《우리 땅이름의 뿌리를 찾아서 1》, 토담, 1994.

_연합통신 편집부, 《르포, 한국을 다시 본다》, 연합통신, 1998.

_이혜선 외, 〈인공위성 영상 자료를 이용한 북한산국립공원 휴식년 제도의 효과 분석〉, 《한국환경생태학회지》, 제13권 제2호, 1999.

_전영권, 《이야기와 함께 하는 전영권의 대구 지리》, 신일, 2003.

_정상용 · 정상원, 〈서울시 북동부의 서울화강암에 대한 불연속면의 특성〉, 《지질공학》, 제12권 제2호, 2002.

_최송현 · 이경재, 〈북한산 정릉계곡의 자연 환경 훼손에 관한 연구〉, 《한국조경학회지》, 제21권 제4호, 1994.

_최영선, 《자연사 기행》, 한겨레신문사, 1995.

8. 동아시아 문명의 발상지 황해와 동해

_권동희, 《지리 이야기》, 한울아카데미, 1998.

_김인수, 〈새로운 동해의 성인 모델과 양산단층계의 주향 이동 운동〉, 《대한지질학회지》, 제28권 제1호, 1992.

_김정배 외, 《한국의 자연과 인간》, 우리교육, 1997.

_대한지질학회, 《한국의 지질》, 시그마프레스, 1999.

_독도해양수산연구회, 《독도 인근 해역의 환경과 자연사적 가치》, 독도해양수산연구회, 2003.

_박용안 외, 〈한국 황해의 완신세 해수면〉,
《대한지질학회지》, 제20권 제3호, 1984.

_박용안 외, 〈우리나라 현세 해수면 변동〉,
《한국의 제4기 환경》, 서울대학교출판부, 2002.

_박찬홍, 〈한반도 자연사 10대 사건 : 일본 떨어져 나가 동해 열리다〉,
《과학동아》, 4월호, 동아사이언스, 2004.

_오건환, 〈한반도 해안선의 평면적 형태의 특징과 그 성인에 관한 고찰〉,
《대한지리학회지》, 제13권, 1978.

_오홍석, 《땅이름 나라 얼굴》, 고려원미디어, 1995.

_이우평, 《고교생을 위한 지리용어 사전》, 신원문화사, 2002.

_이형석, 《인천의 땅이름》, 가천문화재단, 1998.

_천종화 외, 〈황해 중심부 해역에서 저해수면 시기에 형성된
후기 플라이스토세 산화대층의 특성 및 고해양학적 중요성〉,
《대한지질학회지》, 제36권 제4호, 2000.

_홍기훈 외, 〈황해 본역의 환경 오염〉, 《해양연구》, 제19권 제1호, 1997.

_다테이와 이와오, 양승영 역, 《한반도 지질학의 초기 연구사 :
조선·일본 열도지대 지질구조론고》, 경북대학교출판부, 1996.

9. 갯벌 왕국의 자존심 황해안 갯벌

_권혁재, 〈황해안 간석지의 발달과 그 퇴적물의 기원
– 금강·동진강 하구간의 간석지를 중심으로〉, 《지리학》, 제10호, 1974.

_권혁재, 《남기고 싶은 우리의 지리 이야기》, 산악문화, 2004.

_박상인, 〈남양방조제 문화 경관 변화 연구 – 간석지 개발과 생활공간
형성을 중심으로〉, 한국교원대학교 석사 논문, 2003.

_박성우, 〈원격탐사를 이용한 강화도 남단 갯벌의 지형 분석 기법 연구〉,
서울대학교 석사 논문, 2001.

_박용안 외, 〈한국 서해 경기만 반월 조간대 퇴적층의 제4기 후기 층서와
부정합〉, 《한국제4기학회지》, 제14권 제2호, 2000.

_박용안, 〈우리나라 연근해(조간대)의 제4기 해저층서와 환경〉,
《한국의 제4기 환경》, 서울대학교출판부, 2002.

_박용해, 《살아 있는 갯벌 이야기》, 창조문화, 1999.

_박의준, 〈강화도 염생 습지 퇴적물에 관한 연구〉,
서울대학교 석사 논문, 1995.

_안중국, 《이 땅에 이런 데도 있었네》, 조선일보사, 2000.

_연합통신 편집부, 《르포, 한국을 다시 본다》, 연합통신, 1998.

_이원희, 〈강화도 장화리 갯벌 생태 관광 계획에 관한 연구〉,
서울대학교 석사 논문, 1999.

_장수환, 〈간척 사업의 비용·편익 분석에서 갯벌, 강하구 생태계 서비스의
경제적 비용에 관한 연구〉, 서울대학교 석사 논문, 1998.

_장진호, 〈한국 서해 곰소만 조간대의 퇴적 작용〉,
서울대학교 박사 논문, 1995.

_제종길, 〈서해 해역(상)〉, 《한국의 해양 문화》, 해양수산부, 2002.

_최영준, 〈강화 지역의 해안 저습지 간척과 경관의 변화〉,
《국토와 민족생활사》, 한길사, 1997.

_홍재상, 《한국의 갯벌》, 대원사, 1998.

10. 해안 생태계의 수호자 신두리 해안사구

_강대균, 〈해안사구의 물질 구성과 플라이스토세층 – 충청남도의 해안을
중심으로〉, 《대한지리학회지》, 제38권 제4호, 2003.

_권혁재, 《지형학》, 법문사, 2002.

_권혁재, 《남기고 싶은 우리의 지리 이야기》, 산악문화, 2004.

_대한지질학회, 《한국의 지질》, 시그마프레스, 1999.

_류호상, 〈겨울철 모래 이동과 전사구의 지형 변화 – 신두리 해안사구
지대를 사례로〉, 서울대학교 석사 논문, 2001.

_서종철, 〈서해안 신두리 해안사구의 지형 변화와 퇴적물 수지〉,
서울대학교 박사 논문, 2001.

_송호경 외, 〈안면도 및 태안군 근흥면 모감주나무 군락의 식생 구조 및
토양 특성에 관한 연구〉, 《환경생물》, 제18권 제1호, 2000.

_이창석 외, 〈모감주나무 군락의 구조 및 유지 기작〉,
《한국생태학회지》, 제16권 제4호, 1993.

_최지현, 〈신두 해안사구 학습원 환경 설계〉, 서울대학교 석사 논문, 1998.

_한국관광공사 관광안내부, 《한국관광공사가 추천하는 가볼 만한 곳
100선》, 한국관광공사, 2004.

11. 나는 새도 쉬어 넘는 조령산

_김규한·신윤수, 〈충주~월악산~제천 화강암류의 암석화학적 연구〉,
《광산지질학회지》, 제23권 제2호, 1990.

_김옥준, 〈충주~문경 간의 옥천계의 층서와 구조〉,

《대한지질학회지》, 제1권 제1호, 1968.

_배우리, 《우리 땅이름의 뿌리를 찾아서 1》, 토담, 1994.

_오홍석, 《땅이름 나라 이름》, 고려원미디어, 1995.

_윤현수 · 김선억, 〈문경 남부 일대에 분포하는 백악기 화강암류의 암석학 및 암석화학〉, 《광산지질학회지》, 제23권 제3호, 1990.

_정태웅, 〈경부운하 낙동강 구간 갑문 입지의 지질학적 입지 분석〉, 《한국지구과학회지》, 제18권 제3호, 1997.

_정태웅, 〈경부운하 한강 구간 및 조령터널의 입지 타당성 분석〉, 《응용지질학회지》, 제7권 제1호, 1997.

_한국관광공사 관광안내부, 《한국관광공사가 추천하는 가볼 만한 곳 100선》, 한국관광공사, 2004.

_황경연, 《문경의 석회암 지형》, 한국교원대학교 석사 논문, 2001.

12. 한반도 산의 종갓집 속리산

_김주환, 《지형학》, 동국대학교출판부, 2002.

_나기창, 《내 고장 의미 찾기 – 충청북도 편》, 한국이동통신 충북지사, 1995.

_배우리, 《우리 땅이름의 뿌리를 찾아서 1》, 토담, 1994.

_유정열, 《우리 산 길잡이》, 성지문화사, 2002.

_이민성, 〈옥천계 함우라늄 지층 주변에 관입 분포하는 화강암류의 지구화학〉, 《대한지질학회지》, 제14권 제3호, 1978.

_이형석, 《한국의 강》, 홍익재, 1997.

_장보안 · 김정애, 〈월악산~속리산 일대의 화강암체 내에 분포하는 아문 미세균열 및 유체 포유물에 의한 중생대 백악기 고응력장〉, 《대한지질학회지》, 제32권 제3호, 1996.

_장재훈, 《한국의 화강암 침식 지형》, 성신여자대학교출판부, 2002.

_정창식, 〈중부 옥천 변성대의 화성, 변성 및 광화 작용과 조구조적 연관성 연구 : 보은 지역 화강암류의 암석화학과 동위원소 지구화학〉, 《대한지질학회지》, 제32권 제1호, 1996.

_조원식, 〈보은~속리산 일대에 분포하는 화강암류에 대한 광물학적 및 암석학적 연구〉, 서울대학교 석사 논문, 1992.

_홍세선, 〈괴산 동남부에 분포하는 옥천층군의 속리산 화강암에 의한 접촉 변성에 관한 암석학적 연구〉, 연세대학교 석사 논문, 1985.

_이케다 히로시, 권동희 역, 《화강암 지형의 세계》, 한울아카데미, 2002.

13. 바닷가에 쌓아놓은 수만 권의 책 격포리 채석강

_경향신문사 편집부, 《오늘 우리는 이곳으로 떠난다》, 경향신문사, 2004.

_고영구 외, 《잃어버린 30억 년을 찾아서》, 전남대학교출판부, 2003.

_권혁재, 《남기고 싶은 우리의 지리 이야기》, 산악문화, 2004.

_김승범, 〈한국 남서부 격포리층(백악기)의 퇴적 과정과 퇴적 환경〉, 서울대학교 박사 논문, 2000.

_박정웅, 〈백악기 격포분지와 진안분지의 지질과 환경〉, 《제15회 지구과학교육연구회 지질 답사 안내서》, 지구과학교육연구회, 1995.

_전승수 · 김승범, 〈백악기 격포리층(전라북도 부안군) : 호저 급경사 삼각주 퇴적층〉, 《대한지질학회지》, 제31권 제3호, 1995.

_천종화 외, 〈황해 곰소만 조간대의 후기 플라이스토세 니질 산화대층의 퇴적 환경과 속성 작용〉, 《대한지질학회지》, 제31권 제5호, 1995.

_최석원 외, 〈변산반도 죽막리에 분포하는 페퍼라이트의 산출 상태와 생성 모델〉, 《대한지질학회지》, 제37권 제2호, 2001.

_최영선, 《자연사 기행》, 한겨레신문사, 1995.

14. 너그러움이 흠뻑 묻어나는 어머니 산 덕유산

_권동희, 〈덕유산국립공원 일대의 지형 경관 특성과 활용 방안〉, 《지리학연구》, 제34권 제2호, 2000.

_김성희, 〈국립공원 덕유산 지역의 구천동 계곡 자연 경관에 대한 분석적 연구〉, 세종대학교 석사 논문, 1994.

_김세천, 〈국립공원의 개발에 따른 경관 영향 평가에 관한 연구 – 덕유산국립공원을 중심으로〉, 《한국임학회지》, 제85권 제2호, 1996.

_박정웅 · 이용일, 〈백악기 무주분지의 층서 재정립〉, 《대한지질학회지》, 제33권 제2호, 1997.

_박정웅 · 이용일, 〈적상산에 분포하는 백악기 무주분지 역암(길왕리층)의 기원〉, 《대한지질학회지》, 제36권 제4호, 2000.

_안승만 · 이규석, 〈RS와 GIS를 이용한 무주리조트 개발에 따른 덕유산국립공원 토지 이용 및 녹지의 변화 파악〉, 《대한원격탐사학회지》, 제2000권 제610호, 2000.

_오구균 · 이정은, 〈백두대간의 식물상, 식생 이용 및 환경 훼손에 관한 학술 자료 – 지리산 천왕봉부터 덕유산 향적봉 사이를 중심으로〉, 《한국환경생태학회지》, 제16권 제4호, 2003.

_이규석 · 안승만, 〈덕유산국립공원 무주리조트 개발 환경 영향 평가서 문제점 고찰 – 생태계, 수문, 토지 이용 항목을 대상으로〉,

《환경영향평가》, 제9권 제3호, 2000.

_이승호·천재호, 〈시베리아 고기압 확장 시 호남 지방의 강설 분포 - 노령 산맥 서사면 지역을 중심으로〉, 《대한지리학회지》, 제38권 제2호, 2003.

_이창하 외, 〈덕유산국립공원의 자연보존지구와 자연환경지구의 지형, 식생, 환경 자원의 분포 비교〉, 《환경영향평가》, 제7권 제1호, 1998.

15. 말의 귀를 닮은 천연 콘크리트 마이산

_김대경, 〈전북 진안의 마이산 역암층에 발달한 타포니 : 지형에 관한 기후 지형학적 연구〉, 《전주교육대학논문집》, 제19집, 1983.

_김석중, 〈마이산 역암의 지질과 퇴적 구조〉, 전북대학교 석사 논문, 1984.

_김세천 외, 〈마이산도립공원의 조망 경관 특성에 관한 연구〉, 《한국조경학회지》, 제24권 제2호, 1996.

_김한곤, 《한국의 불가사의》, 새날, 1994.

_박정웅, 〈백악기 격포분지와 진안분지의 지질과 환경〉, 《제15회 지구과학 교육연구회 지질 답사 안내서》, 지구과학교육연구회, 1998.

_성효현, 〈마이산 일대에 나타나는 미지형의 기후지형학적 연구〉, 《녹우회보》, 제24호, 1982.

_안중국, 《이 땅에 이런 데도 있었네》, 조선일보사, 2000.

_연합통신 편집부, 《르포, 한국을 다시 본다》, 연합통신, 1998.

_이영엽, 〈백악기 진안분지의 층서, 퇴적 환경 및 진화에 관한 연구〉, 서울대학교 박사 논문, 1992.

_이영엽, 〈마이산의 형성과 진화〉, 《마이산 학술 연구》, 진안문화원, 2002.

_최규영, 〈마이산 집중 조명, 천지탑은 누가 쌓았는가〉, 《진안문화》, 제2호, 1993.

_최영선, 《자연사 기행》, 한겨레신문사, 1995.

16. 하늘과 땅이 만나는 곳 호남평야

_권혁재, 〈서해안 간석지의 발달과 그 퇴적물의 기원 - 금강·동진강 하구간의 간석지를 중심으로〉, 《지리학》, 제10호, 1974.

_권혁재, 〈호남평야의 충적 지형에 관한 지리학적 연구〉, 《지리학》, 제12호, 1975.

_권혁재, 《남기고 싶은 우리의 지리 이야기》, 산악문화, 2004.

_김선애, 〈김제 지역의 지형적 환경과 토지 이용에 관한 연구〉, 성신여자대학교 석사 논문, 1990.

_류제헌, 《한국 문화지리》, 살림, 2002.

_범선규, 〈'조선 8도'의 별칭과 지형의 관련성〉, 《대한지리학회지》, 제38권 제5호, 2003.

_오홍석, 《땅이름 나라 얼굴》, 고려원미디어, 1995.

_임덕순, 《읽고 떠나는 국토 순례》, 집문당, 1994.

_장재훈, 《한국의 화강암 침식 지형》, 성신여자대학교출판부, 2002.

_장호, 〈호남평야와 논산평야 내의 충적 평야 주변에 분포한 저구릉의 토양지형학적 연구〉, 《한국지형학회지》, 제2권 제2호, 1995.

_조화룡, 〈만경강 연안 충적 평야의 지형 발달〉, 《경북사대교육연구지》, 제29집, 1986.

_조화룡, 〈한국의 토탄지 연구〉, 《지리학》, 제41호, 1990.

_황상일, 〈일산 충적 평야의 홀로세 퇴적 환경 변화와 해면 변동〉, 《대한지리학회지》, 제33권 제2호, 1998.

17. 한반도 남녘의 지붕 지리산

_강성렬, 〈지리산의 산지 지형〉, 한국교원대학교 석사 논문, 1998.

_고영구 외, 《잃어버린 30억 년을 찾아서》, 전남대학교출판부, 2003.

_김명수, 《지리산》, 돌베개, 2001.

_박계헌 외, 〈동북아시아 지역 선캄브리아 지괴에 대한 암석학, 지구화학 및 지구연대학적 연구 : 1. 지리산 지역 변성암의 변성 연대〉, 《암석학회지》, 제9권 제1권, 2000.

_박인협 외, 〈지리산국립공원 계곡부의 사면 방향과 해발고도에 따른 산림 구조〉, 《한국환경생태학회지》, 제14권 제1호, 2000.

_산악문화 편집부, 《지리산》, 산악문화, 2003.

_산악문화 편집부, 《영·호남·제주의 50 명산》, 산악문화, 2004.

_송용선, 〈소백산육괴 남부 지리산 편마암 복합체의 변성 진화에 관한 연구〉, 한국과학재단, KOSEF 951~0404~009~2, 1997.

_송용선, 〈소백산육괴 서남부 지리산 지역의 반상변정질 편마암에서 산출되는 백립암질 포획암〉, 《암석학회지》, 제8권 제1호, 1999.

_신정일, 〈백두대간에 자리 잡은 명산〉, 《山書》, 제16호, 한국산서회, 2005.

_장호, 〈지리산지 주능선 동부(세석~제석봉)의 주빙하 지형〉, 《지리학》, 제27호, 1983.

_조헌, 〈지리산지 남부 악양 지역의 지형 발달〉,

한국교원대학교 석사 논문, 2002.

18. 나주평야에 우뚝 솟은 수석 전시장 월출산

_기근도, 〈월출산의 화강암 지형에 관한 연구〉,
서울대학교 석사 논문, 1991.
_김정빈 외, 〈월출산 지역에 분포하는 중생대 화강암류에 대한
암석화학적 연구〉, 《생태환경지질학회지》, 제27권 제4권, 1994.
_김주환, 《지형학》, 동국대학교출판부, 2002.
_배우리, 《우리 땅이름의 뿌리를 찾아서 1》, 토담, 1994.
_오홍석, 《땅이름 나라 얼굴》, 고려원미디어, 1995.
_유근배 · 박경, 《월출산의 자연지리 : 월출산 일대 종합 학술 조사 보고서》,
한국자연보존협회, 1986.
_이창신 · 김정빈, 〈월출산 지역에 분포하는 중생대 화강암류에 대한 미량
원소와 희토류 원소의 특성〉, 《생태환경지질학지》, 제29권 제3권, 1996.
_장재훈, 《한국의 화강암 침식 지형》, 성신여자대학교출판부, 2002.
_정창희 외, 《월출산의 지질 : 월출산 일대 종합 학술 조사 보고서》,
한국자연보존협회, 1989.
_조석필, 《월출산》, 대원사, 1997.
_최영선, 《자연사 기행》, 한겨레신문사, 1995.
_이케다 히로시, 권동희 역, 《화강암 지형의 세계》, 한울아카데미, 2002.

19. 여권 없이 맛보는 이국땅의 풍광 제주도

_강순석, 〈제주 해역의 자연사〉, 《한국의 해양》, 해양수산부, 2002.
_강정효, 《한라산 : 오름의 왕국 · 생태계의 보고》, 돌베개, 2003.
_고영구 외, 〈잃어버린 30억 년을 찾아서〉, 전남대학교출판부, 2003.
_김동학 외, 〈제주도에서의 응회환과 응회구〉,
《대한지질학회지》, 제22권 제1호, 1986.
_김태호, 〈한국의 화산 지형〉, 《한국의 제4기 환경》,
서울대학교출판부, 2002.
_박기화 외, 《제주도 지질 여행》,
한국지질자원연구원 · 제주발전연구원, 2003.
_박승필, 〈원격탐사에 의한 제주도 화산 지형의 판독과 분류
– 항공사진 판독을 중심으로〉, 《한국지형학회지》, 제10권 제3호, 2003.
_박준범 · 권성택, 〈제주도 화산암의 지화학적 진화 : 제주 북부 지역의
화산 층서에 따른 화산암류의 암석 기재 및 암석화학적 특징〉,
《대한지질학회지》, 제29권 제1호, 1993.
_뿌리깊은나무 편집부, 《한국의 발견 – 제주도》, 뿌리깊은나무, 1983.
_원종관 외, 〈제주도 남동부 표선 지역 화산암류의 지구화학적 특징〉,
《대한지질학회지》, 제34권 제3호, 1998.
_유정아, 《한반도 30억 년의 비밀 2부 – 불의 시대》, 푸른숲, 1998.
_장광화 외, 〈제주 화산도의 조면암류에 대한 암석 기재 및 광물화학〉,
《대한지질학회지》, 제35권 제1호, 1999.
_최영선, 《자연사 기행》, 한겨레신문사, 1995.
_현길언, 《한라산》, 대원사, 1999.
_황상구, 〈제주도 송악산 응회환 · 분석구의 화산 과정〉,
《대한지질학회지》, 제28권 제1호, 1992.

20. 한반도의 어머니 산 한라산

_강순석, 〈제주 해역의 자연사〉, 《한국의 해양》, 해양수산부, 2002.
_강정효, 《한라산 : 오름의 왕국 · 생태계의 보고》, 돌베개, 2003.
_고정선, 〈제주도 한라산 백록담 분화구 일대 화산암류의 암석학적 연구〉,
《암석학회지》, 제12권 제1호, 2003.
_공우석, 〈한라산 고산 식물의 분포 특성〉,
《대한지리학회지》, 제33권 제2호, 1998.
_공우석, 〈한라산의 수직적 기온 분포와 고산 식물의 온도적 범위〉,
《대한지리학회지》, 제34권 제4호, 1999.
_공우석, 〈한반도 고산 식물의 구성과 분포〉,
《대한지리학회지》, 제37권 제4호, 2002.
_김태호, 〈한라산 백록담 화구저의 유상구조토〉,
《대한지리학회지》, 제36권 제3호, 2001.
_김태호, 〈한국의 화산 지형〉, 《한국의 제4기 환경》,
서울대학교출판부, 2002.
_박기화 외, 《제주도 지질 여행》,
한국지질자원연구원 · 제주발전연구원, 2003.
_뿌리깊은나무 편집부, 《한국의 발견 – 제주도》, 뿌리깊은나무, 1989.
_유정아, 《한반도 30억년의 비밀 2부 – 불의 시대》, 푸른숲, 1998.
_최영선, 《자연사 기행》, 한겨레신문사, 1995.

_현길언, 《한라산》, 대원사, 1993.

21. 분석구의 교향곡 제주도 오름
22. 다이아몬드를 잃어버린 반지 성산일출봉
23. 거대한 블랙홀을 품에 안은 송악산
24. 옥황상제가 내던진 산봉우리 산방산
25. 샘솟는 눈물의 절벽 수월봉
26. 운석공을 닮은 함몰화구 산굼부리

_강만익, 〈조선 시대 제주도 관설목장의 경관 연구〉,
제주대학교 석사 논문, 2001.

_강상배, 〈제주도 남부 사면 지형의 비교 연구〉,
건국대학교 석사 논문, 1979.

_강정효, 《한라산 : 오름의 왕국·생태계의 보고》, 돌베개, 2003.

_권동희, 《지리 이야기》, 한울아카데미, 1998.

_김동학 외, 〈제주도에서의 응회환과 응회구〉,
《대한지질학회지》, 제22권 제1호, 1986.

_김용제, 〈오늘 마신 물은 어제 내린 비?〉,
《과학동아》, 12월호, 동아사이언스, 2006.

_김종철, 《오름 나그네 1·2·3》, 높은오름, 1995.

_김태형, 〈제주도 남서해안의 지형 경관〉, 한국교원대학교 석사 논문, 1994.

_김태호, 〈한국의 화산 지형〉, 《한국의 제4기 환경》,
서울대학교출판부, 2002.

_박기화 외, 《제주도 지질 여행》,
한국지질자원연구원·제주발전연구원, 2003.

_박승필, 〈제주도 측화산에 관한 연구 - 지형과 분포를 중심으로〉,
《전남대논문집(자연과학 편)》, 제30집, 1985.

_박승필, 〈원격탐사에 의한 제주 화산 지형의 판독과 분류
- 항공사진 판독을 중심으로〉, 《한국지형학회지》, 제10권 제3호, 2003.

_서재철, 《바람의 고향 오름》, 높은오름, 1998.

_손인석, 〈제주도에 분포하는 기생화산의 유형 분류에 관한 연구〉,
고려대학교 석사 논문, 1980.

_안중국, 《이 땅에 이런 데도 있었네》, 조선일보사, 2000.

_이수진, 〈제주도의 기생화산의 형성과 분포에 관한 연구〉,

《한국동굴학회지》, 제6권 제7호, 1981.

_전영권, 〈제주도 기생화산의 분포 형태〉, 경북대학교 석사 논문, 1985.

_최영선, 《자연사 기행》, 한겨레신문사, 1995.

_황상구 외, 〈제주도 송악산 응회환·분석구의 화산 과정〉,
《대한지질학회지》, 제28권 제1호, 1992.

_황상구, 〈제주도 당산봉 화산의 화산 과정〉,
《암석학회지》, 제7권 제1호, 1998.

27. 용암이 만든 천연 동굴 만장굴

_박기화 외, 《제주도 지질 여행》,
한국지질자원연구원·제주발전연구원, 2003.

_박상현, 〈동굴 자원의 보존과 가치 증대를 위한 한중일 국제 심포지엄〉,
강원발전연구원, 2000.

_석동일, 《한국의 동굴》, 아카데미서적, 1987.

_석동일, 《동굴의 비밀》, 예림당, 2002.

_우경식, 《동굴》, 지성사, 2002.

_우경식, 〈제주도 당처물 동굴 내 동굴 생성물의 기원〉,
《대한지질학회지》, 제36권 제4호, 2000.

_이규호, 〈제주도 용암동굴 탐사를 위한 복합지구 물리 탐사〉,
서울대학교 석사 논문, 2000.

_정혜경, 〈제주도 동굴 문화 소고〉, 《한국동굴학회지》, 제6권 제7호, 1981.

_제주대학교 사범대학 과학교육연구소, 《천연기념물 제342호 제주
어음리 빌레못 동굴 학술 조사 보고서》, 제주도, 1989.

_최영선, 《자연사 기행》, 한겨레신문사, 1995.

_홍시환, 〈동굴의 유형과 특색에 관한 연구〉, 《한국동굴학회지》,
제1권 제1호, 1975.

_홍시환 외 한일합동동굴조사단, 《제주도 용암동굴 조사 보고서》,
제주도, 1977.

_홍시환, 〈우리나라 동굴의 성인에 관한 연구〉, 《한국동굴학회지》,
제2권, 1977.

_홍시환, 〈우리나라 화산 동굴의 지형 구조 분석 - 만장굴을 중심으로〉,
《한국동굴학회지》, 제55권, 1998.

_홍시환, 《한국의 동굴》, 대원사, 1997.

28. 옥빛 바다와 은빛 모래 협재해수욕장

_박기화 외, 《제주도 지질 여행》,
한국지질자원연구원·제주발전연구원, 2003.

_오재경 외, 〈동서해안 해빈의 퇴적 환경에 관한 연구〉,
《한국지구과학회지》, 제15권 2호, 1994.

_우경식 외, 〈제주도 우도 해빈에 나타나는 홍조단괴 퇴적물의 특징과 형성 조건 : 예비 연구 결과〉, 《한국해양학회지》, 제8권 제4호, 2002.

_우경식 외, 〈제주도 협재 지역에 분포하는 해안사구의 형성 시기와 사구를 이루는 탄산염 퇴적물의 구성 성분〉,
《대한지질학회 추계학술발표회 초록집》, 2004.

_우경식·김진경, 〈제주 협재 지역에 분포하는 해안사구의 구성 성분과 형성 시기 : 홀로세 후기의 해수면 변화에 대한 고찰〉,
《대한지질학회지》, 제41권 제4호, 2005.

_윤정수, 〈제주 연안의 해빈 퇴적물에 관한 연구〉,
《광산지질학회지》, 제18권 제1호, 1985.

_윤정수·고기원, 〈제주도 연안 해빈 퇴적물의 계절적 변화에 관한 연구〉,
《한국지구과학회지》, 제15권 제1호, 1994.

_이우평, 〈길 따라 바위 따라 - 소금의 힘에 무너진 쇠소깍 아귀바위〉,
《과학동아》, 12월호, 동아사이언스, 2005.

_지옥미·우경식, 〈제주도 해빈 퇴적물의 구성 성분〉,
《한국해양학회지》, 제30권 제5호, 1995.

29. 육지와 이어진 섬 육계도 성산반도

_김주환, 《지형학》, 동국대학교출판부, 2002.

_김태형, 《제주도 남서해안의 지형 경관》, 한국교원대학교 석사 논문, 1994.

_박기화 외, 《제주도 지질 여행》,
한국지질자원연구원·제주발전연구원, 2003.

_박명호 외, 〈제주도 동부 지역 제4기 신양리층의 지화학적 특성 연구〉, 《대한지질학회지》, 제41권 제1호, 2005.

_박용안 외, 〈우리나라 현세 해수면 변동〉, 《한국의 제4기 환경》,
서울대학교출판부, 2001.

_연합통신 편집부, 《르포, 한국을 다시 본다》, 연합통신, 1998.

_오남삼, 《제주도 성산포~신양리의 해안 지형 연구》,
고려대학교 석사 논문, 1980.

_우경식 외, 〈제주도 우도 해빈에 나타나는 홍조단괴 퇴적물의 특징과 형성 조건 : 예비 연구 결과〉, 《한국해양학회지》, 제8권 제4호, 2002.

_우경식 외, 〈한반도 현생 육상 복족류 패각의 안정 동위원소 성분 : 기후학적 응용〉, 《대한지질학회지》, 제38권 제1호, 2002.

_우경식 외, 〈제주도 협재 지역에 분포하는 해안사구의 형성 시기와 사구를 이루는 탄산염 퇴적물의 구성 성분〉,
《대한지질학회 추계학술발표회 초록집》, 2004.

_이광선, 《제주도 동부 우도의 천진동 - 우목동에 분포하는 해저 퇴적물에 대한 연구》, 한국교원대학교 석사 논문, 1998.

_이춘희, 〈tombolo의 지형학적 연구 - 강원도 해안을 중심으로〉,
《강원지리》, 창간호, 1984.

_최영선, 《자연사 기행》, 한겨레신문사, 1995.

_한상준 외, 〈제주도 신양리층의 연안 퇴적 환경〉,
《한국해양학회지》, 제22권 제1호, 1987.

_황상구, 〈우도 화산구에서의 일윤회 화산 과정〉,
《광산지질학회지》, 제26권 제1호, 1993.

30. 전설의 섬에서 실재의 섬으로 이어도

_김창오 외, 〈원격탐사 자료와 이어도 기지 해양 관측 자료를 이용한 상호 보정〉, 《한국원격탐사학회지》, 제21권 제2호, 2005.

_신동호, 〈전설의 섬 이어도에 우뚝 선 과학기지〉,
《과학동아》, 7월호, 동아사이언스, 2003.

_심재설, 〈전설의 섬 이어도 과학기지로 재탄생〉,
《과학동아》, 12월호, 동아사이언스, 1997.

_심재설, 《이어도 종합해양과학기지 구축 사업 보고서》,
한국해양연구소·해양수산부, 1999.

_유주형 외, 〈이어도 해양과학기지에서의 해색 관측〉,
《대한원격탐사학회 춘계학술대회 논문집》, 2005.

_윤정수, 〈Socotra 암초의 지질 및 주변 해역 퇴적물에 관한 연구〉,
《대한지질학회지》, 제22권 제2호, 1986.

_윤정수·정덕상, 〈제주도 주변 해역 퇴적물의 특성 및 퇴적 환경〉,
《대한지질학회지》, 제28권 제4호, 1992.

_이문원 외, 〈제주도 남사면 화산암류의 화산 층서 및 암석학적 연구〉,
《대한지질학회지》, 제30권 제6호, 1994.

_정대교·심재설, 〈이어도(스코트라 암초)의 생성과 진화〉,
《대한지질학회지》, 제37권 제4호, 2001.

감사의 글

지난 몇 년간 쉴 틈 없이 전국 여러 곳을 돌아다니며 사진을 찍고, 여러 문헌들과 씨름하며 정리한 내용을 글로 옮겼다. 때로는 전문 지식을 지닌 학자의 눈이 되어야 하고, 때로는 사진작가나 기자의 눈이 되어야 한다는 게 내게는 벅차고 힘에 부치는 일이었다. 어렵사리 엮은 이 책은 많은 분들의 도움이 없었다면 세상에 나오지 못했을 것이다.

관련 자료와 문헌, 사진 등을 흔쾌히 넘겨주시고, 바쁜 와중에도 졸고를 살펴주시고 여러모로 도움의 말씀을 주신 선후배 선생님들께 진심으로 감사드린다. 특히 원고를 꼼꼼하게 읽고 나의 짧은 지식을 헤아려 많은 가르침을 주신 경상대학교 손영관 교수님과 강원대학교 우경식 교수님께 감사드린다. 그리고 힘들고 어려울 때 격려의 말씀을 아끼지 않으셨던 부산대학교의 고(故) 오건환 교수님, 답답할 때면 시원시원한 격려로 힘을 실어주시던 강원대학교 이문원 교수님, 대구가톨릭대학교 전영권 교수님과 서종철 교수님, 청주대학교 권순식 교수님, 이화여자대학교 이영민 교수님께도 감사의 말씀을 드린다. 아울러 귀중한 인공위성 영상을 제공해준 환경부 조경철 사무관, 답사 길에 말동무 길동무가 되어준 정의목, 김동현, 강병수, 김현국, 조동기 선생님의 은혜도 결코 잊을 수 없다. 이외에도 물심양면으로 많은 도움을 주신 여러분께 진심으로 머리 숙여 감사와 경의를 표한다.

아울러 어렵고 딱딱하게만 느껴지는 이 책의 출간에 선뜻 동의해주신 도서출판 푸른숲의 김혜경 대표님을 비롯하여 1년 가까이 편집과 사진 작업에 함께 애쓴 이진 씨, 바쁜 와중에도 짬을 내어 3차원 입체 영상을 그려준 노성규 후배님, 여러 차례에 걸친 조판 작업에 정성을 아끼지 않았던 남철우 씨, 그리고 서툴고 조악한 글을 부드럽고 생명력 있는 글로 다듬어준 권혁주 선생님의 노고에도 진심으로 감사드린다.

좋아서 한 일이기는 하지만 이 책과 씨름한 지난 몇 년은 마라톤처럼 힘들고 어려운 시간이었다. 그 힘든 여정을 견딜 수 있었던 것은 사랑하는 가족의 응원과 격려 덕분이다. 남편의 역마살에 휘둘려 이곳저곳 끌려 다녀야 했던 아내, 그리고 세 아이 소람, 인성, 혜성에게는 그저 미안한 마음뿐이다. 말없이 따라주고 배려해 준 아내에게 무한한 존경과 믿음을 표하고, 아빠에게 늘 힘찬

응원을 보내준 세 아이에게도 사랑하는 마음을 전한다. 마지막으로 지난해 입춘 양지에 고이 묻힌, 내 삶의 정신적 지주이자 큰 가르침이었던 존경하는 선친의 영전에 이 책을 바친다.

2007년 3월 1일
歸巢 이우평

▶ 그 외 도움을 주신 분들

강정임, 구근희, 권혁재(전 고려대학교), 김기일, 김기태(부평고등학교), 김련(동굴연구소), 김승진(조선일보), 김영권(논현고등학교), 김영수(분성여자고등학교), 김용재(한국지질자원연구원), 김재관, 김종욱(서울대학교), 김주환(동국대학교), 김홍수(부산금정산악회), 류광준(작전중학교), 류재명(서울대학교), 류재하(영천중학교), 박기화(한국지질자원연구원), 박병오(대광고등학교), 박정웅(숭문고등학교), 박종화(계양고등학교), 박찬홍(한국해양연구원), 박홍순(학익여자고등학교), 성효현(이화여자대학교), 손명원(대구대학교), 송언근(대구교육대학교), 신영규(국립환경과학원), 신창규(공주대학교), 심재설(한국해양연구원), 양승영(전 경북대학교), 양종우(진산고등학교), 오향곤(중평중학교), 원제면, 윤광성(국립환경과학원), 윤상훈(녹색연합), 윤선(전 부산대학교), 윤순옥(경희대학교), 이간용(공주교육대학교), 이신애(녹색연합), 이영엽(전북대학교), 이용일(서울대학교), 이호, 임순복(한국지질자원연구원), 장운학, 장재훈(전 성신여자대학교), 장진호(목포대학교), 전승수(전남대학교), 전준상, 정대교(강원대학교), 조동희(신인천산악회), 조화룡(경북대학교), 최경식(문일여자고등학교), 최덕근(서울대학교), 최상권, 최성길(공주대학교), 최은주(해안중학교), 최현일(전 한국지질자원연구원), 표종환(고려대학교), 황상구(안동대학교), 황상일(경북대학교), 황전효.

지리 교사 이우평의
한국 지형 산책 2

첫판 1쇄 펴낸날 2007년 3월 20일
9쇄 펴낸날 2019년 1월 31일

편집기획 이은정 김교석 조한나 최미혜 김수연 유예림
디자인 박정민 민희라
경영지원국 안정숙
마케팅 문창운 정재연
회계 임옥희 양여진 김주연

펴 낸 곳 (주)도서출판 푸른숲
출판등록 2003년 12월 17일 제 406-2003-000032호
주   소 경기도 파주시 회동길 57-9, 우편번호 10881
전   화 031)955-1400(마케팅부), 031)955-1410(편집부)
팩   스 031)955-1406(마케팅부), 031)955-1424(편집부)
홈페이지 www.prunsoop.co.kr
페이스북 www.facebook.com/prunsoop   **인스타그램** @prunsoop

ⓒ 이우평, 2007

ISBN 978-89-7184-710-7 04980
     978-89-7184-708-4 (세트)

* 이 책은 저작권법에 의해 한국 내에서 보호를 받는 저작물이므로 무단전재와 복제를 금합니다.
   이 책 내용의 전부 또는 일부를 사용하려면 반드시 (주)푸른숲의 동의를 받아야 합니다.
* 잘못된 책은 구입하신 서점에서 바꾸어 드립니다.
* 본서의 반품 기한은 2024년 1월 31일까지입니다.

이 도서의 국립중앙도서관 출판시도서목록(CIP)은 e-CIP 홈페이지(http://www.nl.go.kr/cip.php)에서
이용하실 수 있습니다.(CIP제어번호: CIP2007000730)